“大数据应用开发（Java）” 1+X 职业技能等级证书配套教材
蓝桥学院 “Java 全栈工程师” 培养项目配套教材

Java Web 应用开发

国信蓝桥教育科技（北京）股份有限公司　组编

颜　群　刘　利　编著

電子工業出版社
Publishing House of Electronics Industry
北京·BEIJING

内 容 简 介

本书是"大数据应用开发（Java）"1+X 职业技能等级证书配套教材，同时也是蓝桥学院"Java 全栈工程师"培养项目配套教材。全书共 13 章，以动态网页基础（JSP）、JSP 基础语法、Servlet 与 MVC 设计模式、三层架构为基础，以分页与上传下载、连接池与 DbUtils 类库、EL 和 JSTL、自定义标签、AJAX、过滤器与监听器为进阶，以调试、集群服务器和 Java Web 工程化项目指导为实战，系统介绍 Java Web 的基础编程与核心设计，重点突出 Java Web 开发的实战应用技能。

本书直接服务于"大数据应用开发（Java）"1+X 职业技能等级证书工作，可作为职业院校、应用型本科院校计算机应用技术、软件技术、软件工程、网络工程和大数据应用技术等计算机相关专业的教材，也可供从事计算机相关工作的技术人员参考。

图书在版编目（CIP）数据

Java Web 应用开发 / 国信蓝桥教育科技（北京）股份有限公司组编；颜群，刘利编著.
—北京：电子工业出版社，2021.3
ISBN 978-7-121-40693-5

Ⅰ. ①J… Ⅱ. ①国… ②颜… ③刘… Ⅲ. ①JAVA 语言－程序设计 Ⅳ. ①TP312.8

中国版本图书馆 CIP 数据核字（2021）第 040091 号

责任编辑：程超群
印　　刷：北京七彩京通数码快印有限公司
装　　订：北京七彩京通数码快印有限公司
出版发行：电子工业出版社
　　　　　北京市海淀区万寿路 173 信箱　邮编：100036
开　　本：787×1 092　1/16　印张：22.25　字数：570 千字
版　　次：2021 年 3 月第 1 版
印　　次：2024 年 7 月第 5 次印刷
定　　价：69.00 元

凡所购买电子工业出版社图书有缺损问题，请向购买书店调换。若书店售缺，请与本社发行部联系，联系及邮购电话：（010）88254888，88258888。

质量投诉请发邮件至 zlts@phei.com.cn，盗版侵权举报请发邮件至 dbqq@phei.com.cn。

本书咨询联系方式：（010）88254577，ccq@phei.com.cn。

序

国务院2019年1月印发的《国家职业教育改革实施方案》明确提出，从2019年开始，在职业院校、应用型本科高校启动“学历证书+若干职业技能等级证书”制度试点（即“1+X”证书制度试点）工作。职业技能等级证书，是职业技能水平的凭证，反映职业活动和个人职业生涯发展所需要的综合能力。

“1+X”证书制度的实施，有赖于教育行政主管部门、行业企业、培训评价组织和职业院校等多方力量的整合。培训评价组织是其中不可忽视的重要参与者，是职业技能等级证书及标准建设的主体，对证书质量、声誉负总责，主要职责包括标准开发、教材和学习资源开发、考核站点建设、考核颁证等，并协助试点院校实施证书培训。

截至2020年9月，教育部分三批共遴选了73家培训评价组织，国信蓝桥教育科技（北京）股份有限公司（下称“国信蓝桥”）便是其中一家。国信蓝桥在信息技术领域和人才培养领域具有丰富的经验，其运营的“蓝桥杯”大赛已成为国内领先、国际知名的IT赛事，其蓝桥学院已为IT行业输送了数以万计的优秀工程师，其在线学习平台深受院校师生和IT人士的喜爱。

国信蓝桥在广泛调研企事业用人单位需求的基础上，在教育部相关部门指导下制定了“1+X”《大数据应用开发（Java）职业技能等级标准》。该标准面向信息技术领域、大数据公司、互联网公司、软件开发公司、软件运维公司、软件营销公司等IT类公司、企事业单位的信息管理与服务部门，面向大数据应用系统开发、大数据应用平台建设、大数据应用程序性能优化、海量数据管理、大数据应用产品测试、技术支持与服务等岗位，规定了工作领域、工作任务及职业技能要求。

本丛书直接服务于职业技能等级标准下的技能培养和证书考取需要，包括7本教材：

- 《Java 程序设计基础教程》
- 《Java 程序设计高级教程》
- 《软件测试技术》
- 《数据库技术应用》
- 《Java Web 应用开发》
- 《Java 开源框架企业级应用》
- 《大数据技术应用》

目前，开展“1+X”试点、推进书证融通已成为院校特别是“双高”院校人才培养模式改革的重点。所谓书证融通，就是将“X”证书的要求融入学历证书这个“1”里面去，换言之，在人才培养方案的设计和实施中应包含对接“X”证书的课程。因此，选取本丛书的全部或部分作为专业课程教材，将有助于夯实学生基础，无缝对接“X”证书的考取和职业技能的提升。

为使教学活动更有效率，在线上、线下深度融合教学理念指引下，丛书编委会为本丛书配备了丰富的线上学习资源。资源访问地址为 https://www.lanqiao.cn/oneplusx/。

最后，感谢教育部、行业企业及院校的大力支持！感谢丛书编委会全体同人的辛苦付出！感谢为本丛书出版付出努力的所有人！

郑　未

2020 年 12 月

丛书编委会

主　任：李建伟

副主任：毛居华　郑　未

委　员（以姓氏笔画为序）：

邓焕玉　刘　利　何　雄　张伟东　张　航　张崇杰

张慧琼　陈运军　段　鹏　夏　汛　徐　静　唐友钢

曹小平　彭　浪　董　岭　韩　坤　颜　群　魏素荣

前　言

Web 后台技术是企业的核心竞争力之一，也是编程语言的重要挑战领域。经过多年的实践发现，Java 是一款优秀的 Web 后台技术开发语言，使用 Java Web 系列技术搭建的企业级 Web 后台服务凭借其优秀的性能而广受好评。本书通过简洁的文字和丰富的案例，围绕 JSP 和 Servlet 这两个 Java Web 核心技术展开讲解。

本书的内容虽然侧重于基础，但至关重要。

第一，承上启下。Java Web 技术是 Java 基础技术的扩展，同时又是后续企业级框架技术的前置基础。因此，学好 Java Web 技术对于学习整个 Java 技术体系起到至关重要的支撑作用。

第二，重点突出。Java Web 技术体系比较庞大，有几十种不同的应用技术，但其核心基础就是 JSP 和 Servlet 这两个底层模块。本书用了较多的篇幅详尽地阐述 JSP 和 Servlet 的底层原理及经典案例，期望帮助读者打下扎实的基础。

第三，扩展合理。编者根据企业调研以及对已毕业学生的调查反馈，精心筛选了企业流行的、初学者能够掌握的 Java Web 扩展技术，希望帮助读者用最短的时间学习最实用的技术。编者认为，如果读者能够掌握本书介绍的 JSP 及 Servlet 等基础技能，并对书中的扩展知识有较深的理解，那么后续在学习各类 Web 框架时也一定能做到事半功倍。

本书共 13 章：第 1 章和第 2 章介绍动态网页的基础知识和 JSP 的基本语法；第 3 章先讲解 Servlet 的语法及应用，然后以 Servlet 为控制器介绍 MVC 设计模式在 Java Web 中的应用；第 4 章介绍的三层架构更是本书的重中之重，目前三层架构几乎广泛地应用在了各个 Java Web 项目中，是 Web 项目的基本架构；第 5 章介绍分页与上传、下载，第 6 章介绍连接池与 DbUtils 类库，这些都可以作为 Java Web 系列技术中的工具库，提高开发者的开发效率，后续学习的框架技术也经常使用这些工具库作为底层类库；第 7 章和第 8 章介绍 Java Web 内置的 EL、JSTL 等标签的使用，以及开发者如何自定义标签；第 9 章讲解的 AJAX 可以通过前台与后台之间进行少量的数据交换，实现网页数据的异步更新；第 10 章介绍过滤器与监听器，二者也是 Java Web 技术提供的重要机制；第 11 章介绍如何使用 Eclipse 和 Chrome 等工具对已经编写好的源代码进行调试；第 12 章讲解的集群服务器可以将单节点服务扩展为多节点的集群，为已有项目提供失败迁移和负载均衡等支持；第 13 章是本书的最后一章，从工程化项目的角度向读者展示如何使用 Java Web 技术开发一个企业级的 Web 项目。

本书在易用性上做了充分考虑，从 Java Web 零基础开始讲解，并结合企业应用对知识点进行取舍，对经典案例进行改造升级，尽可能降低初学者的学习门槛。本书章节设计合理，在每章开头都设计了本章简介，各节内容为理论和实践的结合，在知识点介绍后紧跟实践操作，每章的末尾都对重要内容进行了回顾，并通过练习帮助读者巩固相关知识。

本书配套资源丰富，在蓝桥在线学习平台（www.lanqiao.cn/oneplusx/）上汇集了微课及实验等多种学习资源。

本书由颜群和刘利两位老师合作编写，其中，颜群老师编写第 1 章～第 10 章，刘利老师编写第 11 章～第 13 章以及全书习题解析。

颜群老师是阿里云云栖社区等知名互联网机构的特邀技术专家、认证专家，曾出版多本专著，拥有多年的软件开发及一线授课经验，在互联网上发布的精品视频课程获得广泛好评。刘利老师曾在北京青牛科技有限公司等知名企业工作，曾荣获“四川省青年岗位能手”称号，具有丰富的软件开发经验和一线授课经验。上述两位老师分别来自国信蓝桥教育科技（北京）股份有限公司和泸州职业技术学院，因此，本书是校企合作、多方参与的成果。

感谢丛书编委会各位专家、学者的帮助和指导；感谢配合技术调研的企业及已毕业的学生；感谢蓝桥学院郑未院长逐字逐句的审核和批注以及在写作方面给予的指导；感谢蓝桥学院各位同事的大力支持和帮助。另外，本书参考和借鉴了一些专著、教材、论文、报告和网络上的成果、素材、结论或图文，在此向原创作者一并表示衷心的感谢。

期望本书的出版能够为软件开发相关专业的学生、程序员和广大编程爱好者快速入门带来帮助，也期望越来越多的人才加入软件开发行业中来，为我国信息技术发展做出贡献。

由于时间仓促，加之编者水平有限，疏漏和不足之处在所难免，恳请广大读者和社会各界朋友批评指正！

编者联系邮箱：x@lanqiao.org

编　者

目　录

第 1 章 动态网页基础（JSP）

本章简介

通过其他课程的学习，读者已经掌握了 Java SE、Web 前端及数据库方面的技术。从本书开始，将结合之前所学内容，逐步接触应用 Web 系统的开发。本章将从动态页面和静态页面的区别说起，介绍 Web 应用系统的工作原理以及 HTTP 协议的相关内容。读者可以系统地了解并学会使用 Tomcat 这个非常流行的 Web 应用程序服务器，以及使用 Eclipse 快速地开发 Web 程序，了解 HTTP 请求的过程中系统发生了怎样的响应。

1.1 动态网页

“动态”是相对于“静态”而言的。

静态网页：页面的内容一旦生成，就不再发生变化，因此无法和用户进行交互。

动态网页：页面的内容生成以后，可以随着时间、客户操作的不同而发生改变。例如，经常使用的百度、淘宝、京东等网站，使用的就是动态网页。以百度搜索为例，当搜索“jsp”时，页面会显示与“jsp”相关的内容，如图 1.1 所示。

图 1.1 搜索“jsp”

而当搜索“蓝桥学院”时，页面则会显示与“蓝桥学院”相关的内容，如图 1.2 所示。

图 1.2　搜索“蓝桥学院”

值得注意的是，不要将“动态网页”与“页面内容是否有动感”混为一谈。动态网页需要使用服务器端脚本语言，如 JSP、PHP、ASP 等。

1.2　C/S 与 B/S

C/S 架构：Client/Server，即客户端/服务器端模式。将软件系统分为客户端和服务器端两层，用户在本机安装客户端，通过网络连接服务器端，如微信、QQ、魔兽世界等。

现以 QQ 为例（如图 1.3 所示），分析 C/S 架构的不足。

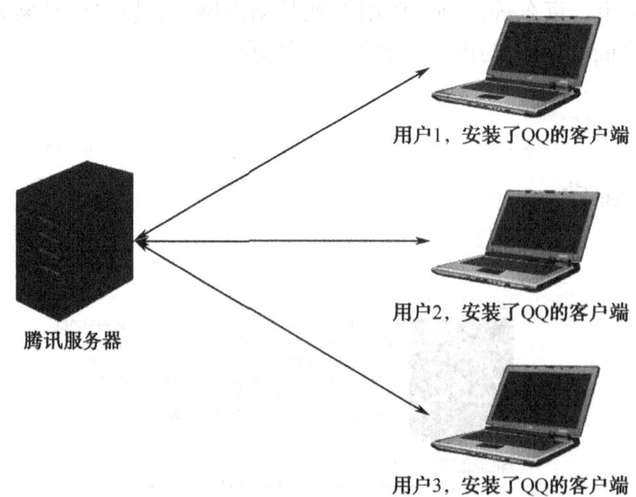

图 1.3　C/S 架构

如果腾讯对 QQ 进行了升级，那么全球所有安装了 QQ 的客户端都要进行升级。也就是说，凡是采用了 C/S 架构的软件，每次对软件进行改动后，都必须对所有的客户端进行升级；任何一台客户端出现了问题，所有客户端都必须进行维护。

那么，有没有一种架构，既可以降低维护量，又能更广泛地使用系统呢？答案就是 B/S 架构。

B/S 结构：Browser/Server，即浏览器/服务器模式。这种模式统一了客户端，将系统功能实现的核心部分集中到服务器上，简化了系统的开发、维护和使用。客户机上只要安装一个浏览器就可访问服务器端。

例如，使用 B/S 架构实现的网页版百度（如图 1.4 所示），用户并不需要安装百度客户端，就能通过浏览器访问百度，类似的还有网页版的淘宝、京东等。即使开发人员对百度进行修改，也不会影响到任何一个用户。也就是说，采用 B/S 架构的软件系统，用户只要能联网，就可以通过浏览器来访问，无须对系统的升级进行维护。而开发维护人员只需要对服务器端的代码进行修改即可。

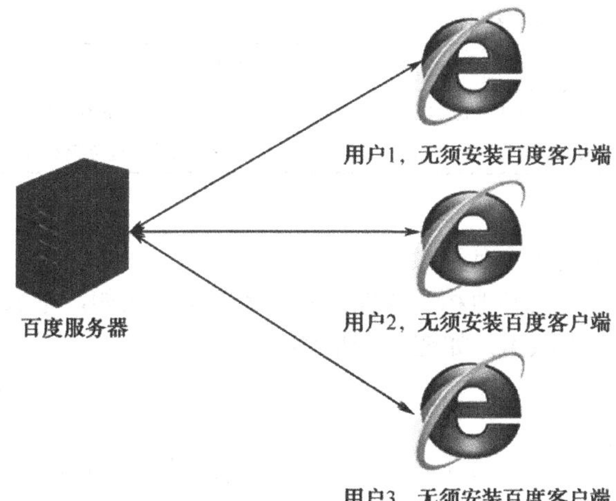

图 1.4　B/S 架构

需要注意的是，B/S 架构是 C/S 架构的升级和改善，而不是 C/S 架构的替代品。C/S 架构也有很多自己独有的优势，例如，采用 C/S 架构的软件系统有着本地响应快、界面更美观友好、减轻服务器负荷等优势。

1.3　开发第一个 Web 项目

1.3.1　使用 Tomcat 开发 Web 项目

在进行 Java Web 开发时，需要服务器端的支持，本章将讲解常用的 Web 服务器——Tomcat 服务器的安装、配置及其工作原理。

Tomcat 是 Apache 软件基金会的 Jakarta 项目中的一个核心项目，由 Apache、Sun 和其他公司及个人共同开发而成。Tomcat 服务器是一个免费的开放源代码的 Web 应用服务器，属于轻量级应用服务器，是开发和调试 JSP 程序的首选。

1. Tomcat 安装

截至 2020 年 8 月，Tomcat 已经发展到了 9.0 版本。本书采用的版本为 8.5.57。访问以下地址 https://mirrors.tuna.tsinghua.edu.cn/apache/tomcat/tomcat-8/v8.5.57/bin/apache-tomcat-8.5.57.zip 可获得 tomcat 的压缩版本。

下载完成后，将其解压，得到的各目录及功能如表 1.1 所示。

表 1.1　Tomcat 目录结构及功能说明

目　录	说　明
bin	存放 Tomcat 服务器的所有可执行命令，如启动服务器命令 startup.bat、关闭服务器命令 shutdown.bat 等
conf	存放 Tomcat 服务器的所有配置文件，其中最重要的是 server.xml
lib	Tomcat 服务器的核心类库（JAR 文件），也可以将第三方类库复制到该路径下
logs	存放 Tomcat 服务器每次运行时产生的日志文件
temp	存放 Tomcat 服务器运行时的临时文件
webapps	Web 应用程序存放的目录，Web 项目保存在此目录中即可运行
work	Tomcat 服务器把由 JSP 生成的 Servlet 文件（*.java）以及编译产生的字节码文件（*.class）存放在此目录。该目录可以删除，但在每次启动 Tomcat 服务器时，Tomcat 会重新建立该目录

说明：

问：Tomcat 版本的选择有什么要求？

答：Tomcat 版本需要与其他相关软件的版本相对应，例如，与 Tomcat 8.5 对应的 Java 开发环境是 JDK 7 或以上版本，如图 1.5 所示。

Apache Tomcat Versions

Apache Tomcat® is an open source software implementation of a subset of the Jakarta EE (formally Java EE) technologies. Different versions of Apache Tomcat are available for different versions of the specifications. The mapping between the specifications and the respective Apache Tomcat versions is:

Servlet Spec	JSP Spec	EL Spec	WebSocket Spec	Authentication (JASIC) Spec	Apache Tomcat Version	Latest Released Version	Supported Java Versions
5.0	3.0	4.0	2.0	2.0	10.0.x	10.0.0-M7 (alpha)	8 and later
4.0	2.3	3.0	1.1	1.1	9.0.x	9.0.37	8 and later
3.1	2.3	3.0	1.1	1.1	8.5.x	8.5.57	7 and later
3.1	2.3	3.0	1.1	N/A	8.0.x (superseded)	8.0.53 (superseded)	7 and later
3.0	2.2	2.2	1.1	N/A	7.0.x	7.0.105	6 and later (7 and later for WebSocket)
2.5	2.1	2.1	N/A	N/A	6.0.x (archived)	6.0.53 (archived)	5 and later
2.4	2.0	N/A	N/A	N/A	5.5.x (archived)	5.5.36 (archived)	1.4 and later
2.3	1.2	N/A	N/A	N/A	4.1.x (archived)	4.1.40 (archived)	1.3 and later
2.2	1.1	N/A	N/A	N/A	3.3.x (archived)	3.3.2 (archived)	1.1 and later

图 1.5　Tomcat 版本的选择

本书使用的是 Tomcat 8.5.57。

2. Tomcat 基本配置及使用

（1）Tomcat 环境变量的配置。Tomcat 服务器下载解压后，需要配置 JAVA_HOME 和 CATALINA_HOME，具体介绍如下。

①使用 Tomcat 前必须配置 JAVA_HOME，详见 Java 相关书籍。

②Tomcat 可以选择性地配置 CATALINA_HOME。配置方法：在环境变量里，新建系统变量，变量名设置为 CATALINA_HOME，变量值设置为 Tomcat 的安装目录（本书以“D:\Program Files (x86)\apache-tomcat-8.5.57”为例），如图 1.6 所示。

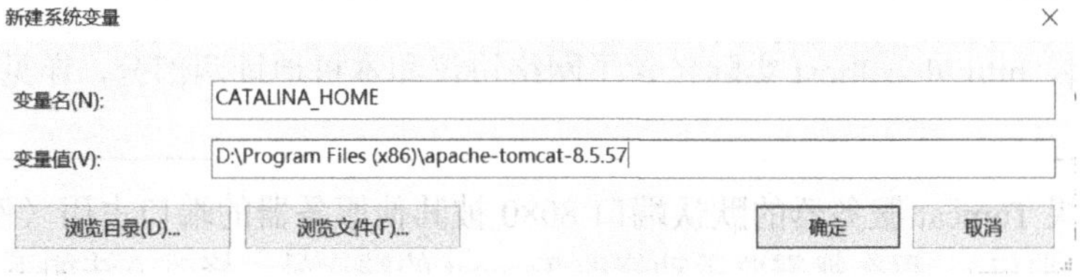

新建系统变量
变量名(N): CATALINA_HOME
变量值(V): D:\Program Files (x86)\apache-tomcat-8.5.57
浏览目录(D)...　浏览文件(F)...　确定　取消

图 1.6　Tomcat 环境变量配置

在没有配置 CATALINA_HOME 的情况下启动 Tomcat 时（启动方法见后文），Tomcat 也会自动将安装目录设为 CATALINA_HOME 的值。

（2）Tomcat 端口号的配置。不同的服务器都有自己默认的端口号，一旦某个服务器的端口被占用，则无法再访问此服务器。Tomcat 服务器的默认端口号是 8080。

现在，通过浏览器来访问 Tomcat 服务器。

首先，启动 Tomcat 服务器。双击打开 Tomcat 安装目录下 bin 目录中的启动命令 startup.bat，若看到“org.apache.catalina.startup.Catalina.start Server startup in xxx ms”则表明系统已经启动成功，“xxx”为系统启动消耗的时间，不为固定值。

然后打开浏览器并在地址栏输入 http://localhost:8080/，即可访问 Tomcat 服务器的主页面，如图 1.7 所示。

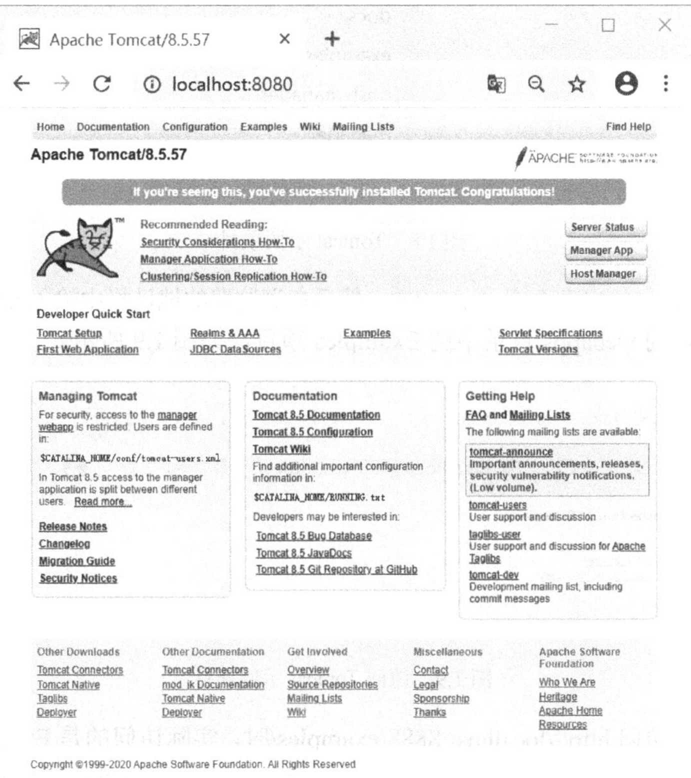

图 1.7　Tomcat 主页面

访问格式：访问地址:端口号。

其中，网址 http://localhost（或 http://127.0.0.1）代表本机地址。若要关闭 Tomcat 服务器，可双击运行 bin 目录中的 shutdown.bat 命令。

说明：

严格来讲，http://localhost 实际包含了网络协议和本机地址两部分，详见后文“通信协议”的讲解。

但是，如果 Tomcat 服务器的默认端口 8080 被其他服务器的端口占用（例如，Oracle 也会使用到 8080 端口），那么就需要手动修改 Tomcat 的端口号。修改方法如下：

①打开 Tomcat 安装目录，然后找到 conf 目录，打开里面的 server.xml 文件。

②找到以下代码：

```
<Connector port="8080" protocol="HTTP/1.1"connectionTimeout="20000"     redirectPort="8443" />
```

③将其中的默认端口 8080 改为其他未被占用的端口，如 8888。本书就是采用 8888 作为 Tomcat 端口号进行讲解的。

（3）访问示例项目。前面讲过，在 Tomcat 的 webapps 目录中，保存着可以运行的 Web 项目。在下载 Tomcat 后，webapps 里就自带了几个可以直接运行的示例项目，如本书的目录为 D:\Program Files (x86)\apache-tomcat-8.5.57\webapps，在该目录下的系统自带项目文件如图 1.8 所示。

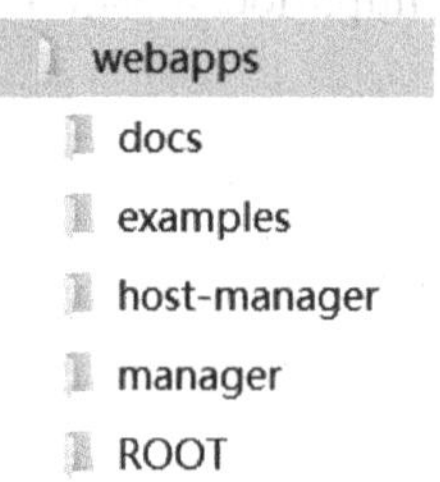

图 1.8　Tomcat 示例项目

首先执行 Tomcat 的启动命令 startup.bat，然后在浏览器的地址栏中输入 http://localhost:8888/examples/，即可访问 webapps 目录中的 Examples 项目，如图 1.9 所示。

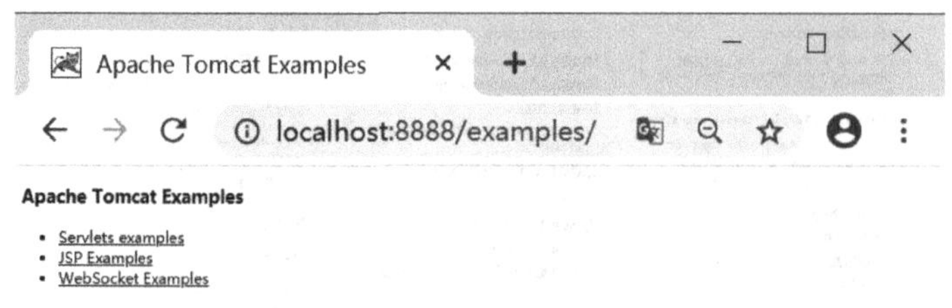

图 1.9　访问 Tomcat 示例项目

（4）状态码。访问 http://localhost:8888/examples/时，实际访问的是 Examples 文件夹中的 index.html 文件。如果将 index.html 文件删除，再次访问 http://localhost:8888/examples/，页面就会提示错误信息，如图 1.10 所示。

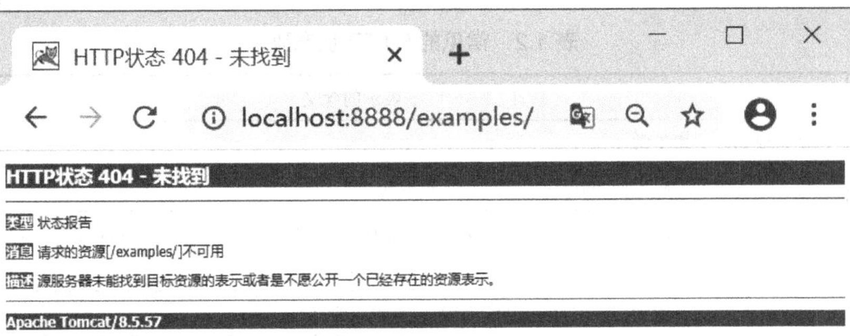

图 1.10　缺失 index.html

其中，HTTP 状态 404 代表要访问的资源不存在。

在开发时，为了方便 JSP 页面的调试，即使要访问的文件夹中的资源不存在，也希望能显示出该文件夹中的目录结构。可以打开 Tomcat 安装目录里 conf 目录下的 web.xml 文件，找到如下代码，然后将其中的 false 改为 true 即可。

```
…
<servlet>
…
    <init-param>
        <param-name>listings</param-name>
        <param-value>false</param-value>
    </init-param>
    <load-on-startup>1</load-on-startup>
</servlet>
…
```

改完之后，重新启动 Tomcat 服务器（先执行 shutdown.bat 关闭，再执行 startup.bat 启动），再次访问 http://localhost:8888/examples/，就可以得到 Examples 中的文件目录结构，如图 1.11 所示。

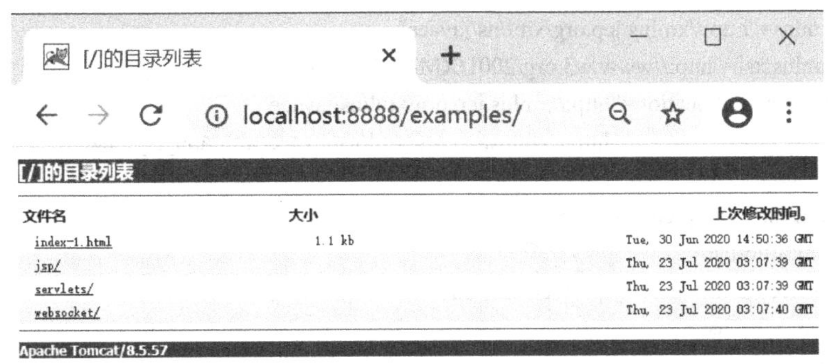

图 1.11　显示资源列表

说明：

如表 1.2 所示是几种常见的 HTTP 状态码。

表 1.2　常见的 HTTP 状态码

状　态　码	表示的含义	
200	请求成功，一切正常	
3××	以 3 开头的状态码，如 300、301 等均表示重定向	
4××	403	禁止：资源不可用。服务器理解客户的请求，但拒绝处理它。通常由服务器上文件或目录的权限设置导致
	404	无法找到指定位置的资源（常见的错误应答）
5××	服务器内部错误，如服务器端的代码出错	

在出错以后，可以根据这些状态码迅速地发现出错的原因。其他状态码需要在平时开发中多积累。

3．Web 应用的目录结构

前面使用的 Examples 项目是 Tomcat 自带的 Web 示例项目，那么如何新建自己的 Web 项目呢？其实很简单，只需要按照一定的规则建立项目的目录结构即可。具体目录结构介绍如下：

首先，在 Tomcat 安装路径的 webapps 目录中新建一个项目文件夹（如 JspProject），并在 JspProject 中新建 WEB-INF 文件夹，然后在 WEB-INF 中新建 classes、lib 两个文件夹和 web.xml 文件，如图 1.12 所示。

classes
lib
web.xml

图 1.12　JSP 项目结构

最后在 web.xml 中输入相关内容。

web.xml：

```
<web-app xmlns="http://xmlns.jcp.org/xml/ns/javaee"
         xmlns:xsi="http://www.w3.org/2001/XMLSchema-instance"
         xsi:schemaLocation="http://xmlns.jcp.org/xml/ns/javaee
                             http://xmlns.jcp.org/xml/ns/javaee/web-app_3_1.xsd"
         version="3.1"
         metadata-complete="true">
    <welcome-file-list>
        <welcome-file>index.jsp</welcome-file>
    </welcome-file-list>
</web-app>
```

其中，<welcome-file-list>标签用来指定项目的默认首页。

说明：

上面 web.xml 文件中的基本内容，开发人员不必亲自编写，可以直接从 webapps 里任意一个项目中找到 web.xml 文件，然后复制、粘贴即可。

至此，完成了 Web 项目结构的搭建。

Web 项目目录结构说明如表 1.3 所示。

表 1.3　Web 项目目录结构说明

目　　录	说　　明
WEB-INF	可以存放 Web 项目的各种资源，但需注意该目录中的所有资源是无法通过客户端直接访问的
WEB-INF/classes	存放 Web 项目的所有字节码文件（*.class）
WEB-INF/lib	存放扩展 Web 项目时使用的 JAR 文件

前面已经创建好了一个名为 JspProject 的项目结构，并且指定了该项目的默认首页 index.jsp。接下来，在 JspProject 根目录里创建一个 index.jsp 文件，内容如下。

D:\Program Files (x86)\apache-tomcat-8.5.57\webapps\JspProject\index.jsp：

```
<html>
    <head>
        <title>First Web Project</title>
    </head>
    <body>
        <%
            out.print("Hello World");
        %>
    </body>
</html>
```

程序清单 1.1

然后运行 startup.bat 启动 Tomcat 服务器，并在浏览器的地址栏中输入 http://localhost:8888/JspProject/，就可以成功运行此项目，如图 1.13 所示。

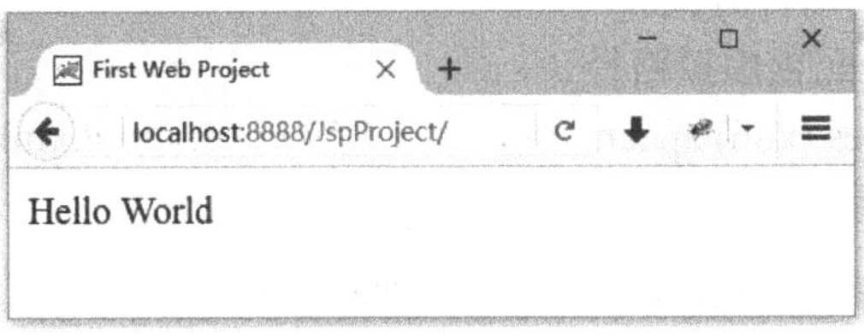

图 1.13　运行结果

说明：

（1）在输入的地址 http://localhost:8888/JspProject/中，并没有指定要访问的页面是 index.jsp，但仍然能成功访问 index.jsp 文件，原因是之前在 web.xml 中的<welcome-file-list>标签中设置了默认首页为 index.jsp。

如果要访问的页面没有在<welcome-file-list>中进行配置，则必须输入完整的访问地址。假设 index.jsp 没有在<welcome-file-list>中进行配置，则应该访问 http://localhost:8080/JspProject/index. jsp。

（2）代码<% out.print("Hello World"); %>就是 JSP 的输出语句。如果 JSP 代码出错，如忘了写最后的分号，则会出现 HTTP 状态码为 500 的错误提示，如图 1.14 所示。

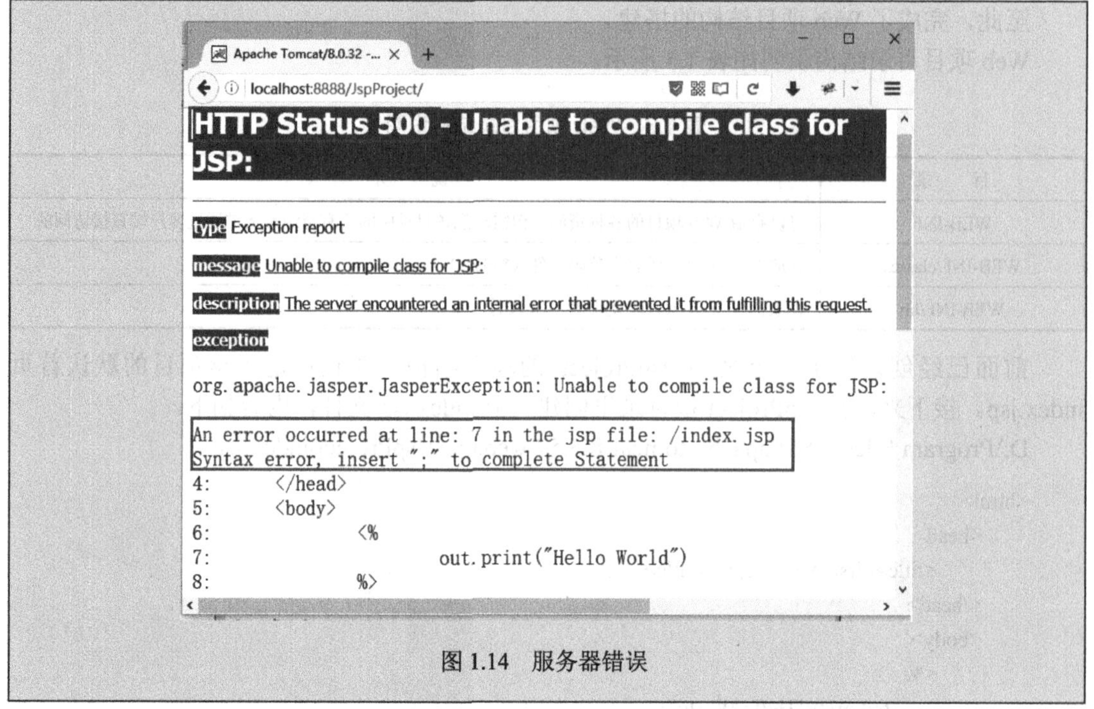

图 1.14　服务器错误

若想停止服务器，则可以执行 bin 文件夹中的 shutdown.bat 命令。

4．配置 Web 应用的虚拟路径

Tomcat 默认会将 Web 项目放在 webapps 目录下。但是，如果将所有的 Web 项目都放在 webapps 里也是不合理的。要想把 Web 项目放置到 webapps 以外的目录并能被 Tomcat 识别，就必须配置虚拟路径。例如，如果将之前的 JspProject 项目放在 D:\MyWebApps 中，就必须配置虚拟路径才能访问。

配置虚拟路径有以下两种方式。

（1）通过 server.xml 配置虚拟路径。

打开 D:\ Program Files (x86)\apache-tomcat-8.5.57\conf\server.xml 文件，在<Host>元素中，增加并配置<Context>元素，其代码如下：

```
<Host appBase="webapps" autoDeploy="true" name="localhost" … >
    <Context docBase="D:\MyWebApps\JspProject" path="/JspProject" />
</Host>
```

<Context>可以将一个普通目录映射成一个可供 Tomcat 访问的虚拟目录。其中，docBase 指定本地磁盘上的普通目录；path 指定 Tomcat 访问时的虚拟目录，可以使用绝对路径或相对路径（相对于 D:\ Program Files (x86)\apache-tomcat-8.5.57\webapps\）。换句话说，当用户访问 path 指定的虚拟目录（/JspProject）时，就会自动访问 docBase 指定的本地目录（D:\MyWebApps\JspProject）。

重启 Tomcat 服务器，再次访问 http://localhost:8888/JspProject/，运行结果如图 1.15 所示。可见，配置了虚拟路径后，就可以访问 webapps 目录以外的项目了。

（2）通过自定义.xml 文件配置虚拟路径。

在 server.xml 中配置虚拟路径的弊端是：每次修改完 server.xml 后都必须重启 Tomcat 服

务器。为了避免这个问题，就可以使用另一种方式：通过自定义.xml 文件来配置虚拟路径。

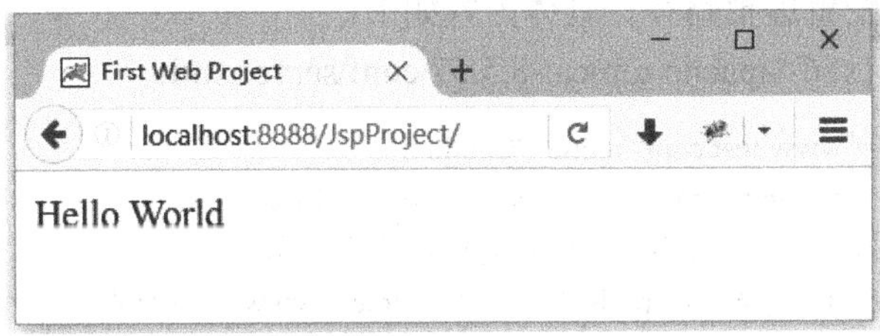

图 1.15　运行结果

打开 D:\ Program Files (x86)\apache-tomcat-8.5.57\conf\Catalina\localhost 目录，创建“项目名.xml”（如 JspProject.xml），配置<Context>元素（同 server.xml 方式），内容如下。

D:\ Program Files (x86)\apache-tomcat-8.5.57\conf\Catalina\localhost\JspProject.xml：

```
<Context docBase="D:\MyWebApps\JspProject" path="/JspProject" />
```

直接访问 http://localhost:8888/JspProject/，程序运行结果与图 1.15 一致。

此外，还能用此方法配置默认的 Web 项目：将 JspProject.xml 重命名为 ROOT.xml 即可。之后，直接访问 http://localhost:8888/index.jsp，运行结果与图 1.15 一致。

5．配置虚拟主机

目前，访问本地 Web 项目的路径格式是“http://localhost:端口号/项目名/文件名”。那么，能否使用“www.项目名.com”的形式访问呢？当然可以，但需要配置虚拟主机。配置的具体步骤如下。

（1）配置 server.xml。

打开 D:\Program Files (x86)\apache-tomcat-8.5.57\conf\server.xml，观察以下代码。

```
…
<Engine defaultHost="localhost" name="Catalina">
…
    <Host appBase="webapps" autoDeploy="true" name="localhost" unpackWARs="true">
    </Host>
</Engine>
…
```

上述代码中各元素的简介如表 1.4 所示。

表 1.4　元素简介

元　　素	简　　介
<Host>	每个<Host>代表一个虚拟主机。 name：虚拟主机的名称，默认是 localhost。 appBase：虚拟主机的路径，默认是 webapps。采用相对路径（相对于 Tomcat 安装目录 D:\Program Files (x86)\apache-tomcat-8.5.57\），即本次是 D:\Program Files (x86)\apache-tomcat-8.5.57\webapps
<Engine>	处理客户端请求的引擎。 defaultHost：指定默认的虚拟主机名称。例如 defaultHost="localhost"，表示指定<Host…name="localhost" >… </Host>为默认使用的虚拟主机

现在，模仿以上配置，增加一个 name="www.test.com"的虚拟主机，并通过 defaultHost 设置为默认；之后再配置虚拟路径。具体内容如下。

D:\Program Files (x86)\apache-tomcat-8.5.57\conf\server.xml：

```
<Engine defaultHost="www.test.com" name="Catalina">
    <Host appBase="webapps" name="localhost" …>…</Host>
    <!-- 自定义虚拟主机，并设置虚拟路径为根目录“/” -->
    <Host appBase="D:\MyWebApps\JspProject"    name="www.test.com" >
        <Context docBase="D:\MyWebApps\JspProject" path="/" />
    </Host>
</Engine>
```

（2）配置 hosts 文件。

配置好的虚拟主机要想被外界访问，还必须在 Windows 系统或 DNS 服务器中进行注册，用于指定虚拟主机和 IP 地址之间的映射关系。

在 Windows 中注册虚拟主机的方法如下。

打开 C:\Windows\System32\drivers\etc\hosts 文件，增加以下一行代码：

```
127.0.0.1    www.test.com
```

上述代码的作用是，建立虚拟主机（www.test.com）和 IP 地址（127.0.0.1）之间的映射关系。换句话说，浏览器可以通过访问 www.test.com 来访问本机地址 127.0.0.1。

（3）配置 Tomcat 端口号。

Web 站点默认使用的端口号是 80。也就是说，如果将 Tomcat 的端口号改为 80，那么就可以直接访问 www.test.com，而不需要手动加上端口号。为此，在 server.xml 中将端口号改为 80（详见“Tomcat 基本配置及使用”）。之后，重启 Tomcat，访问 www.test.com，运行结果如图 1.16 所示。

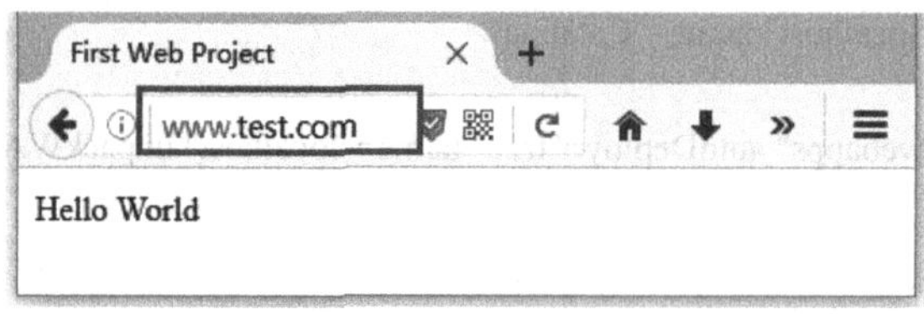

图 1.16　运行结果

至此，虚拟主机的配置方法已经全部讲完。但为了与后续章节保持一致，请读者在学习完本节后，将本节涉及的所有配置进行还原，即删除 hosts 文件中的配置，将端口号恢复至本书使用的 8888，将 servers.xml 中<Engine>的 defaultHost 值改回至 localhost。

1.3.2　JSP 执行流程

（1）客户端向 Tomcat 服务器发送一个请求。例如，在浏览器的地址栏中输入 http://localhost:8888/JspProject/，实际上是请求了默认的 index.jsp 页面。

（2）Tomcat 服务器接收并处理请求后，返回给客户端一个响应。其中，Tomcat 服务器在处理请求期间执行了如下流程：

①第一次请求 JSP 页面时的流程。

a．将接收到的 index.jsp 翻译成与之对应的.java 文件。

b．再将翻译后的 Java 文件编译成与之对应的.class 文件。

例如，Tomcat 服务器会将请求的 index.jsp 文件翻译并编译成对应的.java 和.class 文件，如本书示例在目录 D:\Program Files (x86)\apache-tomcat-8.5.57\work\Catalina\localhost\JspProject\org\apache\jsp 下会有如图 1.17 所示的文件。

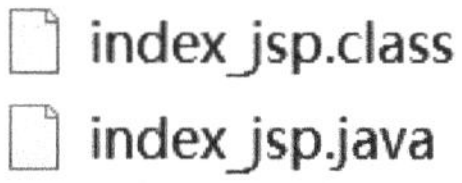

index_jsp.class
index_jsp.java

图 1.17 翻译及编译文件

index_jsp.java 的部分代码如下。

```
package org.apache.jsp;
…
public final class index_jsp
extends org.apache.jasper.runtime.HttpJspBase implements org.apache.jasper.runtime.JspSourceDependent
{
    …
    javax.servlet.jsp.JspWriter out = null;
    public void _jspService(…)…
    {
        …
        response.setContentType("text/html");
        …
        out = pageContext.getOut();
        _jspx_out = out;
        out.write("<html>\r\n");
        out.write("<head>\r\n");
        out.write(" <title>First Web Project</title>\r\n");
        out.write("</head>\r\n");
        out.write("<body>\r\n");
        out.write("\t\t");
        out.print("Hello World");
        out.write("\r\n");
        out.write("</body>\r\n");
        out.write("</html>\r\n");
        out.write("\r\n");
    }
}
```

可以发现，JSP 中的 HTML 代码，本质是通过 Java 类中的输出流动态生成的。实际上，此种 Java 类称为 Servlet（后续会讲），而 JSP 本质上是 Servlet 的一种简化形式。

c．执行.class 文件。第一次请求 JSP 页面时的执行流程如图 1.18 所示。

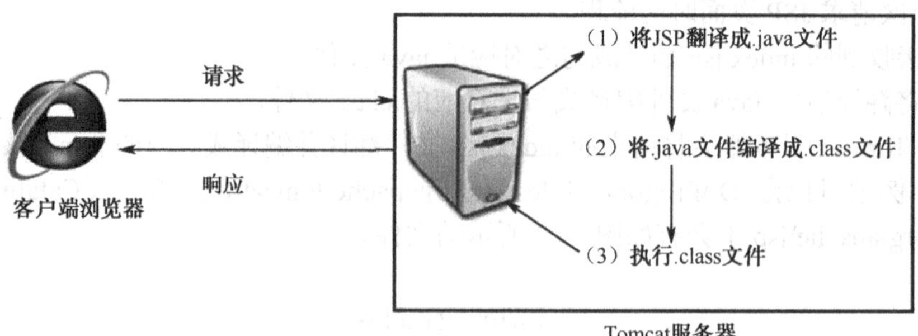

图 1.18　第一次请求 JSP 页面时的执行流程

细心的读者可能会发现，在第一次运行 JSP 项目时，速度会慢一些，而再次运行则会变得很快。这是因为 JSP 在第一次执行时，会经历上述的“翻译”及“编译”过程。

而再次执行时，因为已经存在翻译后的.java 文件以及编译后的.class 文件，就不用再次“翻译”及“编译”，而是直接执行.class 文件即可。但需要注意，如果修改了 JSP 文件，则会重新执行“翻译”及“编译”的整个过程，相当于一个新 JSP 的执行流程。

②第二次请求 JSP 页面时的流程。

第二次请求 JSP 页面时的执行流程如图 1.19 所示。

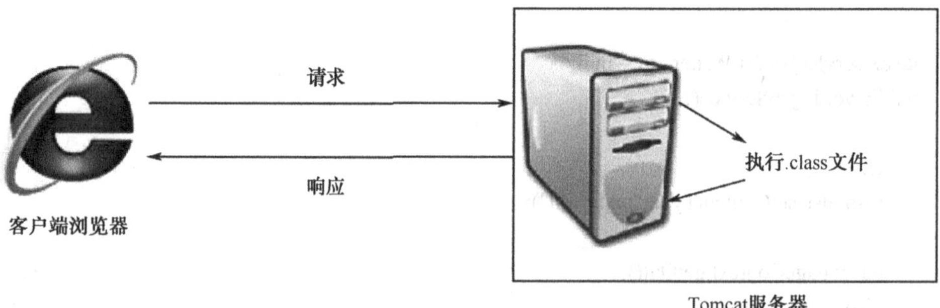

图 1.19　第二次请求 JSP 页面时的执行流程

1.3.3　使用 Eclipse 开发 Web 项目

1．Eclipse 安装

借助 Eclipse 等开发工具可以快速、高效地开发 Web 项目。Eclipse 是一个免费的 IDE（集成开发环境）工具，是目前广受欢迎的 Java EE 开发工具之一。

可以登录 Eclipse 官网下载对应自身操作系统的版本（64 位系统）。

Windows 系统选择以下链接下载：

https://www.eclipse.org/downloads/download.php?file=/technology/epp/downloads/release/2020-06/R/eclipse-jee-2020-06-R-win32-x86_64.zip

Mac 系统选择以下链接下载：

https://www.eclipse.org/downloads/download.php?file=/technology/epp/downloads/release/2020-06/R/eclipse-jee-2020-06-R-macosx-cocoa-x86_64.dmg

Linux 系统选择以下链接下载：

https://www.eclipse.org/downloads/download.php?file=/technology/epp/downloads/release/2020-06/R/eclipse-jee-2020-06-R-linux-gtk-x86_64.tar.gz

下载后解压缩，然后直接运行解压缩文件里面的 Eclipse.exe 即可（运行 Eclipse.exe 之前必须确保 JDK 配置正确；运行 Eclipse.exe 时将提示选择项目的存放路径）。

第一次进入 Eclipse，将显示欢迎页面，直接关闭即可，如图 1.20 所示。

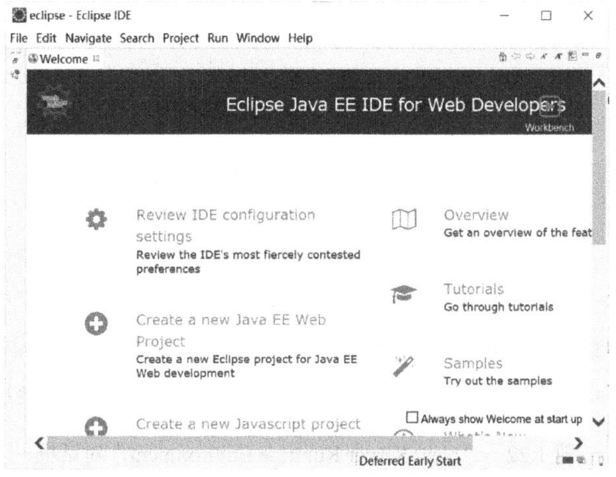

图 1.20　Eclipse 启动页面

2. 配置 Web 项目运行时环境

为了能用 Eclipse 开发 Web 项目，还需要为 Eclipse 配置 Web 项目运行时环境（关联 Tomcat），具体介绍如下：

（1）运行 Eclipse，依次单击菜单栏“Window”→“Preferences”命令，打开“Preferences”对话框（如图 1.21 所示），依次展开“Server”→“Runtime Environment”，单击右侧的“Add”按钮，打开“New Server Runtime Environment”对话框，如图 1.22（a）所示。在“Select the type of runtime environment”文本框中输入“Apache Tomcat v8.5”，然后选择下方列表框中的“Apache Tomcat v8.5”，最后单击“Next”按钮。

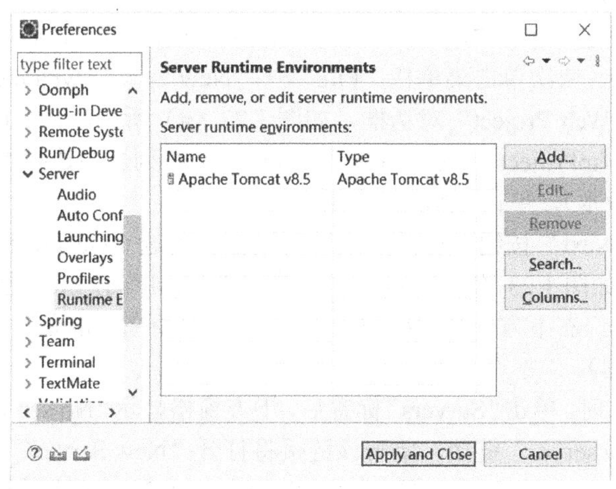

图 1.21　“Preferences”对话框

（2）如图 1.22（b）所示，在“Tomcat Server”页面，单击“Browse”按钮，打开“选择文件夹”对话框，定位到 Tomcat 8.5 的安装目录（本书为 D:\Program Files (x86) \apache-tomcat-8.5.57），单击“选择文件夹”按钮，返回“Tomcat Server”页面。

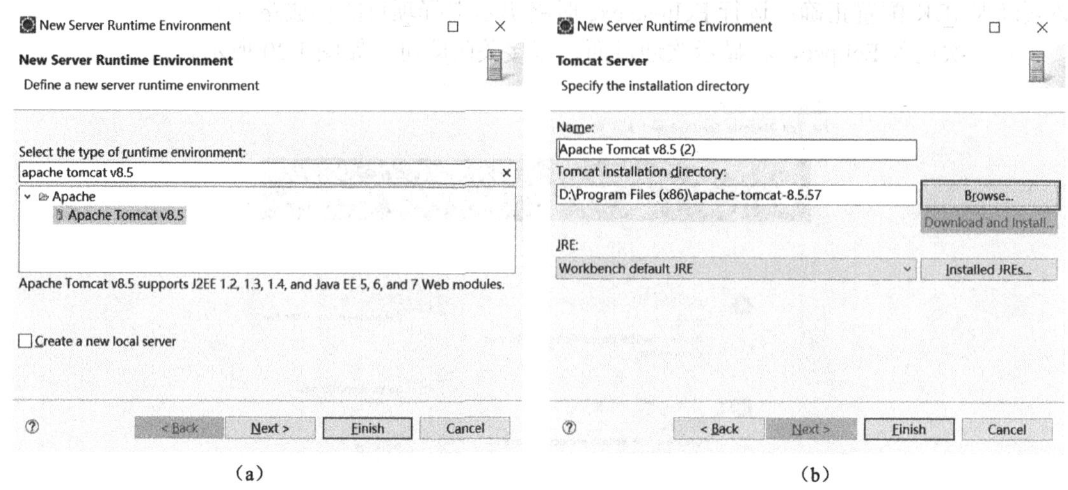

（a）　　（b）

图 1.22　“New Server Runtime Environment”对话框

（3）在“JRE”下拉列表中列出了“Workbench default JRE”和本机已经安装的 JRE 的版本信息，根据需要选择相应的 JRE 版本即可，本书选择的是 jre1.8.0_131。注意：此处根据读者自身开发环境已安装的 Java 环境确定，取值不固定。

或单击“Installed JREs”按钮，在弹出窗口的“Installed JREs”列表框中列出了用户开发环境已经安装的 JRE，选择需要的版本，然后单击“Apply and Close”按钮，返回“Tomcat Server”页面。

单击“Finish”按钮，返回“Server Runtime Runtime Environments”对话框。根据需要在“Server runtime environments”列表框中选择一个版本，然后单击“Apply and Close”按钮。至此，Web 项目运行时环境就配置完成了。

3. 创建 Web 项目

现在用 Eclipse 创建一个 Web 项目（新建一个 Server 实例），具体步骤如下：

（1）运行 Eclipse，依次单击菜单栏“File”→“New”→“Dynamic Web Project”命令，打开“New Dynamic Web Project”对话框，如图 1.23（a）所示。在“Project name”文本框中输入项目名称（如 JspProject），在“Target runtime”下拉列表中选择“Apache Tomcat v8.5”（或之前配置环境的版本），单击“Next”按钮。

（2）继续单击“Next”按钮，在接下来的对话框中勾选“Generate web.xml deployment descriptor”复选框，如图 1.23（b）所示。然后单击“Finish”按钮，返回 Eclipse 窗口。

（3）在 Eclipse 窗口右下方控制面板中单击“Servers”标签，准备为项目配置指定 Tomcat（新建一个 Server 实例）。

首次运行 Eclipse 时，单击“Servers”标签后，下方窗格显示“No servers are available. Click this link to create a new server”链接，单击该链接将打开“New Server”对话框，如图 1.24 所示。在“Select the server type”文本框中输入“Tomcat v8.5”（或之前配置的其他版本），在其下方列表框选择“Tomcat v8.5 Server”，再单击“Finish”按钮，则成功创建了 Tomcat Server，

并在“Servers”标签下方窗格显示“Tomcat v8.5 Server at localhost”（或者其他版本）。

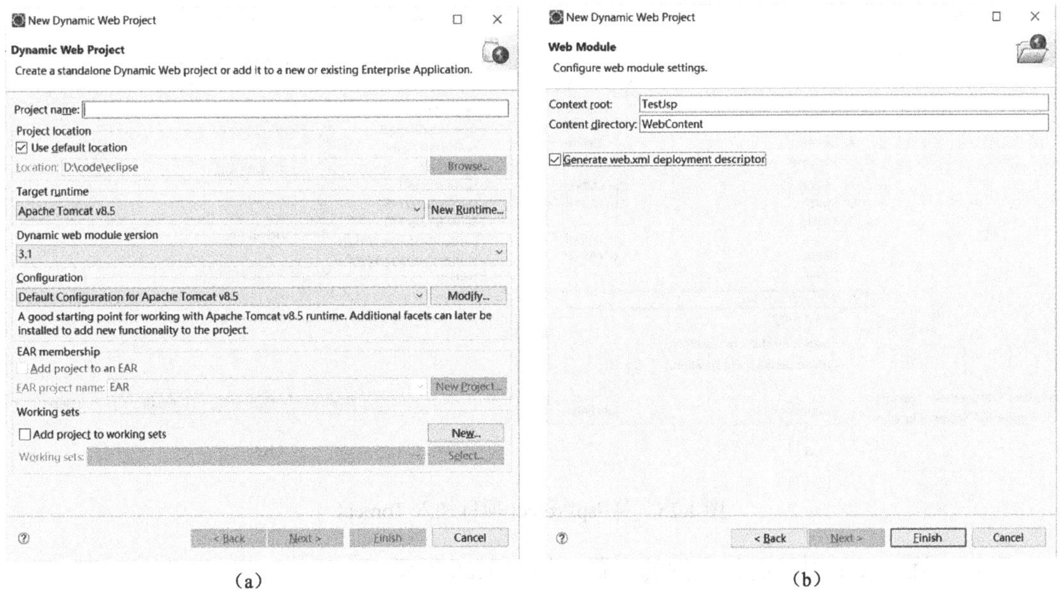

图 1.23　“New Dynamic Web Project”对话框

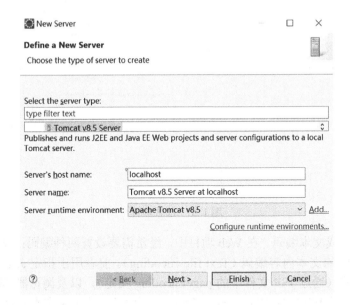

图 1.24　“New Server”对话框

将之前创建的 JspProject 项目加入 Tomcat 中：如图 1.25（a）所示，右键单击“Servers”标签下方窗格中的“Tomcat v8.5 Server at localhost”，在弹出的快捷菜单中单击“Add and Remove”命令，打开“Add and Remove”对话框。如图 1.25（b）所示，“Available”列表列出了系统中已存在的项目，选择“JspProject”后单击“Add”按钮，最后单击“Finish”按钮。

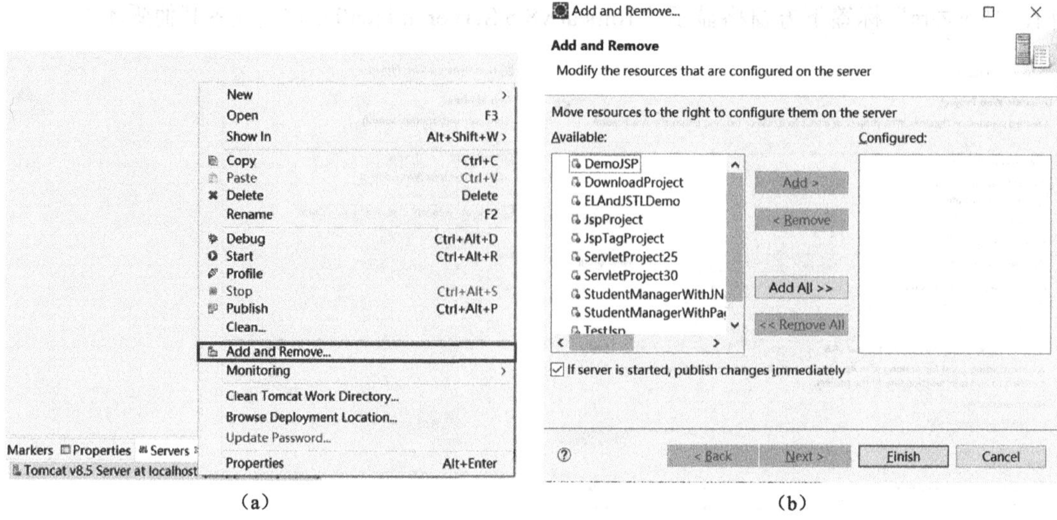

（a） （b）

图 1.25 将 JspProject 项目加入 Tomcat

至此，就完成了项目运行实例的配置，如图 1.26 所示。

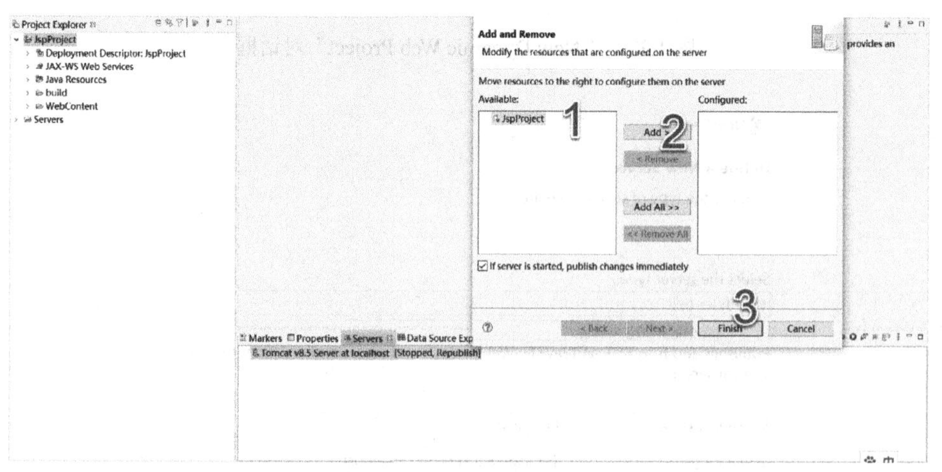

图 1.26 部署项目

（4）设置文件或文本编码。在 Web 项目中，经常需要设置两种编码：设置 JSP 文件的默认编码和设置文件的文本内容编码（Text file encoding）。前者用于指定 JSP 文件翻译成.java 文件时的编码格式（通过 JSP 文件中的 pageEncoding 指定），以及浏览器读取 JSP 文件时采用的编码格式（通过 JSP 文件中的 Content 指定）；而后者用于指定文本内容（代码、注释等）自身的编码。

①设置 JSP 文件的默认编码。在创建 JSP 文件之前，为了防止乱码的产生，可以将 JSP 文件的默认编码统一设置为 UTF-8 格式。在 Eclipse 窗口依次单击菜单栏“Window”→“Preferences”命令，在打开的“Preferences”对话框左上方的文本框内输入“JSP Files”，选择系统筛选出来的“JSP Files”项，在窗口右侧“Encoding”下拉列表中选择“ISO 10646/Unicode(UTF-8)”，单击“Apply and Close”按钮，如图 1.27 所示。

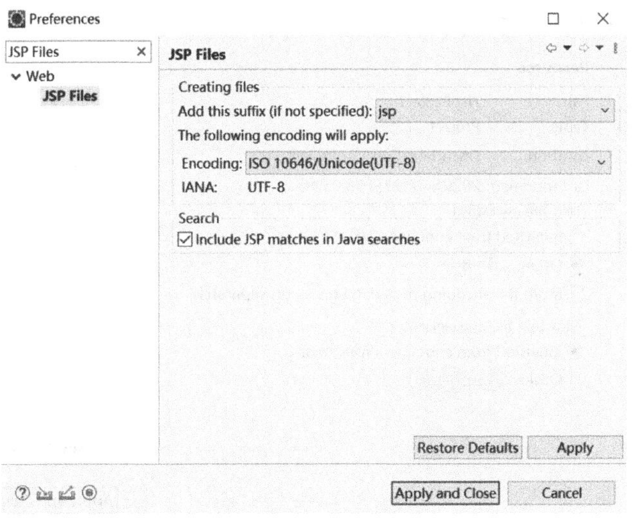

图 1.27　配置 JSP 编码

②设置文件的文本内容编码。如果发现 Eclipse 中某些代码、注释等文本内容显示为乱码，就需要将文本内容也设置为统一的编码（如 UTF-8）。

a．设置所有文件的文本内容编码。在 Eclipse 窗口依次单击菜单栏“Window”→“Preferences”命令，在打开的“Preferences”对话框左侧列表中依次展开“General”→“Workspace”，在“Text file encoding”选项区选择“Other”单选钮，然后在其右侧下拉列表中选择“UTF-8”，最后单击“Apply and Close”按钮，如图 1.28 所示。

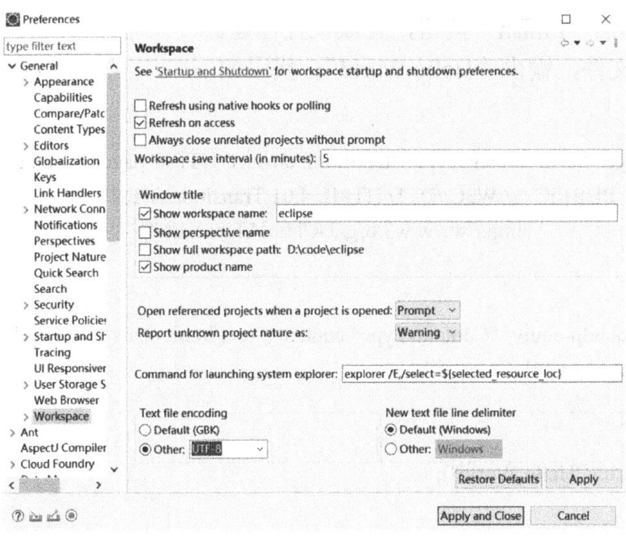

图 1.28　配置工作目录编码

b．设置某个项目中所有文件的文本内容编码。在 Eclipse 窗口左下角右键单击项目名称，在弹出的快捷菜单中单击“Properties”命令，在弹出的“Properties for JspProject”对话框左侧列表选择“Resource”，在“Text file encoding”选项区选择“Other”单选钮，然后在其右侧下拉列表中选择“UTF-8”，最后单击“Apply and Close”按钮，如图 1.29 所示。

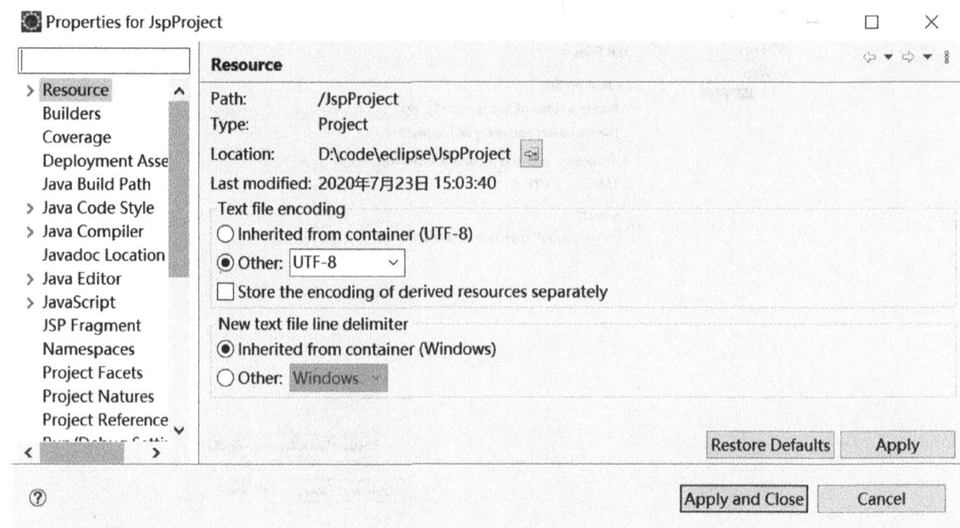

图 1.29　配置资源编码

c．设置单个文件的文本内容编码。右键单击某个具体文件（如.java 文件、XML 文件、HTML 文件或即将学习的 JSP 文件等），在弹出的快捷菜单中单击“Properties”命令，在打开的文件属性窗口中(参考图 1.29)选择“Resource”,在“Text file encoding”选项区选择“Other”单选钮，然后在其右侧下拉列表中选择“UTF-8”，最后单击“Apply and Close”按钮。

（5）创建 JSP 文件。在项目中，右键单击“WebContent”目录，在弹出的快捷菜单中单击“New”→“JSP File”命令，在弹出对话框的“File name”文本框中输入 JSP 文件名称“index.jsp”，然后单击“Finish”按钮，完成文件创建。

（6）编写 JSP 文件，输出“Hello World”，代码如下。

index.jsp：

```
<%@ page language="java" contentType="text/html; charset=UTF-8"pageEncoding="UTF-8"%>
<!DOCTYPE html PUBLIC "-//W3C//DTD HTML 4.01 Transitional//EN"
                                   "http://www.w3.org/TR/html4/loose. dtd">
<html>
      <head>
            <meta http-equiv="Content-Type" content="text/html; charset=UTF-8">
            <title>Insert title here</title>
      </head>
      <body>
            out.print("Hello World");
      </body>
</html>
```

（7）启动 Tomcat 服务。参照图 1.25（a），右键单击“Servers”标签下方窗格中的“Tomcat v8.5 Server at localhost”，在弹出的快捷菜单中单击“Start”命令，Tomcat 系统将立刻启动。

（8）访问 http://localhost:8888/JspProject/。打开浏览器，输入前述地址信息，如图 1.30 所示。

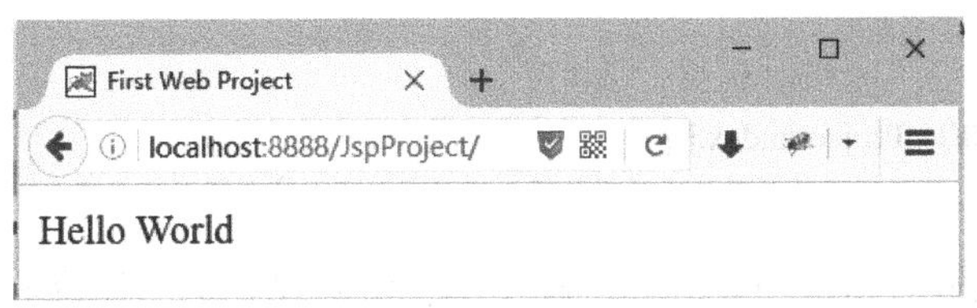

图 1.30　访问项目

（9）若要关闭 Tomcat 服务，则单击标签“Servers”后再单击右侧的“关闭”按钮即可，如图 1.31 所示。

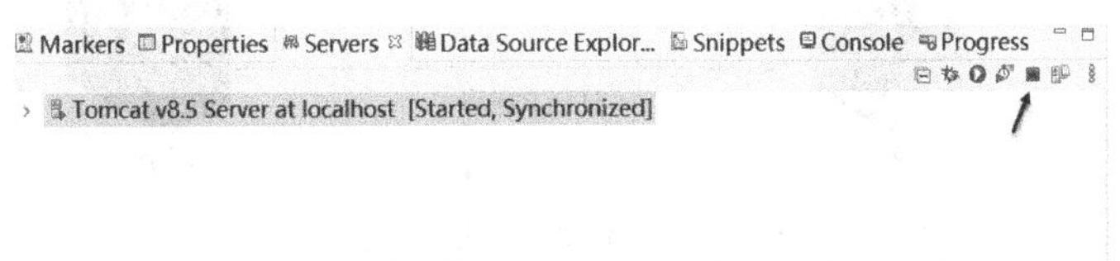

图 1.31　关闭项目

需要注意的是，关闭 Tomcat 服务后，就不能再访问 JSP 页面了。

1.3.4　在 Linux 中安装并配置 Tomcat

需要注意的是，在 Linux 系统中安装 Tomcat 的过程和实验中的过程是同样的，不同的是打开文件的各个命令需要采用自有系统中对应的命令。特别地，启动 Tomcat 的命令为 startup.sh。

1.4　HTTP 协议

1.4.1　通信协议

在使用 B/S 架构开发 Web 项目时，都会涉及客户端（浏览器）和服务器端之间的交互，如图 1.32 所示。

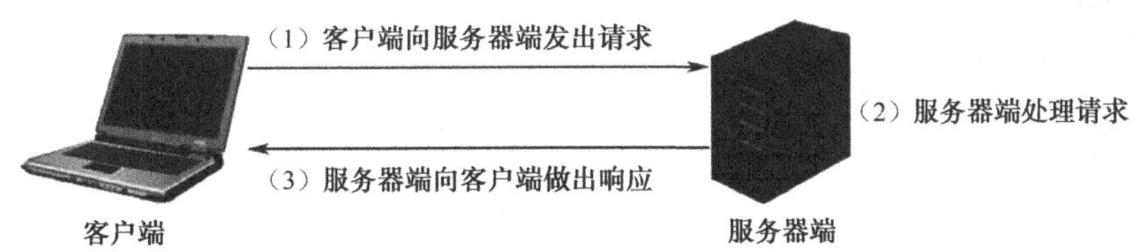

图 1.32　通信协议

客户端是通过 URL 地址来访问服务器端的，并且客户端与服务器端之间的数据传递（如“请求”“响应”）遵循的是 HTTP 协议。

其中，URL（Uniform Resource Location，统一资源定位符）是指在 Web 服务器中各个资源文件的位置。换句话说，客户端可以根据 URL 访问 Web 服务器中的任意资源文件。

URL 结构如下：

```
网络协议://主机地址:端口号/资源文件名
```

其示例如下：

```
http://localhost:8080/JspProject/index.jsp
```

1. HTTP 概述

HTTP（HyperText Transfer Protocol，超文本传输协议）是一种请求/响应式的协议。

HTTP 请求：客户端与服务器端建立连接后，向服务器端发送的请求。

HTTP 响应：服务器端接收到请求后，向客户端做出的响应，如图 1.33 所示。

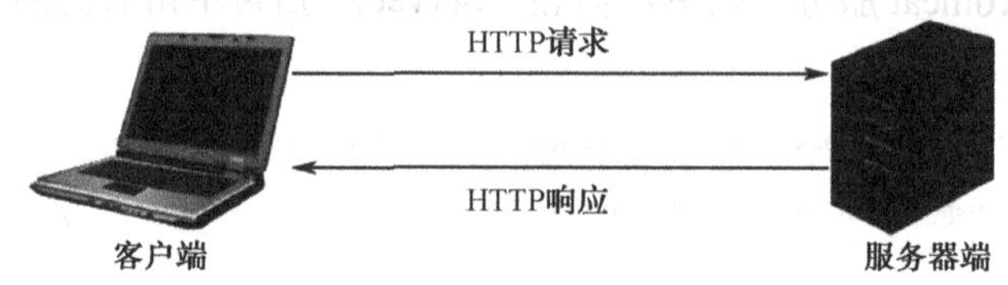

图 1.33　HTTP 请求与响应

HTTP 协议有以下特点：

（1）支持 C/S 模式（浏览器就是一种客户端）。

（2）简单快速。客户端向服务器端发送请求时，只需要传递请求路径和请求方式。

（3）灵活。可以传递任意类型的数据，数据类型由 Content-Type 指定。

（4）无状态。HTTP 是无状态协议，即对事务的处理没有记忆能力（如果后续处理需要前面处理过的数据，则必须重新传输）。

2. HTTP 版本

HTTP 一共有三个版本：HTTP 0.9、HTTP 1.0 和目前普遍使用的 HTTP 1.1。各版本的介绍如下。

（1）HTTP 0.9：只接受 GET 请求方式，且不支持请求头。由于该版本不支持 POST 方法，因此客户端无法向服务器端传递太多信息。

（2）HTTP 1.0：支持 GET 及 POST 方式，但每次只能处理一个 HTTP 请求。

其代码如下：

```
<html>
    <body>
        <img src="/logo.png"><br/>
        <img src="/desc.png"><br/>
    </body>
</html>
```

以上 HTML 代码中有两个<img/>元素，并且每个<img/>中都有一个 URL 地址，客户端需要发送两次请求来获取这些图片信息。采用 HTTP 1.0 时，每次发送请求前，都会与服务器重新建立连接。

（3）HTTP 1.1：默认采用持久连接，可以有效减少客户端与服务器端的连接次数。若采用 HTTP 1.1，则两次<img/>请求只需要与服务器端建立一次连接。

1.4.2 HTTP 请求消息

客户端连上服务器后，向服务器端请求某个 Web 资源，称为客户端向服务器端发送了一个 HTTP 请求消息。一个 HTTP 请求消息包含请求行、请求头、空行和请求数据四个部分。

1．请求行

请求行位于请求消息的第一行，包含请求方式、资源地址及当前 HTTP 版本号三部分信息，示例如下：

```
GET /index.html HTTP/1.1
```

2．请求头

从第二行起为请求头，请求头主要用于向服务器端传递附加信息，如客户端可以接收的数据类型、语言、压缩方法等。以下代码是一次请求的请求头信息：

```
Accept                      */*
Accept-Encoding             gzip, deflate
Accept-Language                zh-CN,zh;q=0.8,en-US;q=0.5,en;q=0.3
Cache-Control               max-age=0
Connection                  keep-alive
Host                        localhost:8888
Referer                     http://localhost:8888/JspProject/
User-Agent                     Mozilla/5.0 (Windows NT 10.0; WOW64; rv:51.0) Gecko/20100101
Firefox/51.0
```

其中，各个参数的含义如表 1.5 所示。

表 1.5　请求头参数及其含义

请求头参数	含　义
Accept	浏览器支持的 MIME 类型
Accept-Encoding	浏览器支持的压缩编码
Accept-Language	浏览器支持的语言
Cache-Control	是否可以缓存，以及允许哪种类型的缓存
Connection	客户端与服务器端连接类型
Host	请求的服务器网址
Referer	发出请求的网址
User-Agent	发出请求的用户信息

3．空行和请求数据

空行：请求头最后一行内容之后，必须是一个空行，用于通知服务器请求头已经发送完毕。

请求数据：也称为主体，可以添加任意的其他数据，并且只有 POST 方式的请求才有请求数据。

1.4.3　HTTP 响应消息

HTTP 响应消息表示的是服务器端向客户端返回的数据，由状态行、消息头、空行和响应数据四个部分组成。

1. 状态行

状态行位于响应消息的第一行，包含当前 HTTP 版本号、状态码和状态消息三部分信息，其代码如下：

```
HTTP/1.1   200   OK
```

2. 消息头

从第二行起为消息头，用于说明客户端需要使用的一些附加信息，如资源的最后修改时间、重定向地址等。以下代码是一次响应的消息头信息：

```
Content-Language            en
Content-Length              1054
Content-Type                text/html;charset=utf-8
Date                        Fri, 17 Feb 2017 08:15:36 GMT
Server                      Apache-Coyote/1.1
```

其中，各个参数的含义如表 1.6 所示。

表 1.6　消息头参数及其含义

消息头参数	含　义
Content-Language	响应体的语言
Content-Length	响应体的长度
Content-Type	返回内容的 MIME 类型
Date	原始服务器消息发出的时间
Server	Web 服务器软件名称

3. 空行和响应数据

空行：与请求消息中的空行类似，消息头的后面必须有一个空行。

响应数据：服务器端返回给客户端的文本信息，空行后面的 HTML 为响应正文。

1.4.4　HTTP 头字段

HTTP 头字段共有 4 个类型，分别是通用头、请求头、响应头和实体头。请求头和响应头在前面已有介绍，本小节主要介绍通用头和实体头。

1. 通用头

通用头既可以用于请求消息，也可以用于响应消息。

前面介绍过的 Cache-Control、Connection、Date 都属于通用头。除此之外，其他常见的通用头如表 1.7 所示。

表 1.7　HTTP 常见的通用头

通 用 头	简　介
Pragma	Pragma 头用于实现特定的指令，最常用的是 Pragma:no-cache（在 HTTP/1.1 协议中，Pragma:no-cache 和 Cache-Control:no-cache 含义相同）
Transfer-Encoding	Web 服务器表明自己对本响应消息体做了怎样的编码，例如，Transfer-Encoding:chunked 表示已对消息体做了分块操作

续表

通　用　头	简　　介
Upgrade	用于指定即将要切换到的新协议。如果服务器端认为新的协议更合适，就会在响应消息中设置 Upgrade 头字段，以此指定新协议的切换
Via	指定 HTTP 消息途经的代理服务器所使用的协议和主机名称

2. 实体头

实体头用于定义被传送资源的信息，也可以用于请求消息和响应消息中。

前面介绍过的 Content-Language、Content-Length、Content-Type 都属于实体头。除此之外，其他常见的实体头如表 1.8 所示。

表 1.8　HTTP 常见的实体头

实　体　头	简　　介
Allow	服务器支持哪些请求方式（如 GET、POST 等）
Content-Location	资源实际所处的位置
Expires	Web 服务器表明该实体将在什么时候过期。对于过期的对象，只有在 Web 服务器验证了其有效性后，才能用来响应客户请求（如 Expires:Sat, 23 May 2009 10:02:12 GMT）
Last-Modified	Web 服务器认为对象的最后修改时间，比如文件的最后修改时间、动态页面的最后产生时间等（如 Last-Modified:Tue, 06 May 2008 02:42:43 GMT）

本节仅对 HTTP 协议的相关知识做了一些简要介绍，要想深入理解，还需要大家结合后续的 JSP 知识一起学习。

1.5　本章小结

本章通过网络搜索的实践案例，对比了动态网页和静态网页的差别，厘清了动态网页的定义：页面的内容生成以后，可以随着时间、客户操作的不同而发生改变。以 QQ 为例作为比对，讲述了 B/S 结构的定义：Browser/Server，即浏览器/服务器模式。再通过实际的案例，演示了如何开发自己的第一个 JSP 程序。通过该程序讲述了 JSP 执行流程：

（1）客户端向 Tomcat 服务器发送一个请求。

（2）Tomcat 服务器接收并处理请求后，返回给客户端一个响应。

Tomcat 服务器在处理请求期间，执行了如下流程：

①第一次请求 JSP 页面时的流程：

a．将接收到的 index.jsp 翻译成与之对应的.java 文件。

b．再将翻译后的.java 文件编译成与之对应的.class 文件。

c．执行.class 文件。

②第二次请求 JSP 页面时的流程：

直接执行.class 文件。

在 Eclipse 中开发 Java Web 程序并部署到 Tomcat，是一个看似烦琐的过程，但只要大家熟悉了以后就会觉得简单。开发过程中要尤其注意编码问题：一是 JSP 的页面编码；二是所有源码文件的编码。读者在开发 Web 项目时，最好在新建好项目后就完成统一的编码配置。

最后简述了 HTTP 协议的相关知识。HTTP 协议有请求和响应。该协议有以下特点：

（1）支持 C/S 模式（浏览器就是一种客户端）。

（2）简单快速。客户端向服务器端发送请求时，只需要传递请求路径和请求方式。

（3）灵活。可以传递任意类型的数据，数据类型由 Content-Type 指定。

（4）无状态。HTTP 是无状态协议，即对事务的处理没有记忆能力（如果后续处理需要前面处理过的数据，则必须重新传输）。

1.6 本章练习

单选题

1．以下关于 http://localhost:8888/JspProject/index.jsp 的说法中错误的是（　　）。

A．http 指定了使用的传输协议。

B．localhost 代表着服务器的地址，也可以使用 127.0.0.1 或本机 IP 地址代替。

C．8888 为端口号。

D．此 URL 中的 localhost 可以省略不写。

2. 以下关于 http://localhost:8080/JspProject/index.jsp 这个 URL 的说法中错误的是(　　)。

A．URL 中的第一部分指定使用的传输协议，例如 http 就代表 HTTP 协议。

B．URL 中的第二部分指请求的服务器的 IP 地址，例如 localhost，有时包含端口号，例如 8080。

C．URL 中的第三部分指请求资源的路径，由零或多个“/”符号隔开，例如 JspProject/index.jsp。

D．URL 中的第二部分和第三部分都可以省略，第一部分不可缺少。

3．以下关于 B/S、C/S 的说法中正确的是（　　）。

A．B/S 架构比 C/S 架构更优秀。

B．B/S 架构是 C/S 架构的替代品。

C．B/S 指客户机/服务器，C/S 是指浏览器/服务器。

D．B/S 架构比 C/S 架构的维护和升级方式简单。

4．以下关于 B/S 的说法中错误的是（　　）。

A．在 B/S 架构中，浏览器端与服务器端采用请求/响应模式进行交互。

B．B/S 架构是 C/S 架构的替代品。

C．基于 B/S 架构的 Web 应用程序由于不再受到安装客户端的限制，越来越多地被企业所采用。

D. 在 B/S 架构下，客户端只需要安装浏览器软件即可，系统界面是通过浏览器来展现的。

5．以下关于 HTTP 协议的说法中错误的是（　　）。

A．HTTP 协议即文件上传协议。

B．HTTP 协议支持简单的请求和响应会话。

C．当用户发送一个 HTTP 请求时，服务器就会用一个 HTTP 响应做出回答。

D．对于 Web 服务器，通常使用 HTTP 协议。

6．在访问 Web 应用时需要使用 URL，以下选项中哪个是完整的 URL？（　　）

A．http://localhost　　　　B．/product/login.jsp

C．ftp://localhost　　　　D．localhost

7．在 http://localhost:8080/JspProject/index.jsp 中，localhost 属于（　　）。

A．端口号　　B．协议　　C．IP 地址　　D．路径

8．Tomcat 服务器的默认端口号是（　　）

A．80　　B．8080　　C．8888　　D．1521

9．以下关于 B/S 的说法中错误的是（　　）。

A．B/S 结构是对 C/S 结构的一种改进。

B．B/S 结构中，程序完全放在应用服务器上，并通过应用服务器和数据库服务器通信。

C．B/S 结构的响应速度比 C/S 结构快。

D．B/S 结构客户机上只要安装一个浏览器就可访问服务器端。

第 2 章

JSP 基础语法

本章简介

通过前面课程的学习，读者已经掌握了 JavaSE、Web 前端以及数据库方面的技术。本章将系统介绍 JSP 页面元素以及内置对象，其中重点介绍 out、request、response、session 等常用内置对象以及 Cookie 等对象的使用，并且从使用原理上讲解 pageContext、request、session、application 四种范围对象的作用域。

回顾第一个 JSP 程序。

index.jsp 代码：

```
<html>
  <head>
      <title>First Web Project</title>
  </head>
  <body>
      <%
          out.print("Hello World");
      %>
  </body>
</html>
```

其中，“<%　out.print("Hello World");　%>”称为脚本。可以发现，在 JSP 文件中，既有 HTML 标签，又有 Java 代码，因此，可以把 JSP 看成“嵌入 Java 的 HTML 代码”。

如果用 Eclipse 新建 JSP 页面，它自动生成的 JSP 又有所不同：

```
<%@ page language="java" contentType="text/html; charset=UTF-8"pageEncoding="UTF-8"%>
<!DOCTYPE html PUBLIC "-//W3C//DTD HTML 4.01 Transitional//EN"
 "http://www.w3.org/TR/html4/ loose.dtd">
<html>
    <head>
            <meta http-equiv="Content-Type" content="text/html; charset=UTF-8">
            <title>Insert title here</title>
    </head>
    <body>
```

```
    …
    </body>
</html>
```

可以看到，除了之前提到的 HTML 元素和 Java 代码，还有其他内容（如<%@ page…>）。这是因为 JSP 页面的构成要素有多种，除了 HTML 元素，大体可分为 JSP 指令、JSP 脚本和 JSP 动作。

2.1　JSP 页面元素

下面我们先学习脚本元素、page 指令元素以及 JSP 中的注释，JSP 动作元素将在 2.4.3 小节中以实例来说明。

2.1.1　脚本（Scriptlet）

所有嵌入在 JSP 中的 Java 代码都称为脚本，有 3 种形式：<%…%>、<% !…%>和<% =…%>。

（1）第一种 Scriptlet：<%…%>。

<%…%>主要用来定义局部变量、编写 Java 语句，如程序清单 2.1 所示。

jspDemo1.jsp 代码：

```
<%
    String bookName ="《JavaEE 之 JSP.Servlet 基础教程》";
    String author = "颜群" ;
    out.print("书名:"+bookName+"<br/>作者:"+author);
%>
```

程序清单 2.1

JSP 程序运行结果如图 2.1 所示。

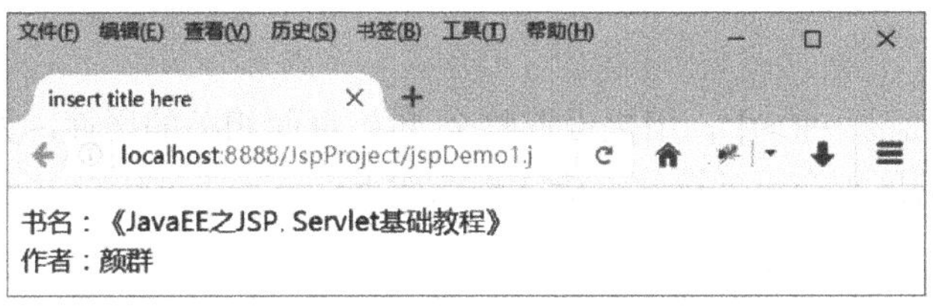

图 2.1　JSP 程序运行结果

其中，“out.print();”是 JSP 页面的输出语句。

（2）第二种 Scriptlet：<%!…%>。

<% !…%>主要用来定义全局变量、定义方法，如程序清单 2.2 所示。

jspDemo2.jsp 代码：

```
<%!
    public String bookName ;
    public String author ;
    public void initInfo()
```

```
        {
              bookName ="《JavaEE 之 JSP.Servlet 基础教程》";
              author = "颜群" ;
        }
%>
<%
    initInfo();
    out.print("书名:"+bookName+"<br/>作者:"+author);
%>
```

程序清单 2.2

程序运行结果与 jspDemo1.jsp 相同。

（3）第三种 Scriptlet：<%=…%>。

<%=…%>用来输出“=”后面的表达式的值，功能类似于“out.print();”，如程序清单 2.3 所示。

jspDemo3.jsp：

```
<%
    String bookName ="《JavaEE 之 JSP.Servlet 基础教程》";
    String author = "颜群" ;
%>

<%="书名:"+bookName+"<br/>作者:"+author%>
<!--等价于 out.print("书名:"+bookName+"<br/>作者:"+author); -->
```

程序清单 2.3

程序运行结果与 jspDemo1.jsp 相同。

从上述代码可以发现，“out.print();”和<%=…>不仅能输出变量，还可解析
等 HTML 代码。需要注意的是，<%=…>中没有“;”。

2.1.2 指令

JSP 指令写在<%@…%>中，用来设置整个 JSP 页面相关的属性，如网页的编码方式和脚本语言，与脚本的区别在于@符号。语法格式如下：

```
<%@ directive attribute="value" %>
```

其中，directive 是指令名；attribute="value"是指令的属性和属性值，指令可以有多个属性，它们以键-值对的形式存在并用逗号隔开。

JSP 有 3 种指令，如表 2.1 所示。

表 2.1 JSP 指令

指　令	描　述
<%@ page…%>	定义 JSP 网页依赖的属性，如脚本语言、error 页面、缓存需求等
<%@ include…%>	在当前 JSP 页面中引入其他文件
<%@ taglib…%>	引入标签库的定义

此处只介绍 page 指令，include 指令和 taglib 指令在使用时再介绍。

```
<%@ page language="java" import="java.util.*" contentType="text/html; charset=UTF-8"
        pageEncoding= "UTF-8"%>
```

以上代码称为 page 指令，其常见属性如表 2.2 所示。

表 2.2　page 指令的常见属性

属　　性	说　　明
language	指定 JSP 页面使用的脚本语言，默认是“java”，一般不用修改
import	与 Java 中 import 的用法一致，可以执行导包操作
pageEncoding	指定 JSP 文件本身的编码方式
contentType	指定服务器发送给客户端的内容的编码方式，通常与 pageEncoding 保持一致

jspDemo4.jsp 代码：

```
<%@ page language="java" import="java.util.Date" contentType="text/html; charset=UTF-8"
        pageEncoding= "UTF-8"%>
<html>
    <head>
            <title>Insert title here</title>
    </head>
    <body>
            <%
                Date date = new Date();
                out.print(date);
            %>
    </body>
</html>
```

程序清单 2.4

以上代码通过 import 导入 java.util.Date，并指定编码方式为 UTF-8。

程序运行结果如图 2.2 所示。

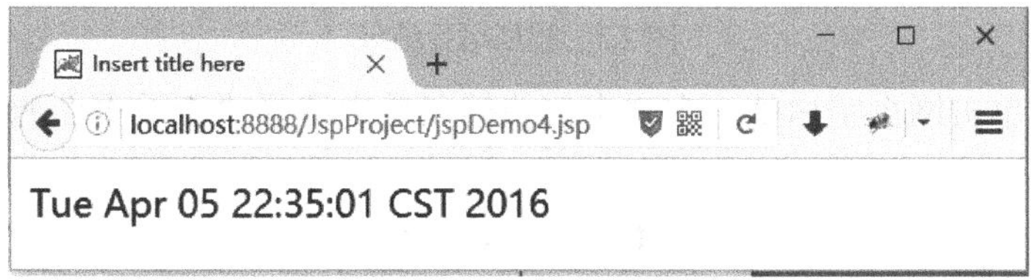

图 2.2　程序运行结果

2.1.3　注释

如前所述，基本的 JSP 包含了 HTML 和 Java 两种代码。因此，JSP 的注释既包含 HTML 的注释，又包含 Java 的注释，此外还拥有 JSP 自己独有的注释，如表 2.3 所示。

表 2.3　JSP 的注释方式及说明

注 释 方 式	说　　明
<!--　　-->	HTML 注释。可以用来注释 HTML 代码，但要注意此种注释能通过客户端（浏览器）查看到，因此是不安全的
<%--　　--%>	JSP 注释。如果想让注释不被浏览器查看到，就可以使用 JSP 注释
<%　　//单行注释　%> <%　　/*多行注释 */　　%>	Java 注释。<%　%>中放置的是 Java 代码，所以可以在<%　%>中使用//和/*…*/对其中的 Java 代码进行注释

jspDemo5.jsp 代码：

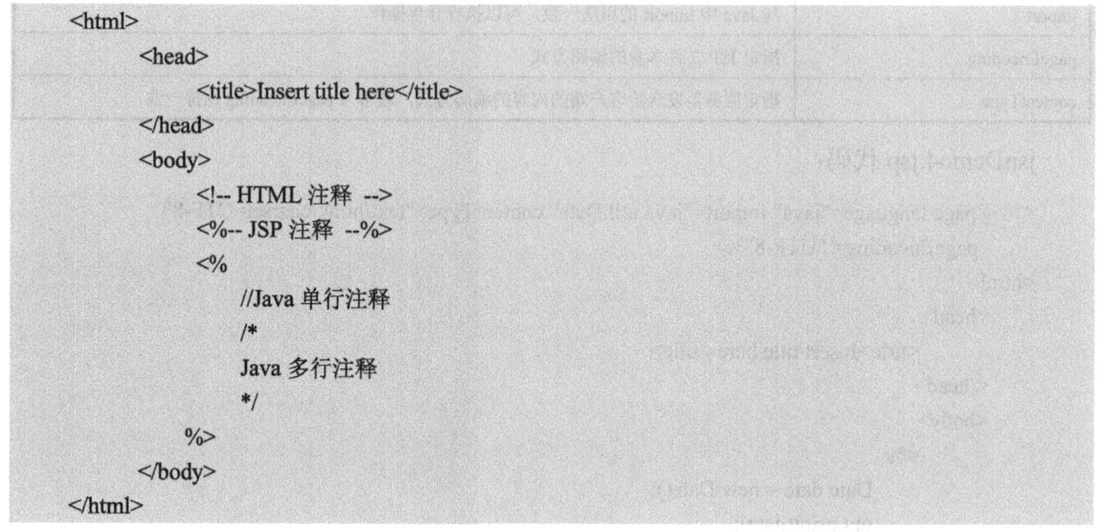

```
<html>
    <head>
        <title>Insert title here</title>
    </head>
    <body>
        <!-- HTML 注释 -->
        <%-- JSP 注释 --%>
        <%
            //Java 单行注释
            /*
            Java 多行注释
            */
        %>
    </body>
</html>
```

程序清单 2.5

程序运行结果如图 2.3 所示。

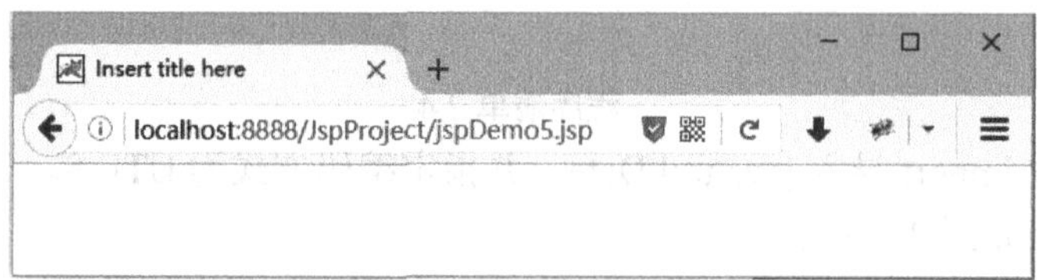

图 2.3　程序运行结果

用鼠标右键单击网页空白处，在弹出的快捷菜单中选择“查看页面源代码”命令，如图 2.4 所示。

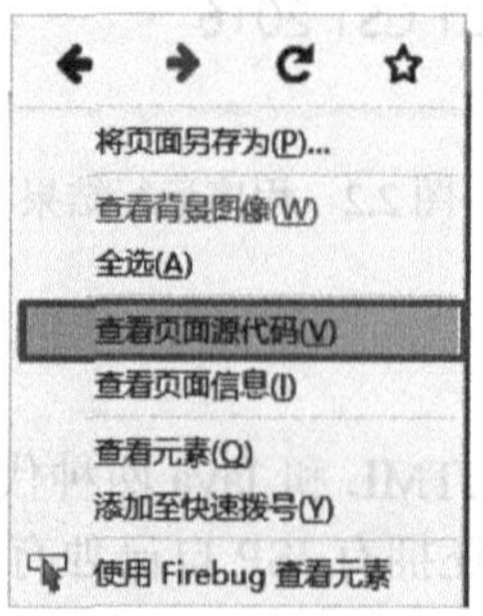

图 2.4　“查看页面源代码”命令

JSP 页面源代码显示内容如图 2.5 所示。

图 2.5　查看 JSP 页面源代码

可以发现，HTML 的注释能被浏览器查看到，而 JSP 注释和 Java 注释则不能被查看。

2.2 内 置 对 象

先看如下代码：

```
<%
    out.print("Hello World");
%>
```

在上述代码中，像 out 这样没有定义和实例化（new）就可以直接使用的对象称为内置对象。除了 out，JSP 还提供了其他的一些内置对象，共有 9 个，如表 2.4 所示。

表 2.4　JSP 内置对象

内 置 对 象	类　　型	简　　介
pageContext	javax.servlet.jsp.PageContext	JSP 页面容器
request	javax.servlet.http.HttpServletRequest	客户端向服务器端发送的请求信息
response	javax.servlet.http.HttpServletResponse	服务器端向客户端返回的响应信息
session	javax.servlet.http.HttpSession	客户端与服务器端的一次会话
application	javax.servlet.ServletContext	可存放全局变量，实现用户间数据的共享
config	javax.servlet.ServletConfig	服务器配置信息，可以取得初始化参数
out	javax.servlet.jsp.JspWriter	向客户端输出内容
page	java.lang.Object	当前 JSP 页面本身，类似于 Java 类中的 this 关键字
exception	java.lang.Throwable	当一个页面在运行过程中发生异常时，就会产生这个对象

本章将先讲解 out、request、response、session、application 五个常用的内置对象及 Cookie 的使用方法，然后再讲解 pageContext、request、session、application 四种对象的作用域。

2.2.1 常用内置对象及 Cookie

1．JSP 内置对象 out

out 用于向客户端输出数据，最常用的是“out.print();”。需要注意的是，out.println()或者out.print("\n")均不能实现在客户端的换行功能。

jspDemo6.jsp 代码：

```
<%
    out.println("hello");
    out.print("world\n");
    out.print("hello world");
%>
```

程序清单 2.6

程序运行结果如图 2.6 所示。

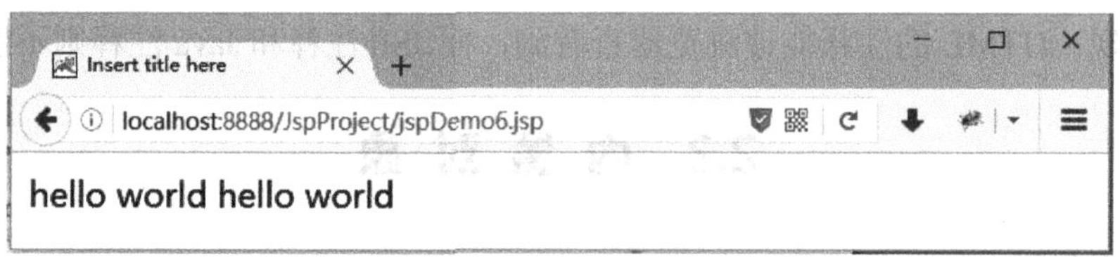

图 2.6 程序运行结果

需要注意的是，若要实现换行，必须借助于 HTML 的
标签。

jspDemo7.jsp 代码：

```
<%
    out.print("hello<br/>");
    out.print("world");
%>
```

程序清单 2.7

程序运行结果如图 2.7 所示。

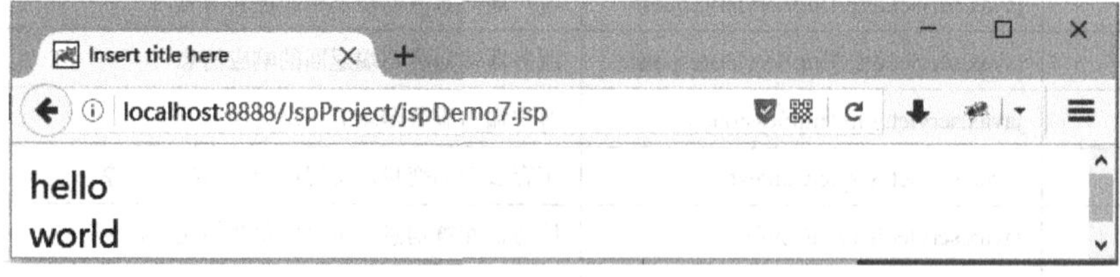

图 2.7 程序运行结果

2．JSP 内置对象 request

（1）request 简介。

request 对象主要用于存储“客户端发送给服务器端的请求信息”，如图 2.8 所示。

图 2.8 request 对象的作用

因此，可以通过 request 对象获取用户发送的相关数据。request 对象的常用方法如表 2.5 所示。

表 2.5 request 对象的常用方法

方 法	简 介
public String getParameter(String name)	获取客户端发送给服务器端的参数值（由 name 指定的唯一参数值，如单选框、密码框的值）
public String[] getParameterValues(String name)	获取客户端发送给服务器端的参数值（由 name 指定的多个参数值，如复选框的值）
public void setCharacterEncoding(String env) throws java.io.UnsupportedEncodingException	指定请求的编码，用于解决乱码问题
public RequestDispatcher getRequestDispatcher(String path)	返回 RequestDispatcher 对象，该对象的 forward()方法用于转发请求
public HttpSession getSession()	返回和请求相关 Session
public ServletContext getServletContext()	获取 Web 应用的 ServletContext 对象

下面通过一个简单的注册及显示功能，演示上述部分方法的使用。

注册页代码如程序清单 2.8 所示。

register.jsp 代码：

```
...
<html>
...
    <body>
        <form action="show.jsp" method="post" >
            用户名:<input type="text" name="uname" /><br/>
            密码:<input type="password" name="upwd" /><br/>
            兴趣:<br/>
            足球<input type="checkbox" name="hobby" value="足球"/>
            篮球<input type="checkbox" name="hobby" value="篮球"/>
            羽毛球<input type="checkbox" name="hobby" value="羽毛球"/><br/>
            <input type="submit" value="注册" />
        </form>
    </body>
</html>
```

程序清单 2.8

执行程序并输入信息，运行结果如图 2.9 所示。

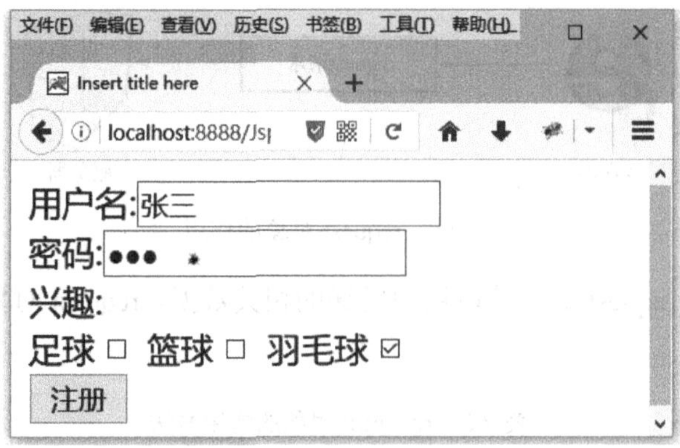

图 2.9 执行注册程序并输入信息

显示页代码如程序清单 2.9 所示。

show.jsp 代码：

```
<html>
   …
   <body>
       <%
              //将请求的编码与页面保持一致，设置为 UTF-8
              request.setCharacterEncoding("UTF-8");
              //获取表单中 name 值为 uname 元素的 value 值
              String name = request.getParameter("uname");
              //获取表单中 name 值为 upwd 元素的 value 值
              String pwd = request.getParameter("upwd");
              //获取表单中已选 name 值为 hobby 元素的 value 数组值
              String[] hobbies = request.getParameterValues("hobby");
       %>
       您注册的信息如下：<br/>
       用户名：<%=name %> <br/>
       密码：<%=pwd %> <br/>
       爱好：
         <%
              if(hobbies != null)
              {
                  for(int i=0 ; i<hobbies.length ;i++)
                  {
                      out.print(hobbies[i]+" ");
                  }
              }
         %>
    </body>
</html>
```

程序清单 2.9

程序运行结果如图 2.10 所示。

图 2.10　程序运行结果

在程序 show.jsp 中，通过 request.setCharacterEncoding("UTF-8")将 POST 方式的编码设置为 UTF-8，并通过 request.getParameter()和 request.getParameterValues()方法获取从表单传来的数据。

需要注意的是，客户端的数据不一定必须从表单传递过来，也可以通过 URL 地址进行传递，语法格式如下：

```
页面地址?参数名 1=参数内容 1&参数名 2=参数内容 2&……
```

即通过“?”将页面地址和参数分离，然后按照“参数名=参数内容”的格式来传递数据，并且多个参数之间用“&”分隔。例如，上例中，可以不运行注册页 register.jsp，而直接在浏览器中输入 http://localhost:8888/JspProject/show.jsp?uname=李四&upwd=123&hobby=足球&hobby=篮球，也能正常运行程序并得到运行结果，如图 2.11 所示。

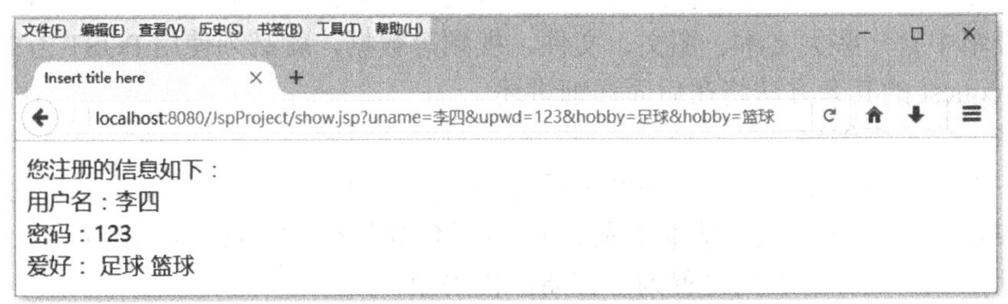

图 2.11　程序运行结果

（2）GET 与 POST 请求。

仔细观察以下表单提交和 URL 地址提交两种方式的地址栏。

①表单提交方式的地址栏：http://localhost:8888/JspProject/show.jsp

②URL 地址提交方式的地址栏：http://localhost:8888/JspProject/show.jsp?uname=李四&upwd=123&hobby=足球&hobby=篮球

这两种地址不同的本质原因在于表单的提交方式，在 register.jsp 中有一行代码：

```
<form action="show.jsp" method="post" >
```

其中，method 可以用来指定表单的提交方式，常用属性值有 GET 和 POST 两种。

当 method="post"时，表示以 POST 方式请求表单，请求后的地址为“http://localhost:8888/JspProject/show.jsp”。

如果改为 method="get"，再次提交表单，则地址栏显示“http://localhost:8888/JspProject/show.jsp?uname=李四&upwd=123&hobby=足球&hobby=篮球”，如图 2.12 所示。

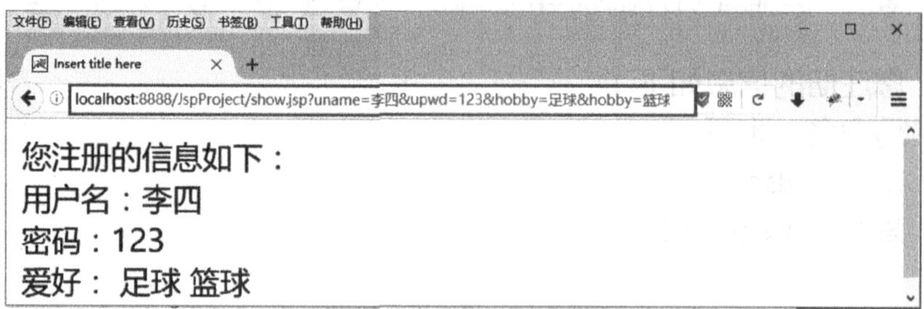

图 2.12　GET 方式请求结果

因此，可以发现，用 GET 方式提交表单，实际就是通过 URL 地址提交的方式向服务器端发送数据。

说明：

如果“URL 地址传递”中的值是中文，而 JSP 页面编码是 UTF-8，则会显示乱码。原因是“URL 地址传递”使用的是 GET 方式传递数据，而 GET 方式的默认编码是 ISO-8859-1，与 JSP 页面编码 UTF-8 不一致。解决方法就是将 GET 方式提交的数据进行统一字符编码，详见后文。

除了地址栏的不同，GET 和 POST 方式在提交的数据大小上也有区别。因为 GET 方式会在地址栏上显示数据信息，而地址栏中能容纳的信息长度是有限制的（一般是 4～5KB）；与之不同的是，POST 方式不会在地址栏中显示数据信息，所以能提交更多的数据内容。因此，如果表单中有一些大文本、图文、文件、视频等数据，就必须使用 POST 方式提交。

对于 request 的其余方法将在后面详细讲述。

（3）统一字符集编码。

了解完 GET 方式和 POST 方式的区别后，再来看看两种方式是如何解决字符乱码问题的。

解决 Web 项目乱码问题的基本步骤如下（以将编码统一为 UTF-8 为例）。

①将所有 JSP 文件的编码设置为 UTF-8，代码如下：

```
<%@ page language="java" contentType="text/html; charset=UTF-8"pageEncoding="UTF-8"%>
<html>
    <head>
        <meta http-equiv="Content-Type" content="text/html; charset=UTF-8">
...
```

此步骤也可通过 Eclipse 来设置，详细步骤参见本书 1.3.3 小节。

②对于 GET 或 POST 方式，实施不同的统一编码操作。

首先要知道，Tomcat 服务器默认使用的编码方式是 ISO-8859-1。

如果以 GET 方式提交表单（或 URL 地址传递的方式），则处理编码的方式有以下两种：

a．分别把每个变量的编码方式从 ISO-8859-1 转为 UTF-8。

其代码如下：

```
//将 name 的编码方式，从 ISO-8859-1 转为 UTF-8
String name = request.getParameter("uname");
```

```
name = new String(name.getBytes("ISO-8859-1"), "UTF-8");
//将 pwd 的编码方式，从 ISO-8859-1 转为 UTF-8
String pwd = request.getParameter("upwd");
pwd = new String(pwd.getBytes("ISO-8859-1"), "UTF-8");
```

b．修改 Tomcat 配置，一次性地将所有通过 GET 方式传递的变量编码都设置为 UTF-8（推荐）。具体修改如下：打开 Tomcat 的 conf 目录，在 server.xml 的第 64 行附近的<Connector>元素中加入 URIEncoding="UTF-8"，代码如下。

server.xml 代码：

```
<Connector connectionTimeout="20000" port="8888" protocol="HTTP/1.1" redirectPort="8443"
URIEncoding="UTF-8" />
```

说明：

要使修改的 server.xml 生效，就必须把 Eclipse 的 Tomcat 服务器设置成本地 Tomcat 托管模式，设置方法如下：

使用 Eclipse 配置完 Tomcat 后，在左侧项目导航栏会多出一个 Servers 项目，该项目中就有 Tomcat 的一些配置文件，如 context.xml、server.xml 等。为了使 Servers 项目中的配置文件与本地安装的 Tomcat 目录中的配置文件保持一致，可以双击 Servers 面板下的"Tomcat v8.5…"，如图 2.13 所示。

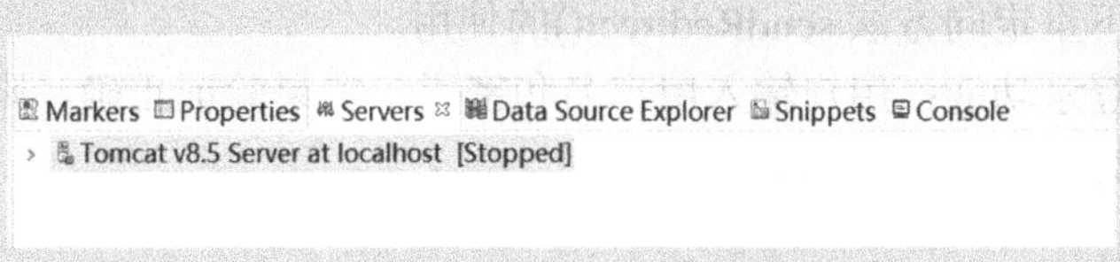

图 2.13　Servers 面板

在双击后打开的页面里，将 Server Locations 指定为第二项，如图 2.14 所示。

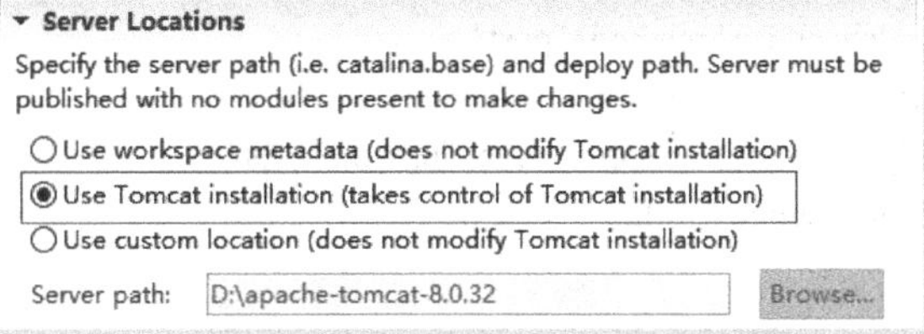

图 2.14　Server Locations

之后，只要在 Servers 项目中修改配置文件，修改结果就会同步到本地安装的 Tomcat 配置文件中。因此，如果要对 Tomcat 进行操作，只需对 Servers 项目进行操作即可。

注意：如果发现 Server Locations 中的选项是灰色（不可选），则需要将现有的 Tomcat 从 Servers 面板中删除，然后重新创建 Tomcat 服务后再选择。

如果以 POST 方式提交表单，可以通过在服务器端加入 request.setCharacterEncoding("UTF-8")来设置编码，详见前面的 show.jsp 代码。

3．JSP 内置对象 response

（1）response 简介。

通过前面的学习知道，客户端可以通过 request 向服务器端发送请求数据，那么反过来会

怎样呢？当服务器端接收到请求的数据后，如何向客户端做出响应呢？答案就是 response，即服务器端可以通过 response 向客户端做出响应，如图 2.15 所示。

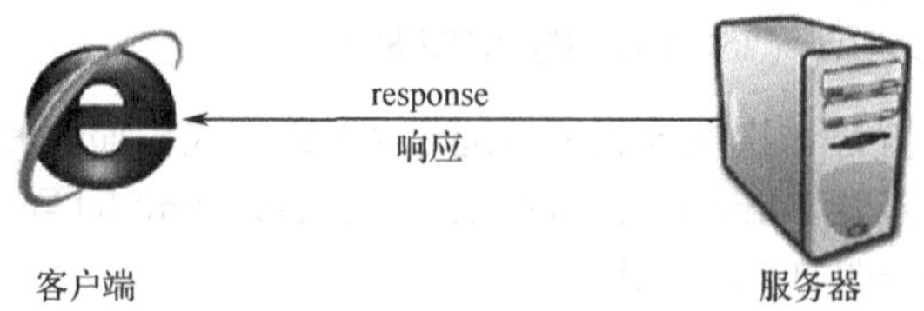

图 2.15　服务器端响应

response 也提供了一些方法来处理响应，如表 2.6 所示。

表 2.6　response 对象的常用方法

方　法	简　介
public void addCookie(Cookie cookie)	服务器端向客户端增加 Cookie 对象
public void sendRedirect(String location) throws IOException	将客户端发来的请求，重新定位（跳转）到另一个 URL 上（习惯上称为“重定向”）
public void setContentType(String type)	设置服务器端响应的 contentType 类型

首先来了解一下重定向方法 sendRedirect()的使用。

这里实现一个登录功能：用户输入用户名和密码，如果验证正确，则跳转到欢迎页。

登录页代码详见程序清单 2.10。

login.jsp 代码：

```
<html>
    ...
    <body>
        <form action="check.jsp" method="post" >
            用户名:<input type="text" name="uname" /><br/>
            密码:<input type="password" name="upwd" /><br/>
            <input type="submit" value="登录" />
        </form>
    </body>
</html>
```

程序清单 2.10

程序运行结果（输入用户名“张三”，密码“abc”）如图 2.16 所示。

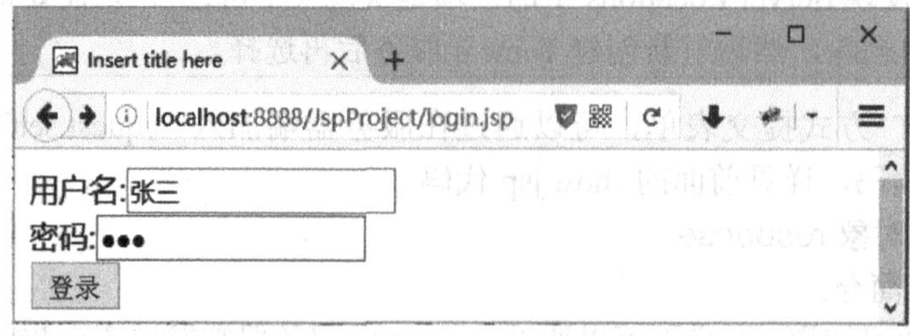

图 2.16　登录页面

验证页代码详见程序清单 2.11。

check.jsp 代码：

```
<html>
    …
    <body>
        <%
            request.setCharacterEncoding("UTF-8");
            String name = request.getParameter("uname");
            String pwd = request.getParameter("upwd");
            //假设用户名为“张三”且密码为“abc”时，登录验证成功
            if(name.equals("张三") && pwd.equals("abc"))
            {
            //若验证成功，则重定向到 success.jsp 页面
            response.sendRedirect("success.jsp");
            }
        %>
    </body>
</html>
```

程序清单 2.11

若登录成功，则跳转到成功提示页，代码详见程序清单 2.12。

success.jsp 代码：

```
<html>
    …
    <body>
        登录成功！<br/>
        欢迎您:<br/>
        <%
            String name = request.getParameter("uname");
            out.print(name);
        %>
    </body>
</html>
```

程序清单 2.12

程序运行结果如图 2.17 所示。

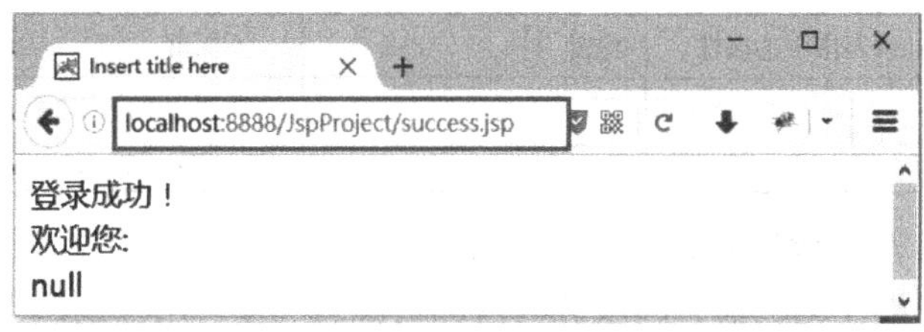

图 2.17　登录结果

从“运行结果”可以发现以下两点：

①如果用户名和密码验证成功，确实跳转到了欢迎页 success.jsp，但数据却丢失了，用户名 name 的值为 null。

②重定向到 success.jsp 后，地址栏也变成了 success.jsp 页面的地址。

（2）请求转发与重定向。

为了解决重定向后数据丢失的问题，先来回忆一下 request 对象中的一个方法。

```
public RequestDispatcher getRequestDispatcher(String path)
```

如前所述，此方法的返回值 RequestDispatcher 对象有一个 forward()方法可以用于转发请求，也就是说，request 的 getRequestDispatcher()方法和 response 的 sendRedirect()方法有相同之处——都可以实现页面之间的跳转。

现将 check.jsp 中的 response.sendRedirect("success.jsp")改为 request.getRequestDispatcher("success.jsp").forward(request, response)，其他代码均不变，再次运行程序，其 success.jsp 页面如图 2.18 所示。

图 2.18　登录成功页面

由图 2.18 可以发现，采用 request.getRequestDispatcher("success.jsp").forward(request, response)来跳转页面后：

①可以获取客户端发送的表单数据；

②页面内容确实跳转到了 success.jsp 中编写的内容，但地址栏仍然停留在 check.jsp，即采用请求转发方式时地址栏不会发生改变。

关于请求转发（request.getRequestDispatcher("xx").forward(request, response)）和重定向（response.sendRedirect("xx")）的区别，这些内容经常在面试中被提到，特在此做一个总结，如表 2.7 所示。

表 2.7　请求转发与重定向

	请求转发（forward()）	重定向（redirect()）
请求服务器次数	1 次	2 次
是否保留第一次请求时 request 范围中的属性	保留	不保留
地址栏里的请求 URL 是否改变	不变	改变为重定向之后的新目标 URL。相当于在地址栏里重新输入 URL 后再按回车键

关于“请求服务器次数”问题的详尽分析如下：

请求转发：客户端（浏览器）向服务器内部资源 A 发起一次请求①，服务器内部资源 A 接收到该请求后，将该请求转发到服务器内部的其他资源 B②，资源 B 处理完请求后，最终给客户端做出响应③，如图 2.19 所示。

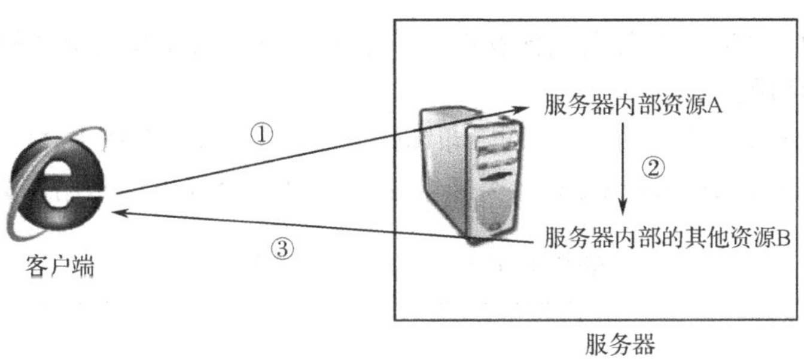

图 2.19 请求转发

重定向：客户端（浏览器）向服务器内部资源 A 发起一次请求①，服务器内部资源 A 接收到该请求后，给客户端做出响应，告诉客户端去重新访问服务器内部资源 B 的地址②，客户端收到资源 B 的地址后再次向服务器内部资源 B 发出第二次请求③，服务器内部资源 B 处理完该请求并做出响应④，如图 2.20 所示。

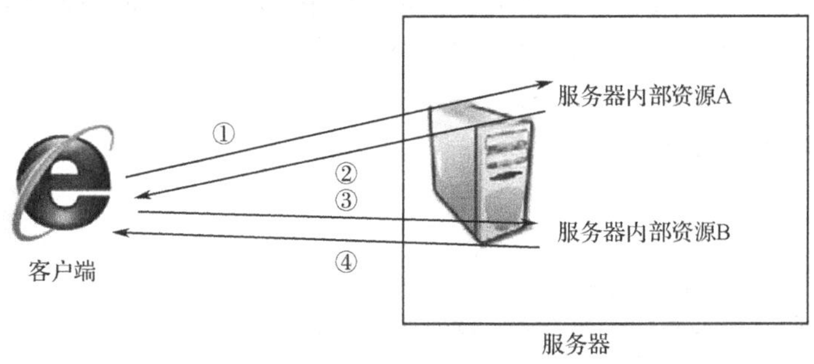

图 2.20 重定向

在此可以将“请求转发”和“重定向”想象成以下情景。

请求转发：张三去银行的 A 窗口办理业务，A 窗口的业务员发现自己办不了该业务，就将张三的业务请求转发给其他同事办理，最后将办理完的业务返回给张三。也就是说，张三只是给银行的 A 窗口发送了一次请求，而该业务办理人员之间的换人工作是由银行内部处理的，即张三只发出了一次请求，更换窗口业务员（跳转）是银行的行为。

重定向：张三去银行的 A 窗口办理业务，A 窗口的业务员发现自己办不了该业务，然后告诉张三应该重新去窗口 B 办理，张三收到该消息后，又重新向银行的窗口 B 再次请求办理业务，最终银行的窗口 B 处理完张三的请求，并将办理完的业务返回给张三。也就是说，张三分别向银行的窗口 A、窗口 B 各发送了一次请求（共 2 次请求），更换窗口业务员（跳转）是张三的行为。

4．Cookie 和 JSP 内置对象 session

在学习 session 之前，有必要先来了解一下 Cookie。

（1）Cookie 简介。

Cookie 对象是先由服务器端产生，再发送给客户端（浏览器）的，并且浏览器会将该 Cookie 保存在客户端的某个文件中。也就是说，Cookie 技术能将服务器端的一些数据保存在用户使用的客户端计算机中。这样一来，用户下次就可以直接通过自己的计算机访问该数据，而不必再访问服务器。因此，Cookie 技术可以提高网页处理的效率，也能减少服务器端的负

载。但是，由于 Cookie 是服务器端保存在客户端的信息，因此其安全性相对较差。

①Cookie 的使用。

一个 Cookie 对象包含一个键-值对，即 key=value。Cookie 不是 JSP 的内置对象，需要通过 JSP 提供的 javax.servlet.http.Cookie 类来创建。Cookie 类提供的常用方法如表 2.8 所示。

表 2.8 Cookie 类提供的常用方法

方　法	简　介
public Cookie(String name, String value)	构造方法，用来实例化 Cookie 对象，同时设置 Cookie 对象的属性名和属性值
public String getName()	获取 Cookie 对象的名称
public String getValue()	获取 Cookie 对象的内容
public void setMaxAge(int expiry)	设置 Cookie 的保存时间，以秒为单位

服务器端可以通过 response 对象的 addCookie()方法，将 Cookie 对象设置到客户端；而客户端也可以将接收到的 Cookie 在提交请求的过程中自动上传到服务器端，在服务器端通过 request 对象的 getCookies()方法获取全部的 Cookie 对象。

服务器端代码详见程序清单 2.13。

response_addCookie.jsp 代码：

```
<body>
    <%
        //创建 2 个 Cookie 对象
        Cookie c1 = new Cookie("bookName","Blue Bridge");
        Cookie c2 = new Cookie("author","YanQun");
        //通过 addCookie()方法，将 Cookie 对象设置到客户端
        response.addCookie(c1);
        response.addCookie(c2);

        response.sendRedirect("temp.jsp");
    %>
</body>
```

程序清单 2.13

客户端跳转代码详见程序清单 2.14。

temp.jsp 代码：

```
<body>
    <a href="request_getCookies.jsp">客户端再次跳转</a>
</body>
```

程序清单 2.14

服务器端解析客户端提交 Cookie 代码详见程序清单 2.15。

request_getCookies.jsp 代码：

```
<body>
    <%
        //通过 request 对象获取全部的 Cookie 对象
```

```
        Cookie[] cookies = request.getCookies();

        for(int i=0 ; i<cookies.length ; i++)
        {
            //输出 Cookie 对象名和对象值
            out.print(cookies[i].getName()+"--"+cookies[i].getValue()+"<br/>");
        }
    %>
</body>
```

程序清单 2.15

先执行 response_addCookie.jsp，并在跳转后的页面 temp.jsp 里单击超链接，运行结果如图 2.21 所示。

图 2.21　运行结果

可以发现，temp.jsp 中的超链接并没有携带任何参数，但跳转后的客户端 request_getCookies.jsp 页面却依然能获取到 Cookie 对象。这是因为，在 temp.jsp 页面中客户端得到的 Cookie 信息在点击超链接的过程中包含在 HTTP 请求头中，传递到了 request_getCookies.jsp。在客户端发送的请求中（超链接请求、表单请求等）可以包含非常丰富的内容，除了可以携带 URL 参数、表单数据，还可以传递丰富的请求头信息，如图 2.22 所示。

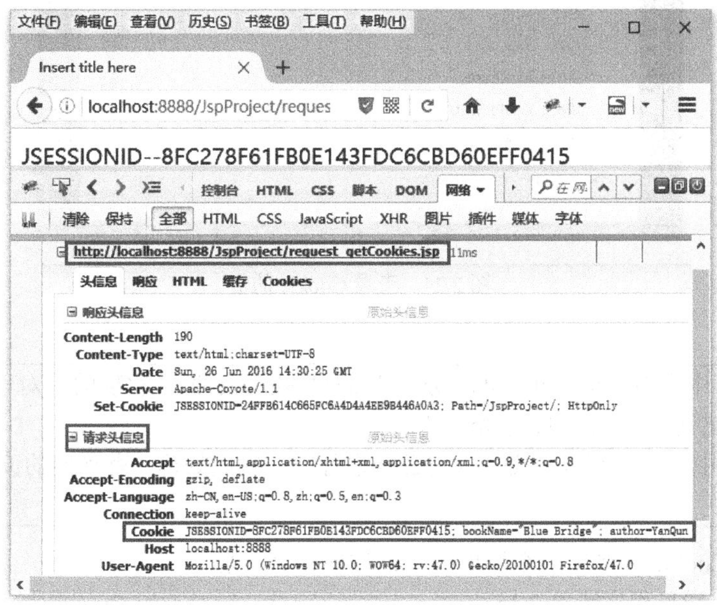

图 2.22　请求头信息

可以发现，请求头信息中包含着多个 Cookie 对象，每个 Cookie 对象都是以“键=值”的形式存在的，并且键为 JSESSIONID 的 Cookie 对象是由服务器自动产生的。

实际上，在客户端每次访问服务器时，服务器为了区分各个不同的客户端，就会自动在每个客户端的 Cookie 里设置一个 JSESSIONID，表示该客户端的唯一标识符。

前面介绍过，Cookie 是由服务器端产生并最终保存在客户端的。以客户端 Firefox 浏览器为例，Cookie 对象就保存在 Firefox 安装目录中的 cookies.sqlite 文件里，如图 2.23 所示。

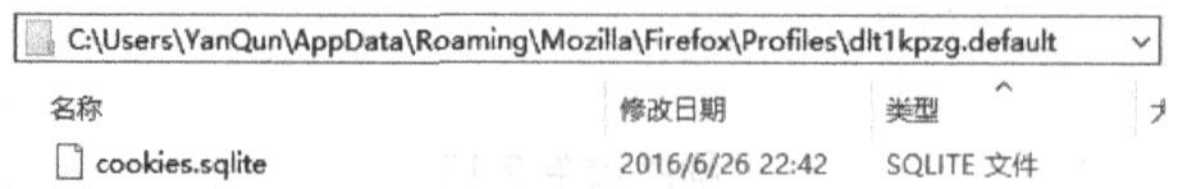

图 2.23　Firefox 中的 cookies 文件

Cookie 的值也可以在 Firefox 中查看，如图 2.24 所示。

图 2.24　查看 Cookie 的值

说明：

①图 2.24 中查看“请求头”的方法，是通过 Firebug 插件实现的。对于 Firebug 的安装及使用，读者可以查阅第 12 章相关内容。

②Cookie 中尽量不写入中文，否则必须进行一些编码处理。有兴趣的读者可以查阅相关资料。

下面通过 Cookie 来实现一个简单的“记住用户名”功能。

登录页代码详见程序清单 2.16。

login_cookie.jsp 代码：

```
<body>
    <%!
        String username ;
    %>
    <%
        Cookie[] cookies = request.getCookies() ;
        //判断是否存在键为"username"的 Cookie，若存在则获取该 Cookie 的值
        for(Cookie cookie:cookies)
        {
            if(cookie.getName().equals("username"))
            {
                username = cookie.getValue();
            }
        }
    %>
    <form action="check_cookie.jsp" method="post" >
        用户名:<input  type="text"  name="uname"  value="<%=username==null ? "":username%>"/>
<br/>
        密码:<input type="password" name="upwd" /><br/>
            <input type="submit" value="登录" />
    </form>
</body>
```

程序清单 2.16

登录验证页代码详见程序清单 2.17。

check_cookie.jsp 代码：

```
<body>
    <%
        request.setCharacterEncoding("UTF-8");
        String name = request.getParameter("uname");
        //将用户名保存在键为"username"的 Cookie 对象中
        Cookie cookie = new Cookie("username",name);
        response.addCookie(cookie);
        //登录验证...
    %>
</body>
```

程序清单 2.17

程序运行结果如图 2.25 所示。

第一次访问登录页 login_cookie.jsp 时，先输入用户名“zhangsan”及密码并单击“登录”按钮，之后如果再次访问登录页 login_cookie.jsp，就会看到页面已经保存了用户名，如图 2.26 所示。

②Cookie 的有效期。

需要注意的是，Cookie 在客户端保存的时间不是永久性的，而是有生命周期的，但可以通过 setMaxAge(int expiry) 方法设置 Cookie 的有效期。例如以下代码，首先通过 cookieExpiry.jsp 页面（详见程序清单 2.18）设置一个 Cookie 对象，然后再尝试通过

cookieExpiryResult.jsp 页面（详见程序清单 2.19）获取该 Cookie 对象。

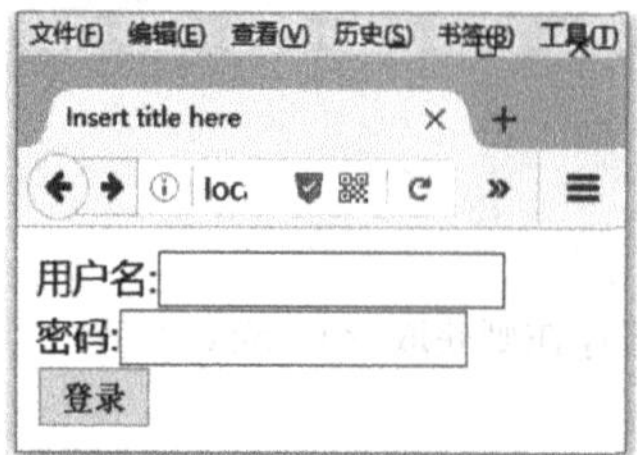

图 2.25 输入用户名和密码前的登录页　　图 2.26 输入用户名和密码后的登录页

cookieExpiry.jsp 代码：

```
<body>
    <%
        Cookie cookie = new Cookie("username","zhangSan");
        //设置 Cookie 对象的有效期为 60 秒
        cookie.setMaxAge(60);
        response.addCookie(cookie);
    %>
</body>
```

程序清单 2.18

cookieExpiryResult.jsp 代码：

```
<body>
    <%
        Cookie[] cookies = request.getCookies();
        boolean flag = false;//用来标识名为"username"的 cookie 是否存在
        if(cookies != null)
        {
            for(int i=0 ; i<cookies.length; i++)
            {
                if(cookies[i].getName().equals("username"))
                {
                    out.print("username:"+cookies[i].getValue());
                    flag = true ;
                }
            }
        }
        //如果名为"username"的 cookie 不存在
        if(!flag)
        {
            out.print("Cookie 已消失！");
        }
    %>
</body>
```

程序清单 2.19

首先执行 cookieExpiry.jsp 来设置 Cookie 对象。之后，如果在 60s 以内运行 cookieExpiryResult.jsp，则运行结果如图 2.27 所示。

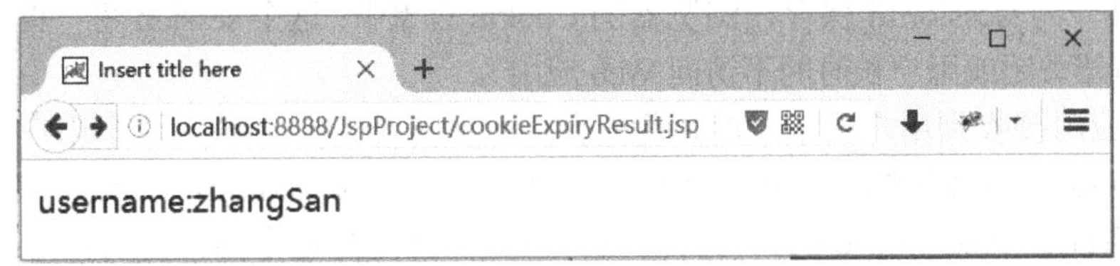

图 2.27　运行结果

如果超过 60s 以后，再次运行 cookieExpiryResult.jsp，则运行结果如图 2.28 所示。

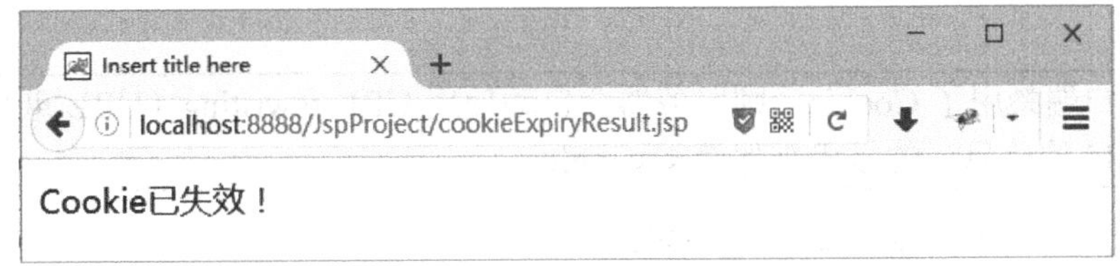

图 2.28　Cookie 失效

由图 2.27 和图 2.28 可知，通过 setMaxAge（秒数）可以设置 Cookie 对象的有效期。

（2）JSP 内置对象 session。

session 通常被翻译成“会话”。一个会话是指用户通过浏览器（客户端）与服务器之间进行的一系列的交互过程，交互期间可以包含浏览器与服务器之间的多次请求、响应。以下是 3 个常见的 session 使用情景：

①用户在浏览某个网站时，从进入网站到关闭这个网站网页所经过的这段时间，也就是用户浏览这个网站的整个过程，就是一个 session。

②在电子邮件应用中，从一个客户登录到电子邮件系统开始，经过收信、写信和发信等一系列操作，直至最后退出邮件系统，整个过程为一个 session。

③在购物网站应用中，从一个客户开始购物，到浏览商品、结算等，直至最后的付款，整个过程为一个 session。

session 运行机制如图 2.29 所示。

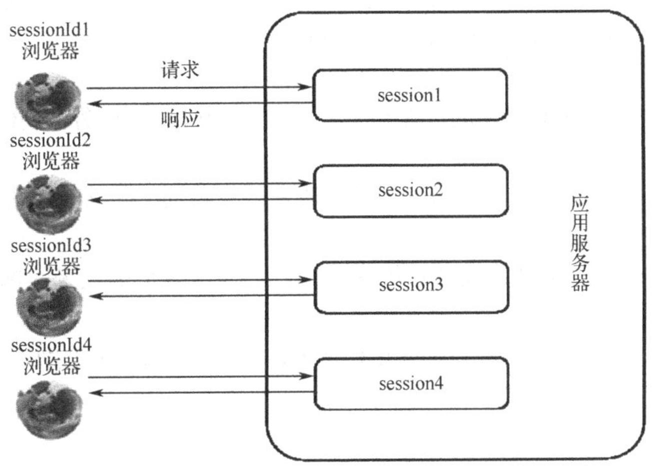

图 2.29　session 运行机制

当用户（浏览器）向 Web 应用第一次发送请求时，服务器会创建一个 session 对象并分配给该用户；该 session 对象中包含着一个唯一标识符 sessionId，并且服务器会在第一次响应用户时，将此 sessionId 作为 jsessionId 保存在浏览器的 Cookie 对象中；这个 session 将一直延续到用户访问结束（浏览器关闭或用户长时间不访问 Web 应用）。

当 Web 应用接收到用户的请求时，首先会检查服务器是否已经为这个用户（浏览器）创建过 session 对象，具体判断用户的请求中是否包含了一个 sessionId，如果包含 sessionId，则服务器就会通过这个 sessionId 找到对应的 session，以确定是这个用户在访问服务器。而如果用户的请求中没有 sessionId，则服务器会为该用户创建一个新的 session，并生成一个与此 session 对应的 sessionId，然后将 sessionId 随着本次响应返回给用户（在 Cookie 对象中），如图 2.29 所示。

说明：

如果客户端禁用了 Cookie，则服务器会自动使用 URL-rewriting（URL 重写，URL 中包含 sessionId 的信息）的技术来保存 sessionId。

下面再通过一个例子来讲解上述逻辑。

假设服务器是一个商场的存包处，客户端是一个顾客。当来了一个顾客时，商场首先判断该顾客是否已经存过包。判断是通过顾客手里的钥匙来实现的，如果顾客手里有钥匙，就说明顾客此前已经存过包，商场就能根据这把钥匙找到相应的包。否则，如果顾客手里没钥匙，商场就给顾客一把新钥匙，同时记住该钥匙对应的柜子编号，并把钥匙保存在顾客手里。商场记住的柜子编号就相当于服务器的 sessionId，而顾客手里拿的钥匙就相当于客户端的 jsessionId，即服务器中的 sessionId 是与客户端中的 jsessionId 一一对应的。

Cookie 相当于客户的口袋，session 相当于商场的柜子。二者的内容都是商场设定的，第一次商场会给一把钥匙（sessionId，当然商场也可以给其他东西，但只有 sessionId 是用来找柜子的）并且告诉客户：你把钥匙放在你的口袋里面，下次来一定要带上这把钥匙。商场会把客户想存在柜子里面的东西存起来（注意：这些内容是存在商场的柜子里面的），并贴上 sessionId。后续请求，客户每次都把钥匙（sessionId）带上，商场也能准确找到客户的柜子。

但是有一种特殊情况，客户可能禁用 Cookie，因为觉着自己这个口袋可能被别人翻看，不安全。那么通过 Cookie 来存储 sessionId 就不适合了，这个时候商场必须为客户考虑，应采用 URL 重写的形式。这对用户来说是透明的，不用再担心 Cookie，商场会自动把客户即将发起的任何请求都重写：URL 后附加 sessionId。

综上所述，可以发现：

①session 是存储在服务器端的（在用户第一次请求时，由服务器创建并用来保存该用户的 sessionId 等信息）。

②session 是在多次请求间共享的，但多次请求必须是同一个客户端发起的（例如，同一个用户进行的购物操作）。

③session 的实现机制需要先发标记给客户端，再通过客户端发来的标记（jsessionId）找到对应的 session。

session 内置对象是 javax.servlet.ServletContext.HttpSession 接口的实例化对象，常用方法如表 2.9 所示。

表 2.9 session 的常用方法

方 法	简 介
public String getId()	获取 sessionId
public boolean isNew()	判断是否为新的 session（新用户）
public void invalidate()	使 session 失效
public void setAttribute(String name, Object value)	设置 session 对象名和对象值
public Object getAttribute(String name)	根据 session 对象名，获取 session 对象值
public void setMaxInactiveInterval(int interval)	设置 session 的有效非活动时间，单位为秒
public int getMaxInactiveInterval()	获取 session 的有效非活动时间，单位为秒

在此通过几个例子来讲述上面的方法。先在服务器通过 createSession.jsp（详见程序清单 2.20）页面设置一个 session 值，然后响应给客户端页面 createSessionResult.jsp（详见程序清单 2.21）。

createSession.jsp 代码：

```
<body>
    <%
        //session 是内置对象，因此可以直接使用，而不用自己创建
        session.setAttribute("school","Blue Bridge");
        response.sendRedirect("createSessionResult.jsp");
    %>
</body>
```

程序清单 2.20

createSessionResult.jsp 代码：

```
<%
    //获取 session 的值
    out.print("sessionId:"+session.getId()+"<br/>");
    Cookie[] cookies = request.getCookies();
    //前面学习 Cookie 时已经知道，Cookie 中会默认保存一个 jsessionId 的名和值
    //获取 Cookie 中 jsessionId 的名和值
    out.print(cookies[0].getName()+"---"+cookies[0].getValue());
%>
```

程序清单 2.21

执行 createSession.jsp，运行结果如图 2.30 所示。

图 2.30 sessionId 与 jsessionId

由图 2.30 可以发现，服务器中 session 对象产生的 sessionId 值，与客户端中 Cookie 对象产生的 jsessionId 值的内容是一样的。

接下来再用 session 来实现一个登录及注销的例子。

实现思路：用户首先进行登录操作，如果登录成功，则将用户的登录信息保存在一个 session 范围的属性里。当用户再次访问其他页面时，先在 session 范围内寻找是否存在用户的登录信息。若存在，则表示是已经合法登录过的用户；若不存在，则表示该用户尚未登录，从而直接跳转到登录页面，要求用户重新登录。若用户登录成功，还可以进行注销操作。登录流程如图 2.31 所示。

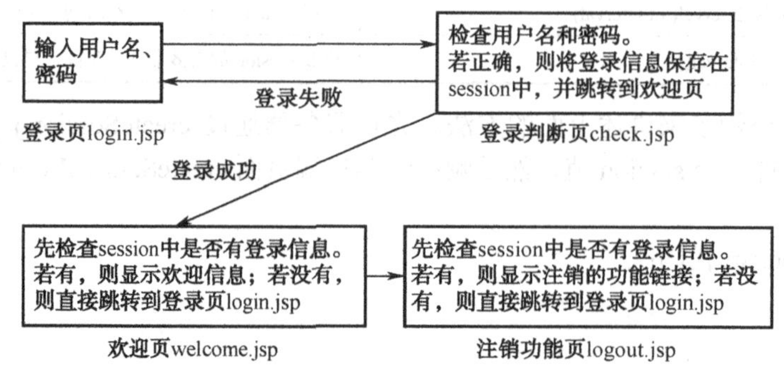

图 2.31　登录流程

首先在 WebContent 中创建一个文件夹 loginDemo，将本例的 JSP 文件都放入该文件夹中：鼠标右键单击 WebContent→new→Folder→输入名字 loginDemo→Finish，访问该文件夹（Folder）中的 JSP 时，需要在 JSP 的地址前加上文件夹名，如 http://localhost:8080/JspProject/loginDemo/ login.jsp。

登录页 loginDemo/login.jsp：使用 form 表单录入用户名（uname）和密码（upwd）（代码略）。

登录判断页代码详见程序清单 2.22。

loginDemo/check.jsp 代码：

```
<%
    //将 POST 请求方式的编码设置为 UTF-8
    request.setCharacterEncoding("UTF-8");
    String name = request.getParameter("uname");
    String pwd = request.getParameter("upwd");
    //假设用户名是“zhangsan”，密码是“abc”
    if (name.equals("zhangsan") && pwd.equals("abc"))
    {
        //登录成功后，将用户信息保存在 session 的作用域内
        session.setAttribute("loginName", name);
        //设置 session 的非活动时间为 10 分钟
        session.setMaxInactiveInterval(60 * 10);
        //将请求信息转发到 welcome.jsp 页
        request.getRequestDispatcher("welcome.jsp").forward(request, response);
    }else
    {
        //若登录失败，返回登录页 login.jsp
```

```
        response.sendRedirect("login.jsp");
    }
%>
```

程序清单 2.22

登录成功后的欢迎页代码详见程序清单 2.23。

loginDemo/welcome.jsp 代码：

```
<%
    //进入 welcome.jsp 页面前，先通过 session 的作用域内属性判断用户是否已经登录
    //如果还没登录，则跳转到登录页
    String loginName = (String) session.getAttribute("loginName");
    if (loginName == null)
    {
        //用户还没登录
        response.sendRedirect("login.jsp");
    }else
    {
        out.print("登录成功！欢迎您<strong>" + loginName + "</strong><br/>");
        out.print("<a href='logout.jsp'>注销</a>");
    }
%>
```

程序清单 2.23

注销页代码详见程序清单 2.24。

logout.jsp 代码：

```
<%
    //进入 logout.jsp 页面前，先通过 session 的作用域内属性判断用户是否已经登录
    //如果还没登录，则跳转到登录页
    String loginName = (String) session.getAttribute("loginName");
    if (loginName == null)
    {
        //用户还没登录
        response.sendRedirect("login.jsp");
    }else
    {
        //使 session 范围中的属性全部销毁，即清除之前 session 中的 loginName 属性
        session.invalidate();
        response.sendRedirect("login.jsp");
    }
%>
```

程序清单 2.24

可以发现，如果输入正确的用户名和密码，则直接跳转到欢迎页，如图 2.32 所示。

如果用户名或密码输入有误，则返回登录页。而且，如果用户没有登录，则直接访问 welcome.jsp 或 logout.jsp，也会因为 session 作用域中的 loginName 为 null 而直接跳转返回登录页，从而实现访问权限的控制。

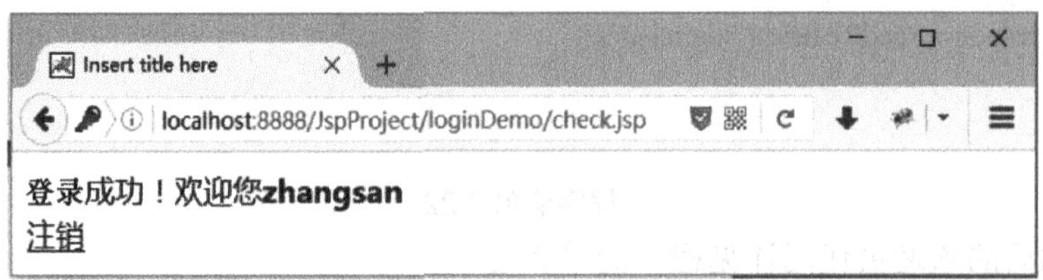

图 2.32　登录结果

最后再说明一下 Cookie 和 session 的几点区别，如表 2.10 所示。

表 2.10　Cookie 与 session 的区别

	Cookie	session
保存信息的位置	客户端	服务器端
保存的内容	字符串	对象
安全性	不安全	安全

5. JSP 内置对象 application

application 对象是 javax.servlet.ServletContext 接口的实例化对象，代表了整个 Web 项目，所以 application 对象的数据可以在整个 Web 项目中共享，用法上类似于“全局变量”的概念。application 对象的常用方法如表 2.11 所示（其他方法将在 2.3.2 小节中讲解）。

表 2.11　application 对象的常用方法（虚拟路径与绝对路径）

方　法	简　介
public String getContextPath()	获取虚拟路径（默认为项目名称）
public String getRealPath(String path)	获取虚拟路径对应的绝对路径

首先直接通过一段代码（详见程序清单 2.25）看一下运行结果。

applicationDemo.jsp 代码：

```
<%
    String realPath = application.getRealPath("/");
    String contextPath = application.getContextPath();
    out.print("realPath:"+realPath+"<br/>");
    out.print("contextPath:"+contextPath);
%>
```

程序清单 2.25

程序运行结果如图 2.33 所示。

可以发现，虚拟路径是项目名称；而虚拟路径对应的绝对路径，是在工作目录中的某一个文件夹。虚拟路径和绝对路径都是可以修改的，修改方法参见 1.3.1 小节。

图 2.33　虚拟路径与绝对路径

2.2.2　4 种范围对象的作用域

在 JSP 的内置对象中，包含 4 种范围对象（或称为“域对象”），如表 2.12 所示。

表 2.12　内置对象的作用域

对　　象	作　用　域
pageContext	数据只在当前自身的页面有效
request	数据在一次请求中有效
session	数据在一次会话中有效；若是新开浏览器，则无效
application	数据在当前 Web 项目有效，可供所有用户共享

说明：

在其他书籍中，经常将 pageContext 作用域称为 page 作用域。但本书为了和 page 对象进行区分，称其为 pageContext 作用域。

以上的 4 个范围对象都存在如表 2.13 所示的常用方法。

表 2.13　范围对象的常用方法

方　　法	说　　明
public void setAttribute(String name, Object o)	设置属性名和属性值
public Object getAttribute(String name)	根据属性名获取对应的属性值
public void removeAttribute(String name)	根据属性名删除对应的属性值

1．pageContext 作用域

首先创建一个页面 pageDemo.jsp（代码详见程序清单 2.26），然后通过 pageContext.setAttribute()添加两个属性（每个属性都由键-值对组成），再通过 pageContext.getAttribute()将属性的值取出。

pageDemo.jsp 代码：

```
<body>
    <%
        /*将"《JavaEE 之 JSP.Servlet 基础教程》"添加到"bookName"属性中，
        类似于 String bookName="《JavaEE 之 JSP.Servlet 基础教程》";
        */
        pageContext.setAttribute("bookName","《JavaEE 之 JSP.Servlet 基础教程》");
        pageContext.setAttribute("author","颜群");
    %>
```

```
        <%--获取并显示 bookName 属性的值 --%>
        书名:<%=pageContext.getAttribute("bookName") %> <br/>
        作者:<%=pageContext.getAttribute("author") %>
</body>
```

程序清单 2.26

程序运行结果如图 2.34 所示。

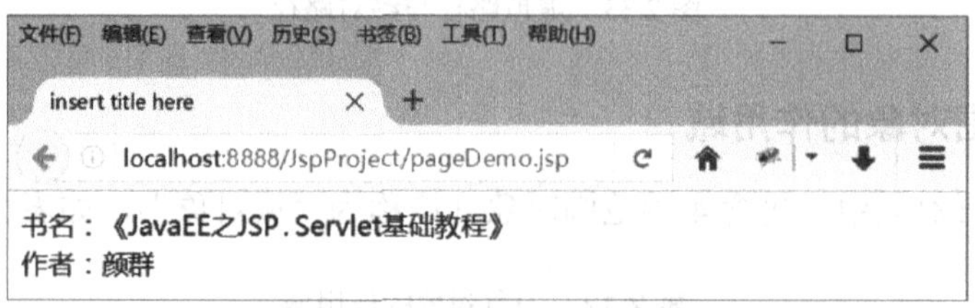

图 2.34 程序运行结果

因为 pageContext 对象中的属性的作用域是“在当前自身的页面内有效”，而以上属性均在同一个页面中增加或输出，所以能够正常显示。

但是，如果将上述页面进行修改，将增加属性放在 page_scope_one.jsp（代码详见程序清单 2.27）中执行，再通过请求转发跳转到 page_scope_two.jsp（代码详见程序清单 2.28）页面，并在 page_scope_two.jsp 中显示属性的值。

page_scope_one.jsp 代码：

```
<body>
    <%
        //增加属性
        pageContext.setAttribute("bookName","《JavaEE 之 JSP.Servlet 基础教程》");
        pageContext.setAttribute("author","颜群");
        //属性增加完后，跳转到 page_scope_two.jsp
        request.getRequestDispatcher("page_scope_two.jsp").forward(request, response);
    %>
</body>
```

程序清单 2.27

page_scope_two.jsp 代码：

```
<body>
    <%--属性的显示--%>
    书名:<%=pageContext.getAttribute("bookName") %> <br/>
    作者:<%=pageContext.getAttribute("author") %>
</body>
```

程序清单 2.28

再次执行 page_scope_one.jsp，运行结果如图 2.35 所示。

因为页面从 page_scope_one.jsp 通过请求转发跳转到 page_scope_two.jsp 后，就已经不再是同一个页面了，所以无法再通过 pageContext 对象获取数据。

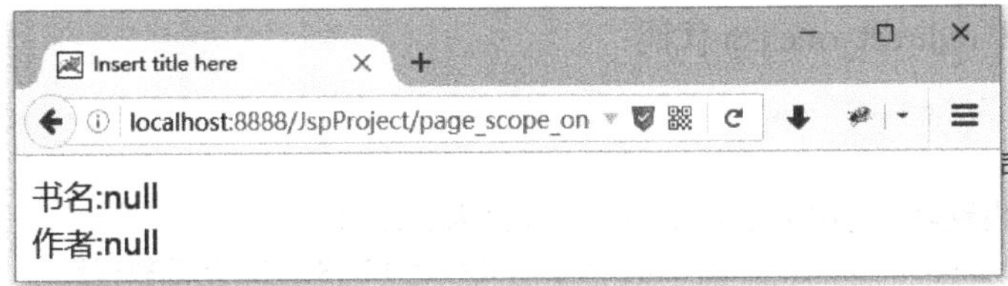

图 2.35　运行结果

2. request 作用域

要想在请求转发后的 page_scope_two.jsp 页面获取属性值，可以使用 request 的作用域。

request 的作用域是“在客户端向服务器端发送的一次请求中有效”。可将上面的例子进行修改，代码详见程序清单 2.29 和程序清单 2.30。

request_scope_one.jsp 代码：

```
<body>
    <%
        //将内置对象的作用域从 pageContext 改为 request
        request.setAttribute("bookName","《JavaEE 之 JSP.Servlet 基础教程》");
        request.setAttribute("author","颜群");
        request.getRequestDispatcher("request_scope_two.jsp")
        .forward(request, response);
    %>
</body>
```

程序清单 2.29

request_scope_two.jsp 代码：

```
<body>
    <%--通过 request 范围来获取属性值--%>
    书名:<%=request.getAttribute("bookName") %> <br/>
    作者:<%=request.getAttribute("author") %>
</body>
```

程序清单 2.30

执行 request_scope_one.jsp，程序运行结果如图 2.36 所示。

图 2.36　程序运行结果

因为从 request_scope_one.jsp 到 request_scope_two.jsp 的跳转是“请求转发”，即仍然是同一次请求，而 request 的作用范围就是“在一次请求中有效”。

但要注意，如果将上例的“请求转发”改为“重定向”或超链接形式的跳转（代码详见程序清单 2.31 和程序清单 2.32），则不会再获取到数据。

request_scope_redirect_one.jsp 代码：

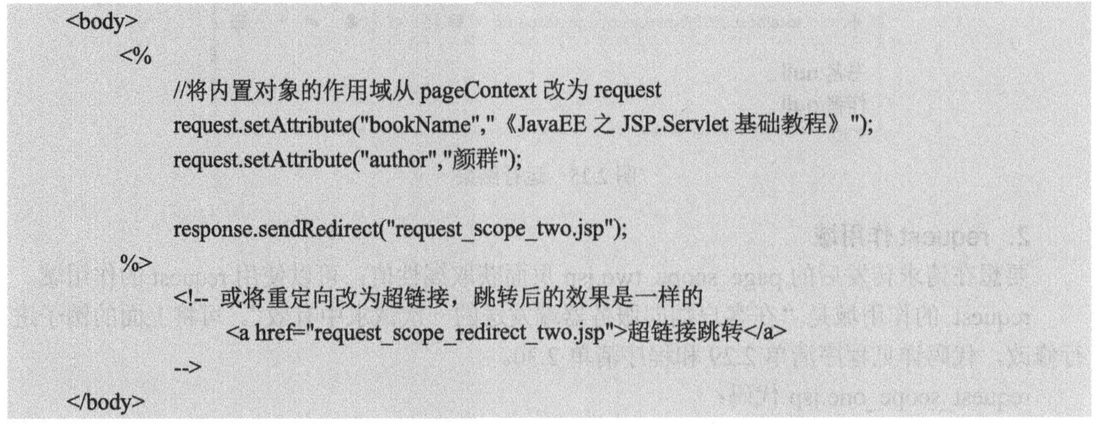

```
<body>
    <%
        //将内置对象的作用域从 pageContext 改为 request
        request.setAttribute("bookName","《JavaEE 之 JSP.Servlet 基础教程》");
        request.setAttribute("author","颜群");

        response.sendRedirect("request_scope_two.jsp");
    %>
        <!-- 或将重定向改为超链接，跳转后的效果是一样的
            <a href="request_scope_redirect_two.jsp">超链接跳转</a>
        -->
</body>
```

程序清单 2.31

request_scope_redirect_two.jsp 代码：

```
<body>
    <%--通过 request 范围来获取属性值--%>
    书名:<%=request.getAttribute("bookName") %> <br/>
    作者:<%=request.getAttribute("author") %>
</body>
```

程序清单 2.32

执行 request_scope_redirect_one.jsp，程序运行结果如图 2.37 所示。

图 2.37　程序运行结果

因为 request 的作用范围是“在一次请求中有效”，而“重定向”或超链接形式的跳转都是在跳转时重新发送了一次新的请求（重新去请求 request_scope_redirect_two.jsp），因此是获取不到数据的。

3．session 作用域

如果希望在增加属性以后，能够在跳转后的任何页面（无论是请求转发、重定向或超链接跳转）甚至是项目中任何一个页面都能获取到该属性值，就可以使用 session 的作用域来实现。

现将上例的作用域从 request 改为 session（代码详见程序清单 2.33 和程序清单 2.34）。

session_scope_redirect_one.jsp 代码：

```
<body>
    <%
        //将内置对象的作用域从 request 改为 session
```

```
            session.setAttribute("bookName","《JavaEE 之 JSP.Servlet 基础教程》");
            session.setAttribute("author","颜群");

            response.sendRedirect("session_scope_redirect_two.jsp");
        %>
            <!-- 或将重定向改为超链接，效果是一样的
                <a href="session_scope_redirect_two.jsp">超链接跳转</a>
            -->
    </body>
```

程序清单 2.33

session_scope_redirect_two.jsp 代码：

```
    <body>
        <%--通过 session 范围来获取属性值--%>
        书名:<%=session.getAttribute("bookName") %> <br/>
        作者:<%=session.getAttribute("author") %>
    </body>
```

程序清单 2.34

执行 session_scope_redirect_one.jsp，程序运行结果如图 2.38 所示。

图 2.38 程序运行结果

从图 2.38 中可以看到，虽然“重定向”或超链接形式的跳转会重新向服务器发送一次请求（重新去请求 request_scope_redirect_two.jsp），但仍然可以从 session 的作用域中获取到属性值。当然，如果通过请求转发实现的跳转，也能通过 session 获取到属性值。

此外，可重新打开一个如图 2.39 所示的浏览器标签（相同浏览器）。

图 2.39 同一个浏览器的运行结果

然后在新标签里直接输入并执行 request_scope_redirect_two.jsp，也能获取到数据。但是，如果换一个其他浏览器(比如从 Firefox 换成 IE)，再次直接输入 request_scope_redirect_ two.jsp，就无法再获取到数据了。IE 浏览器直接运行 http://localhost:8888/JspProject/session_scope_redirect_ two.jsp 的结果如图 2.40 所示。

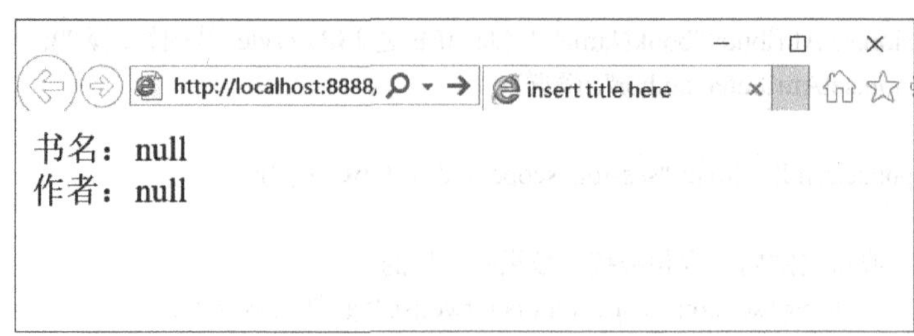

图 2.40　IE 浏览器运行结果

也就是说，只要在 session_scope_redirect_one.jsp 中将属性（如 bookName 和 author）增加到 session 中后，凡是同一个浏览器都可以获取到 session 中的相应属性值；但如果换成其他浏览器，则就不能再在 session 中获取到该属性值了。可以联想一下平日的网购经验，如果通过 Firefox 浏览器登录淘宝，那么只要登录一次以后，在短时间内即使重新开启一个 Firefox 标签，也会以“已登录”的身份访问淘宝；但如果换成 IE 浏览器，则又会要求重新登录了。所以，网站中的登录功能，可以通过 session 来实现。

4．application 作用域

继续上面的讨论，如果想实现这样一个功能：“只要在一个页面中增加了属性，那么即使重新换一个新浏览器，也要能访问到该属性值”，该如何实现呢？答案就是 application 的作用域。

将上例中的作用域从 session 改为 application（代码详见程序清单 2.35 和程序清单 2.36）。

application_scope_redirect_one.jsp 代码：

```
<body>
    <%
        //将内置对象的作用域从 session 改为 application
        application.setAttribute("bookName","《JavaEE 之 JSP.Servlet 基础教程》");
        application.setAttribute("author","颜群");

        response.sendRedirect("application_scope_redirect_two.jsp");
    %>
        <!-- 或将重定向改为超链接，效果是一样的
        <a href="application_scope_redirect_two.jsp">超链接跳转</a>
        -->
</body>
```

程序清单 2.35

application_scope_redirect_two.jsp 代码：

```
<body>
    <%--通过 application 范围来获取属性值--%>
    书名:<%=application.getAttribute("bookName") %> <br/>
    作者:<%=application.getAttribute("author") %>
</body>
```

程序清单 2.36

执行 application_scope_redirect_one.jsp，程序运行结果如图 2.41 所示。

图 2.41 程序运行结果

此外，读者可以发现，只要运行过一次 application_scope_redirect_one.jsp 后，无论是新开一个浏览器标签，或者更换新的浏览器，直接再次运行 application_scope_redirect_two.jsp，也都能获取到数据。在 Firefox 上执行了 application_scope_redirect_one.jsp 后，在 IE 浏览器直接运行 application_scope_redirect_two.jsp 的运行结果如图 2.42 所示。

图 2.42 程序运行结果

也就是说，只要是通过 application.setAttribute()增加的属性，任何浏览器的任何页面都可以获取到该属性值。但是，如果将 Tomcat 服务器关闭，则 application 中的属性值就全部消失了。

可以利用 application 作用域的这一特性，来实现一个网页计数器功能（代码详见程序清单 2.37）。

webCounterDemo.jsp 代码：

```
<body>
    <%
        //第一次访问网页时，"count"没有值，所以是 null
        Integer count = (Integer)application.getAttribute("count");
        //如果 count 是 null，表明是第一次访问网页；否则说明不是第一次访问
        if(count ==   null)
        {
            //如果是第一次访问，将 count 赋值为 1
            count = 1;
        }else
        {
            //如果不是第一次访问，则累加一次访问次数
            count = 1 + count;
        }
        //将访问次数的变量 count 保存在 application 的属性 count 中，供下次访问时获取并累加
        application.setAttribute("count",count);
        out.println("您是第  " + application.getAttribute("count") +"  位访问本网站的用户" );
    %>
</body>
```

程序清单 2.37

程序运行结果如图 2.43 所示。

图 2.43　程序运行结果

之后，无论是刷新当前页，还是新开一个浏览器标签，或者打开一个其他浏览器再次访问，每访问一次，访问次数就会累加一次。

需要说明的是，虽然 4 种作用域的大小依次是 pageContext<request<session<application，但不能为了方便就随便使用范围较大的范围对象，因为范围越大造成的性能损耗就越大。因此，如果多个作用域都能完成相同的功能，一般使用范围小的那个对象。

2.3　JSP 访问数据库

如前所述，在 JSP 中可以通过<% %>来编写 Java 代码。也就是说，Java 代码能实现的功能也可以借助<% %>在 JSP 中实现。接下来，就在 JSP 中实现一个“用户注册”的功能。该功能写在 WebContent 下的 jspJDBC 目录中。

注册页 jspJDBC/register.jsp：实现用户名（uname）和密码（upwd）的表单录入，代码及运行图略。

将注册信息写入数据库的功能页 jspJDBC/registerJDBC.jsp（代码详见程序清单 2.38）。

```
<%@page import="java.sql.PreparedStatement"%>
<%@page import="java.sql.DriverManager"%>
<%@page import="java.sql.Statement"%>
<%@page import="java.sql.Connection"%>
<html>
<body>
    <%
        //接收用户输入的注册信息
        request.setCharacterEncoding("UTF-8");
        String username = request.getParameter("uname");
        String password = request.getParameter("upwd");

        //将用户信息写入数据库
        Connection con = null;
        PreparedStatement pstmt = null;

        try
        {
            //加载数据库驱动
            Class.forName("com.mysql.jdbc.Driver");
            //创建连接
```

```
                con = DriverManager.getConnection("jdbc:mysql://127.0.0.1:3306/info", "root", "root");
                //创建 Statement 对象
                String loginSql = "insert into login(username,password) values(?,?)";
                //预编译 SQL 语句
                pstmt = con.prepareStatement(loginSql);
                //设置占位符?的值
                pstmt.setString(1,username);
                pstmt.setString(2, password);
                //执行 SQL 语句
                pstmt.executeUpdate();
                out.println("<h1>注册成功！</h>");
            }
            //省略 catch、finally 部分代码
    %>
</body>
</html>
```

程序清单 2.38

运行以上代码，就能实现用户注册功能，并将注册信息写入数据库。

需要注意的是，必须在 page 指令里导入 Connection、PreparedStatement 等的包名，如“%@page import="java.sql.Connection"%”；并将数据库的驱动包加入 Web 工程，导入方法如下：将数据库驱动包（mysql-connector-java-8.0.20.jar）直接复制到 WEB-INF 下的 lib 文件夹中即可，如图 2.47 所示。

图 2.44　项目结构

不难发现，上面 registerJDBC.jsp 中的代码既包含了业务逻辑、数据库操作，还负责了显示功能，导致 JSP 文件非常混乱、复杂，将给后期的维护和修改带来非常大的困难。因此，需要将 JSP 中的 Java 代码按功能进行划分，将每个功能分别封装成一个类；最后直接将需要的 Java 类导入 JSP 中，组装成最终的 Java 代码即可。这里所提到的“类”，就是指即将要学习的 JavaBean。

MySQL 的 Java 驱动包下载地址参考以下地址（选择 Platform Independent 版本）：

https://downloads.mysql.com/archives/c-j/

2.4 JavaBean

JavaBean 是一种由 Java 语言写成的可重用组件，从而使开发者在 IDE 工具中可以很方便地使用该组件。在开发过程中，如果能发现一些已存在的 JavaBean 组件，就可以直接使用该 JavaBean 组件进行开发，避免从零开始编写所有代码，从而提高开发效率。对于 Java 开发人员来说，不仅要会使用 Java API，还要掌握 JavaBean 这种组件的使用。

JavaBean 组件实际上就是一个遵循以下规范的 Java 类：

（1）必须是 public 修饰的公有类，并提供 public 修饰的无参构造方法。

（2）JavaBean 中的属性，必须都是 private 类型的私有属性，并且有相应 public 修饰的 getter、setter 方法。特殊情况：如果属性是 boolean 类型，那么取值的方法既可以是 getter，也可以是 isXxx()。例如，以下两个方法都可以作为属性“private boolean sex;”的取值方法：

```
//isXxx()方式取值
public boolean isSex()
{
    return sex;
}
//getter 方式取值
public boolean getSex()
{
    return sex;
}
```

凡是满足以上两点的 Java 类，都可以称为 JavaBean 组件。

在程序中，开发人员需要处理的无非是数据和业务逻辑，而这两种操作都可以封装成 JavaBean 组件。因此，JavaBean 从功能上可以划分为封装数据和封装业务逻辑两类。

2.4.1 使用 JavaBean 封装数据

通常情况下，一个封装数据的 JavaBean（也可以称为“实体类”），对应着数据库内的一张表（或视图），并且与该表（或视图）中的字段一一对应。

例如，在 registerJDBC.jsp 中，涉及一张登录表（login），该表中有两个字段：用户名（name）和密码（password）。下面就来创建一个与该登录表相对应的封装数据的 JavaBean（用于封装用户名、密码）。

在项目的 src 目录下新建一个 LoginInfo 类（代码详见程序清单 2.39），如图 2.48 所示。

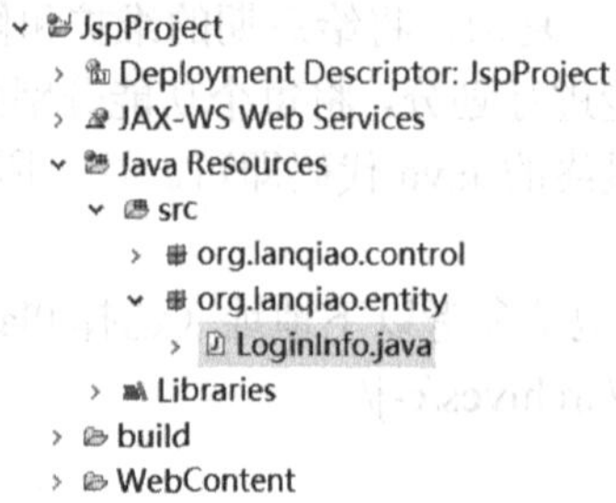

```
∨ JspProject
  › Deployment Descriptor: JspProject
  › JAX-WS Web Services
  ∨ Java Resources
    ∨ src
      › org.lanqiao.control
      ∨ org.lanqiao.entity
        › LoginInfo.java
    › Libraries
  › build
  › WebContent
```

图 2.45　项目结构

LoginInfo.java 代码：

```
package org.lanqiao.entity;

public class LoginInfo
{
    //对应于 Login 数据表中的 name 字段
    private String name;
    //对应于 Login 数据表中的 password 字段
    private String password ;
    //无参构造
    public LoginInfo(){    }
    //getter 方法
    public String getName()
    {
        return name;
    }
    //setter 方法
    public void setName(String name)
    {
        this.name = name;
    }
    public String getPassword()
    {
        return password;
    }
    public void setPassword(String password)
    {
        this.password = password;
    }
}
```

程序清单 2.39

封装数据的 JavaBean 创建好之后，就可以在其他 Java 类或 JSP 页面中直接使用。以下是在 JSP 页面中使用封装数据的 JavaBean：

```
<!-- 引入 JavaBean -->
<%@page import="org.lanqiao.entity.LoginInfo"%>
<!--使用 JavaBean -->
<%
    LoginInfo login = new LoginInfo();
    login.setName("张三");
    login.setPassword("abc");
    …
    String name = login.getName();
    …
%>
```

可以发现，封装数据的 JavaBean 可以将许多零散的数据封装到一个对象之中。例如，可以将 name、password 等属性数据封装到一个 login 对象中。这样做非常有利于数据在项目中的传递。

2.4.2 使用 JavaBean 封装业务

一个封装数据的 JavaBean，对应着数据库内的一张表（或视图）；而一个封装业务的 JavaBean，通常用来对封装数据的 JavaBean 进行控制操作，或相关的业务逻辑操作。例如，下面就来创建一个封装业务的 JavaBean（LoginControl.java，代码详见程序清单 2.40），用来对之前封装数据的 JavaBean（LoginInfo.java）进行控制操作。

LoginControl.java 代码：

```
package org.lanqiao.control;
…
public class LoginControl
{
    //将用户信息（用户名、密码）写入数据库
    public void addLoginInfo(LoginInfo loginInfo)
    {
        Connection con = null;
        Statement stmt = null;

        try
        {
            //加载数据库驱动
            Class.forName("com.mysql.jdbc.Driver");
            //创建连接
            con = DriverManager.getConnection
                ("jdbc:mysql://127.0.0.1:3306/info", "root", "root");
            //创建 Statement 对象
            stmt = con.createStatement();
            String loginSql = "insert into login(name,password)values
                         ('" + loginInfo.getName() + "','"+ loginInfo.getPassword() + "')";
            stmt.executeUpdate(loginSql);
            //暂时使用控制台进行输出
            System.out.println("<h1>注册成功！</h>");
        }catch (Exception e)
        {
            e.printStackTrace();
        }finally
        {
            try
            {
                stmt.close();
                con.close();
            }catch (SQLException e)
            {
                e.printStackTrace();
```

```
            }
        }
    }
}
```

程序清单 2.40

接下来，在编写注册功能时，就可以通过 JavaBean 来简化 JSP 页面 注册页 jspJDBC/ registerWithJavaBean.jsp。

实现用户名（uname）和密码（upwd）的表单录入，代码及运行图省略（页面中<form action="registerJDBCWithJavaBean.jsp" …>）。

将注册信息写入数据库的功能页代码详见程序清单 2.41。

jspJDBC/ registerJDBCWithJavaBean.jsp 代码：

```
<html>
<body>
    <%
        //接收用户输入的注册信息
        request.setCharacterEncoding("UTF-8");
        String name = request.getParameter("uname");
        String password = request.getParameter("upwd");

        //LoginInfo 是之前编写的一个封装数据的 JavaBean，用于将用户名和密码封装起来
        LoginInfo loginInfo = new LoginInfo();
        loginInfo.setName(name);
        loginInfo.setPassword(password);

        //调用封装业务的 JavaBean，将注册信息写入数据库
        LoginControl loginControl = new LoginControl();
        //使用封装业务的 JavaBean（LoginControl.java）操作封装数据的 JavaBean（LoginInfo.java）
        loginControl.addLoginInfo(loginInfo);
    %>
</body>
</html>
```

程序清单 2.41

上面 registerJDBCWithJavaBean.jsp 中的代码，可以实现与 registerJDBC.jsp 相同的功能。不难发现，使用了 JavaBean 之后，可以大大简化 JSP 页面的代码量，并且能将某个特定的模型（数据模型或业务模型）封装到一个 Java 类中，从而提高代码的重用性。

2.4.3 动作元素

JSP 动作元素是 JSP 内置的一组标签，是对一些常用 Java 代码的封装。动作元素在使用时严格遵守 XML 规范，且对大小写敏感。动作元素的语法形式如下所示：

```
<jsp: action_name attribute="value" />
```

其中，action_name 是动作名；attribute="value"是动作的属性和属性值，可以有多个属性，它们以键-值对的形式存在并用逗号隔开。

如表 2.14 所示列出了常用的 JSP 动作元素。

表 2.14　JSP 的常用动作元素

语　法	描　述
jsp:useBean	导入并初始化 JavaBean 对象，类似于<%@ page import="待导入的 JavaBean" />
jsp:setProperty	设置 JavaBean 对象的属性值
jsp:getProperty	获取 JavaBean 对象的属性值
jsp:forward	请求转发，等价于 RequestDispatcher 对象的 forward()方法

1．<jsp:useBean>

“<%@ page import="…"/>”语句可以在 JSP 页面中导入某个类；而“<jsp:useBean>”更加强大，可以导入、初始化并设置对象的使用范围，其语法格式如下：

```
<jsp:useBean id="…" class="…" scope="…" />
```

该标签中各属性的含义如表 2.15 所示。

表 2.15　useBean 属性列表

属　性	描　述
class	导入的全类名
id	将 class 导入的类进行实例化后的对象名
scope	设置对象的使用范围，有以下 4 个值可选：page、request、session 和 application

2．<jsp:setProperty>

“<jsp:setProperty>”用于设置 JavaBean 对象的属性值，通常和“<jsp:useBean…/>”标签结合起来使用，其语法格式如下：

```
<jsp:setProperty name="…" property="…" param="…"   value="…"/>
```

该标签中各属性的含义如表 2.16 所示。

表 2.16　setProperty 属性列表

属　性	描　述
name	表示要给哪个 JavaBean 对象赋值，其值通常是“<jsp:useBean…/>”标签中的 id 值，即对象名
property	表示要给 JavaBean 对象的哪个属性赋值，即属性名
value	可选。要设置的属性值
param	可选。指定实际使用的是 JavaBean 的哪个属性值。默认情况下，property 和 parame 的值是相同的，但也可以自定义设置，例如“<jsp:setProperty name="student" property="name" property="nickName"/>”表示在 student 对象中使用 nickName 值作为 name 属性的值

3．<jsp:getProperty>

“<jsp:setPropert …/>”用于设置属性值，相当于 setter 方法；对应地，“<jsp:getPropert>”用于获取属性值，相当于 getter 方法，其语法格式如下：

```
<jsp:getProperty name="…" property="…"/>
```

其中，参数的含义与“<jsp:setPropert …/>”中相应的参数完全相同。

不难发现，“<jsp:useBean>”与“<jsp:setProperty>”和“<jsp:getPropert>”三种动作元素通常组合在一起使用。

接下来是一个简单的案例，在 JSP 中通过“<jsp:useBean>”导入并实例化了 student 对象，之后通过“<jsp:setProperty>”对 age 属性赋值，最后再用“<jsp:getPropert>”标签获取到了 age 值。代码详见程序清单 2.42 和程序清单 2.43。

Student.java 代码：

```
package com.lanqiao.entity;
public class Student {
    private int age ;
    public int getAge() {
        return age;
    }
    public void setAge(int age) {
        this.age = age;
    }

}
```

程序清单 2.42

index.jsp 代码：

```
<%@ page language="java" contentType="text/html"    pageEncoding="UTF-8"%>
<!-- 导入并初始化 student 对象 -->
<jsp:useBean id="student" class="com.lanqiao.entity.Student"/>
<!-- 给 student 对象的 age 属性赋值为 23 -->
<jsp:setProperty name="student" property="age" value="23"/>
<html>
    <head>
        <title>JSP 标签元素</title>
    </head>
    <body>
        <!-- 获取 student 对象的 age 属性值 -->
        年龄：<jsp:getProperty name="student" property="age"/>
    </body>
</html>
```

程序清单 2.43

部署项目并访问 index.jsp 页面，运行结果如图 2.46 所示。

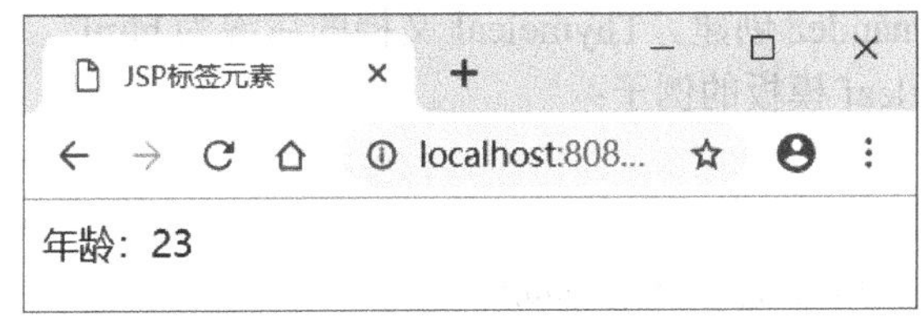

图 2.46　动作元素

4．<jsp:forward>

“<jsp:forward />”就是以动作元素的方式实现了请求转发功能，与之前“request.getRequestDispatcher (…).forward(request, response)”的功能完全相同，其语法格式如下所示：

```
<jsp:forward page="目标路径">
    <jsp:param name="参数名 1" value="参数值 1"/>
    <jsp:param name="参数名 2" value="参数值 2"/>
</jsp:forward>
```

可见，“<jsp:forward />”标签中只有一个用于设置转发目标路径的参数 page，并且可以通过子标签“<jsp:param>”在转发时携带一些参数。之后，转发后的页面就可以通过“request.getParameter()”等方法获取这些参数的值。

说明：

本节介绍的动作元素实际上都可以用 JSP 中的其他语法替代，并且后续学习的 SpringMVC 等框架技术也提供了相应的升级版标签，因此本小节不再进行深入讨论。

2.5 模板引擎概述

模板引擎（Template Engine）是为了分离视图和数据而产生的，如图 2.47 所示。模板引擎主要分为两种：客户端引擎和服务器端引擎。

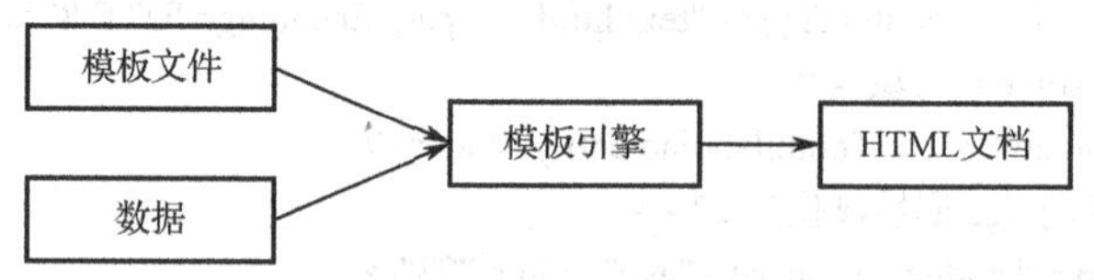

图 2.47 模板引擎工作流程

客户端引擎：模板和数据分别传送到客户端，并在客户端渲染出最终的 HTML 视图。将模板渲染放置在客户端，可以降低服务器端的压力。

服务器端引擎：模板引擎在服务器端将模板和数据进行合成，并将合成后的 HTML 页面返回给客户端。相对于客户端渲染，数据存储更加安全。服务器端引擎主要有 FreeMarker、Velocity、Thymeleaf、JSP、Beetl、Enjoy 等。仅作为了解，本节将简单介绍 Thymeleaf 和 FreeMarker。

1．Thymeleaf

Thymeleaf 是一个服务器端 Java 模板引擎，适用于 Web 环境，能够处理 HTML、XML、JavaScript、CSS，甚至纯文本格式的文件。Thymeleaf 是一个开源的 Java 库，基于 Apache License 2.0 许可，由 Daniel Fernández 创建。Thymeleaf 文档的后缀为.html。

以下是一个 Thymeleaf 模板的例子：

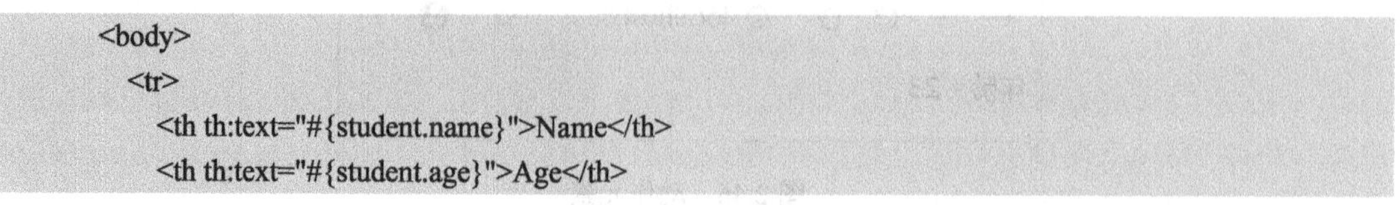

```
<body>
  <tr>
    <th th:text="#{student.name}">Name</th>
    <th th:text="#{student.age}">Age</th>
```

```
    </tr>
  </body>
```

可以看到，Thymeleaf 可以以“对象.属性”的方式解析 HTML 文件中嵌入的数据。如果遇到无法解析的属性就会自动将其忽略，这样非常有利于前、后端分离的实现。

2．FreeMarker

FreeMarker 同样是一款用 Java 语言编写的模版引擎，可以作为 Web 应用框架的一个组件。FreeMarker 有以下特点：

（1）轻量级模版引擎，不需要 Servlet 环境就可以很轻松地嵌入应用程序中。

（2）能生成各种文本，如 HTML、XML、Java 等。

（3）入门简单，很多语法和 Java 相似。

FreeMarker 的模板文件主要由以下 4 部分组成：

（1）文本：直接输出显示的部分。

（2）注释：<#--…-->。

（3）插值：用“${…}”或“#{…}”标识的变量。

（4）FTL 指令：FreeMarker 的主要逻辑指令，用“#”符号和 HTML 代码进行区分。

以下是一个 FreeMarker 模板的例子：

```
<html>
    <head>
        <title>Welcome!</title>
    </head>
<body>
    <#-- user 和后续的 being.name、being.price 等变量是预先设置好的 -->
    <h1>Welcome ${user} !</h1>
    We have these animals:
    <#-- 使用 FTL 指令 -->
    <#list animals as being>
    ${being.name} for ${being.price} Euros <#list>
</body>
</html>
```

2.6　本 章 小 结

本章详细介绍了 JSP 的基础语法，具体如下：

（1）<%…%>主要用来定义局部变量、编写 Java 语句；<% !…%>主要用来定义全局变量和方法；<%=…%>用来输出“=”后面表达式的值。

（2）指令元素形如<%@…%>，page 指令可以用来设置当前 JSP 文件的 language、import、pageEncoding 和 contentType 等属性。

（3）客户端请求信息被 Tomcat 封装到 request 对象中，因此 JSP 等服务器端应用程序可通过 request 获取请求参数等重要信息；服务器端的响应信息则被封装到 response 对象中，因此 JSP 等服务器端应用程序可通过 response 设置 Cookie 等重要信息。

（4）JSP 内置了 4 种范围的对象。注意：pageContext 对象中的内容“在当前自身页面范

围内有效”；request 对象中的内容“在一次请求过程中有效”；session 对象中的内容“在同一个浏览器一段时间内有效或者说一次会话内有效”；application 对象中的内容“在整个服务期内有效”。

(5)JSP 提供了 9 大内置对象，分别是 pageContext、request、response、session、application、config、out、page 和 exception。

(6) 在客户端与服务端交互时，Cookie 对象用于存储客户端的状态，而 session 对象用于存储服务端的状态。当客户端向 Web 应用第一次发送请求时，服务器会创建一个 session 对象并分配给该用户；该 session 对象中包含着一个唯一标识符 sessionId，并且服务器会在第一次响应用户时将此 sessionId 作为 jsessionId 放入 Cookie 对象中，客户端接收到该 Cookie 后会在以后的每次请求头中携带 jsessionId；这个 session 将一直延续到用户访问结束。

(7) JavaBean 组件实际上就是一些遵循着特殊规范的 Java 类，在实际应用时可以分为封装数据的 JavaBean 和封装业务的 JavaBean 两种。

(8) JSP 提供了若干动作元素，可以以标签的形式实现一些逻辑功能。

此外，本章给大家介绍了模板引擎在开发过程中的作用。当前常用的模板引擎有 FreeMarker、Velocity、Thymeleaf，它们都是服务器端 Java 模板引擎。

2.7 本章练习

一、单选题

1．请求转发的 forward(request,response)方法是以下哪个对象提供的？（　　）

A．request 对象　　　　B．response 对象

C．RequestDispatcher 对象　　　　D．session 对象

2．以下关于 page 指令的描述中，正确的是（　　）。

A．可以通过<%@page include="java.util.* "%>导入 java.util 下所有的类。

B．可以通过<%@page include="java.util.Date;java.util"%>导入 java.util 下所有的类。

C．可以通过<%@page contentType="text/html;charset=UTF-8"%>设置响应给客户端的文本编码为 UTF-8。

D．可以通过<%@page pageEncoding= "GB2312" %>设置响应给客户端的文本编码为 GB2312。

3．有如下代码：

```
<%@ page language="java" contentType="text/html; charset=UTF-8"%>
<%
    out.println("hello lanqiao");
%>
```

对于以上代码的描述中，正确的是（　　）。

A．此段代码没有错误，能够正确向页面打印出“hello，lanqiao！”。

B．此段代码没有错误，但是不向页面输出任何语句。

C．此段代码缺少引用，应该在 page 指令中添加“import="java.util.*"”。

D．此段代码存在错误，应改为“response.out.println("hello，lanqiao！");”。

4．有如下代码：

```
<%@ page __="text/html; __=UTF-8"%>
```

使用 page 指令设置响应格式和编码，横线处应填写（　　）。

A．content_Type、charsetEncoding　　B．contentType、charset

C．type、charset　　D．contentType、pageEncoding

5．有如下代码：

```
<%
    for(int i=0;i<5;i++)
    {
        out.println("*");
    }
%>
```

以上 JSP 代码的运行结果是（　　）。

A．

```
* * * * *
```

B．

```
*
*
*
*
*
```

C．编译错误

D．

```
*
 *
  *
   *
    *
```

6．"<% int num = 10 ;%>" 这段代码在 JSP 中称为（　　）。

A．动作　　B．脚本　　C．JSP 注释　　D．JSP 指令

7．在 JSP 中，重定向到蓝桥官网，以下（　　）语句是正确的。

A．request.sendRedirect("http://www.lanqiao.cn");

B．request.sendRedirect();

C．response.sendRedirect("http://www.lanqiao.cn");

D．response.sendRedirect();

二、多选题

1．以下（　　）不是 JSP 的 page 指令的属性。

A．language="java"

B．String bookName ="《JavaEE 之 JSP.Servlet 基础教程》"

C．http-equiv="keywords"

D．contentType="text/html; charset=UTF-8"

2．以下关于会话跟踪技术的描述中正确的是（　　）。

A．Cookie 是 Web 服务器发送给客户端的一小段信息，客户端会存储该消息并且在请求时又发送给服务器。

B. 关闭浏览器意味着会话 ID 丢失，但所有与原会话关联的会话数据仍保留在服务器上，直至会话失效。

C．在客户端禁用 Cookie 时，可以使用 URL 重写技术跟踪会话。

D．隐藏的表单域，会在浏览器中显示出来。

3．以下哪些对象属于 JSP 的 9 大内置对象？（　　）

A．out 对象　　　　B．exception 对象

C．cookie 对象　　　　D．session 对象

4．以下关于 JSP 中 4 种范围对象的说法中正确的是（　　）。

A．pageContext 对象中属性的作用域是“在当前自身的页面内有效”。

B．request 的作用域是“在客户端向服务器端发送的一次请求中有效”。

C．在同一台电脑上打开多个不同的浏览器（如 Chrome 和 IE），这些浏览器可以共享同一个 session 对象中的数据。

D．application 对象中属性的作用域是全局的，因此即使重启 Tomcat 服务器，也能获取上一次 application 中存放的变量。

5．以下哪些 Java 类不属于 JavaBean 组件？（　　）

A．

```
public class A
{
    A(){}
    private int age;
    public void setAge(int age)
    {   this.age = age ; }
    public int getAge()
    {   return this.age ; }
}
```

B．

```
public class B
{
    public B(){}
    private int age;
    public void setAge(int age)
    {   this.age = age ; }
    public int getAge()
    {   return this.age ; }
}
```

C.

```
class C
{
    public C(){}
    private int age;
    public void setAge(int age)
    {   this.age = age ; }
    public int getAge()
    {   return this.age ; }
}
```

D.

```
class D
{
    public D(){}
    private int age;
    public int getAge()
    {   return this.age ; }
}
```

6．以下关于 Cookie 和 Session 的说法中正确的是（　　）。

A．Cookie 对象用于存储客户端的状态，而 session 对象用于存储服务端的状态。

B．客户端每次向 Web 应用发送请求时，服务器都会创建一个新的 session 对象并分配给该用户。

C．session 对象中包含着一个唯一标识符 sessionId，并且服务器会在第一次响应用户时将此 sessionId 作为 jsessionId 放入 Cookie 对象中，客户端接收到该 Cookie 后会在以后的每次请求头中携带 jsessionId。

D．服务器为了数据的安全性，会定期更换 session 的 ID 值。

第 3 章

Servlet 与 MVC 设计模式

本章简介

MVC(Model-View-Controller)是一种设计模式，几乎应用在所有 Java 项目中。Servlet 作为 MVC 的“控制器”，可以对请求（request）起到控制及转发的作用。本章先通过手工编码的方式编写第一个 Servlet 2.x 程序，然后介绍如何使用 Eclipse 工具快速创建 Servlet 2.x 应用。之后讲解 Servlet 3.x 的特性，以及 Servlet 和 JSP 的生命周期，并对 Servlet API 进行了介绍。

本章最后以 Servlet 为控制器，并根据已有知识，通过一个完整的案例演示 MVC 设计模式的具体实现。

3.1 MVC 设计模式简介

在学习 Servlet 之前，有必要先了解一下“MVC 设计模式”。

MVC 模式是软件工程中常见的一种软件架构模式，该模式把软件系统（项目）分为 3 个基本部分：模型（Model，简称 M）、视图（View，简称 V）和控制器（Controller，简称 C）。

使用 MVC 模式有很多优势，例如，简化后期对项目的修改、扩展等维护操作，使项目的某一部分变得可以重复利用，使项目的结构更加直观。

MVC 模式赋予了模型、视图和控制器 3 个组件各不相同的功能，具体如下：

（1）视图：负责界面的显示，以及与用户的交互功能，如表单、网页等。

（2）控制器：可以理解为一个分发器，用来决定对于视图发来的请求需要用哪一个模型来处理，以及处理完后需要跳回到哪一个视图，即用来连接视图和模型。

实际开发中，通常用控制器对客户端的请求数据进行封装（如将 form 表单发来的若干个表单字段值封装到一个实体对象中），然后调用某一个模型来处理此请求，最后再转发请求（或重定向）到视图（或另一个控制器）。

（3）模型：模型持有所有的数据、状态和程序逻辑。模型接收转发来的视图数据，并返回最终的处理结果。

实际开发中，通常用封装数据的 JavaBean 和封装业务的 JavaBean 两部分来实现模型层。

MVC 模式的流程如下：浏览器通过视图向控制器发出请求；控制器接收到请求之后对数据进行封装，选择模型进行业务逻辑处理；随后控制器将模型处理结果转发到视图或下一个控制器；在视图层合并数据和界面模板生成 HTML 并做出最终响应，如图 3.1 所示。

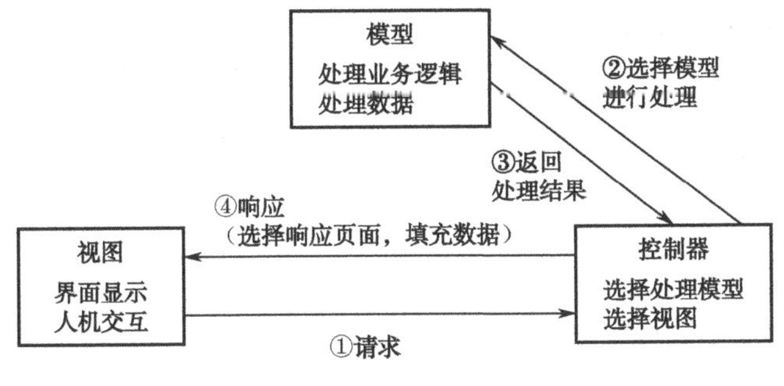

图 3.1　MVC 模式

在 MVC 模式中，视图 View 可以用 JSP/HTML/CSS 实现，模型 Model 可以用 JavaBean 实现，而控制器 Controller 就可以用 Servlet 来实现。

3.2　Servlet

Servlet 是基于 Java 技术的 Web 组件，运行在服务器端，由 Servlet 容器进行管理，用于生成动态网页的内容。Servlet 是一个符合特定规范的 Java 程序，编写一个 Servlet，实际上就是按照 Servlet 的规范编写一个 Java 类。Servlet 主要用于处理客户端请求并做出响应。

在绝大多数的网络应用中，客户端都是通过 HTTP 协议来访问服务器端资源的。这就要求开发者编写的 Servlet 要适用于 HTTP 协议的请求和响应。本章讲解的 Servlet，实际就是讲解 HttpServlet 的相关类。

3.2.1　开发第一个 Servlet 程序

如果要开发一个能够处理 HTTP 协议的控制器 Servlet，就必须继承 javax.servlet.http.HttpServlet，并重写 doGet()方法或 doPost()方法，用来处理客户端发来的 GET 请求或 POST 请求，这两个方法的简介如表 3.1 所示。

表 3.1　doGet()和 doPost()方法及简介

方法及简介
protected void doGet(HttpServletRequest req, HttpServletResponse resp) throws ServletException, IOException 处理 GET 方式的请求（如表单中的 method="get"或超链接的请求方式）
protected void doPost(HttpServletRequest req, HttpServletResponse resp) throws ServletException, IOException 处理 POST 方式的请求（如表单中的 method="post"）

doGet()和 doPost()方法中的参数 HttpServletRequest 对象 req 和 HttpServletResponse 对象 resp，就相当于 JSP 中的内置对象 request 和 response。换句话说，JSP 中的内置对象 request，实际就是 HttpServletRequest 类型的对象；JSP 内置对象 response，实际就是 HttpServletResponse 类型的对象。因此，在 doGet()和 doPost()方法中，分别用 req 和 resp 处理请求和响应。

接下来新建一个 Web 项目，用来开发第一个 Servlet 程序。首先创建一个名为 ServletProject25 的 Web Project，并将 Dynamic web module version 选择为 2.5，如图 3.2 所示。

图 3.2　Web Module 2.5

之后将该项目部署到 Eclipse 中的 Tomcat 里，并在 WebContent 下创建 index.jsp，代码如程序清单 3.1 所示。

index.jsp 代码：

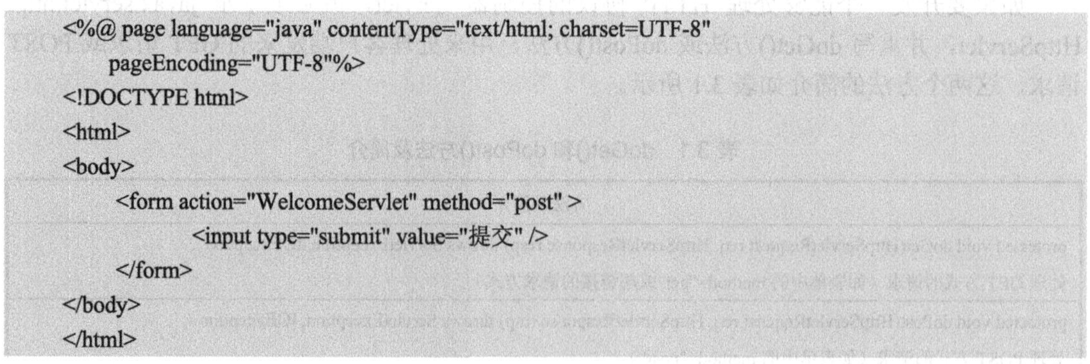

```
<%@ page language="java" contentType="text/html; charset=UTF-8"
    pageEncoding="UTF-8"%>
<!DOCTYPE html>
<html>
<body>
    <form action="WelcomeServlet" method="post" >
        <input type="submit" value="提交" />
    </form>
</body>
</html>
```

程序清单 3.1

需要注意的是，form 表单的提交地址是 WelcomeServlet，提交方式为 POST。

接下来在 src 目录下创建一个继承自 javax.servlet.http.HttpServlet 的 Java 类（称为控制器 Servlet），并重写 HttpServlet 的 doGet()及 doPost()方法，代码如程序清单 3.2 所示。

WelcomeServlet.java 代码：

```
package org.lanqiao.servlet;

import java.io.IOException;
import java.io.PrintWriter;

import javax.servlet.ServletException;
import javax.servlet.http.HttpServlet;
import javax.servlet.http.HttpServletRequest;
import javax.servlet.http.HttpServletResponse;

public class WelcomeServlet extends HttpServlet
{
//处理 GET 方式的请求
    @Override
    protected void doGet(HttpServletRequest req,
    HttpServletResponse resp) throws ServletException, IOException
    {
        //通过 resp 获取输出对象 out（等价于 JSP 中的内置对象 out）
        PrintWriter out = resp.getWriter();
        out.print("doGet  --  Hello Servlet");
        //关闭输出
        out.close();
    }
    //处理 POST 方式的请求
    @Override
    protected void doPost(HttpServletRequest req,
    HttpServletResponse resp) throws ServletException, IOException
    {
        //通过 resp 获取输出对象 out（等价于 JSP 中的内置对象 out）
        PrintWriter out = resp.getWriter();
        out.print("doPost  --  Hello Servlet");
        //关闭输出
        out.close();
    }
}
```

程序清单 3.2

现在，转到 WebContent 的 WEB-INF 目录查看 web.xml 文档，若无以下信息则手工填上。

web.xml：

```
<web-app>
…
<!-- 定义 Servlet -->
<servlet>
```

```
        <!-- 与 servlet-mapping 中的 servlet-name 相对应 -->
        <servlet-name>welcome</servlet-name>

        <!-- 实际处理的 Servlet 的全类名 -->
        <servlet-class>org.lanqiao.servlet.WelcomeServlet</servlet-class>

    </servlet>

    <!-- 映射路径 -->
    <servlet-mapping>
            <!-- 与 servlet 中的 servlet-name 相对应  -->
            <servlet-name>welcome</servlet-name>

            <!-- 请求的映射路径，如 action 地址。其中“/”表示项目的根路径 -->
            <url-pattern>/WelcomeServlet</url-pattern>

    </servlet-mapping>
    </web-app>
```

这是因为，在 Dynamic web module version 选择为 2.5 的情况下，要想成功地实现从 JSP（或其他 Servlet）跳转到某一个特定的 Servlet，就必须在 web.xml 中的<web-app>标签里加入一些 servlet 配置。

注意：每次修改 web.xml 后，都必须重新启动 Tomcat 服务。

具体的流程：当用户单击 index.jsp 中的“提交”按钮后，程序发现 action 请求地址是 WelcomeServlet，然后就会在 web.xml 中<servlet-mapping>内的<url-pattern>里匹配 WelcomeServlet（检查 action 的值是否与<url-pattern>中的值一致）。如果匹配成功，就会根据<servlet-mapping>中的<servlet-name>值 welcome 再去匹配<servlet>中的<servlet-name>值（检查<servlet-mapping>中的<servlet-name>值，是否与<servlet>中的<servlet-name>值一致）。如果仍然匹配成功，就会去执行<servlet>中的<servlet-class>里面的 Servlet 实现类（如 org.lanqiao.servlet.WelcomeServlet）。最后再根据请求方式来决定执行 Servlet 实现类中的 doGet()或 doPost()方法。

运行 index.jsp 并单击“提交”按钮，运行结果如图 3.3 所示。

图 3.3　运行结果

以上就是用纯手工编码的方式开发的第一个 Servlet 程序，对于初学者来说可能稍微复杂一些，但上述原理是必须搞清楚的。此外，Eclipse 还有助于开发者快速地开发 Servlet 程序。

3.2.2　使用 Eclipse 快速开发 Servlet 程序

用 Eclipse 开发 Servlet，会比手工方式方便很多。接下来就用 Eclipse 开发一个 Servlet（需

要确保项目的 Dynamic web module version 项选择 2.5)，其操作步骤如下。

（1）新建一个 index1.jsp（代码详见程序清单 3.3）。

index1.jsp 代码：

```
<form action="WelcomeServletWithEclipse" method="post" >
    <input type="submit" value="提交" />
</form>
```

程序清单 3.3

（2）在 src 目录下直接创建一个 Servlet（不再创建 Class）：用鼠标右键单击 src→New→Servlet→填入任意的 Class name 和固定的 Superclass，如图 3.4 所示。

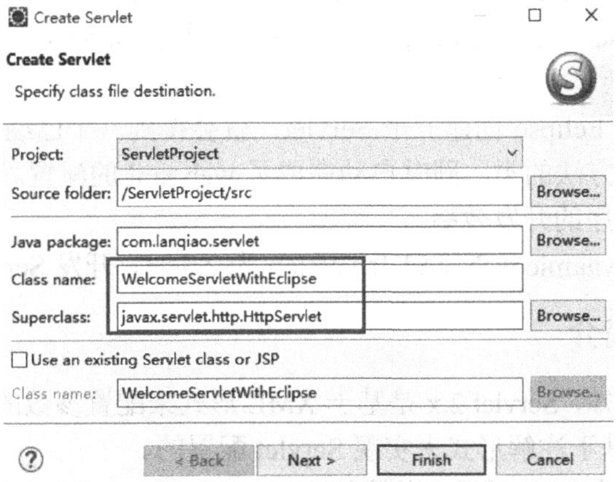

图 3.4 创建 Servlet

单击“Finish”按钮后，就会得到一个已经继承了 HttpServlet 并重写了 doGet()和 doPost()方法的类（Servlet）。将注释等无关代码删除后，得到的代码如程序清单 3.4 所示。

WelcomeServletWithEclipse.java 代码：

```
package org.lanqiao.servlet;

import java.io.IOException;
import javax.servlet.ServletException;
import javax.servlet.http.HttpServlet;
import javax.servlet.http.HttpServletRequest;
import javax.servlet.http.HttpServletResponse;

public class WelcomeServletWithEclipse extends HttpServlet
{
    private static final long serialVersionUID = 1L;

    public WelcomeServletWithEclipse()
    {
    }

    protected void doGet(HttpServletRequest request, HttpServletResponse response)
```

```
        throws ServletException, IOException
        {
        }

        protected void doPost(HttpServletRequest request, HttpServletResponse response)
        throws ServletException, IOException
        {
        }
}
```

程序清单 3.4

上面代码中的 serialVersionUID，读者可暂时不用理会，可以先将其直接删除。

再观察一下 web.xml，会发现 Eclipse 已经自动生成了<servlet>和<servlet- mapping>的相关配置。

也就是说，如果用 Eclipse 创建一个 Servlet，就会得到一个已经继承了 HttpServlet 并重写了 doGet()和 doPost()方法的类，同时自动完成了 web.xml 的配置。因此，使用 Eclipose 开发 Servlet，可以提高程序的开发效率。

以上就是项目的 Dynamic web module version 为 2.5 时，开发 Servlet 程序的方法及步骤。

3.2.3 Servlet 3.x 简介

通过前面的学习可知，Servlet 2.x 是基于 XML 形式来配置参数的，注解也可以用于参数配置。Servlet 3.x 就是基于注解形式来实现 Servlet 配置的。

接下来重新创建一个 Web 项目，此次将 Dynamic web module version 选为 3.0，如图 3.5 所示。

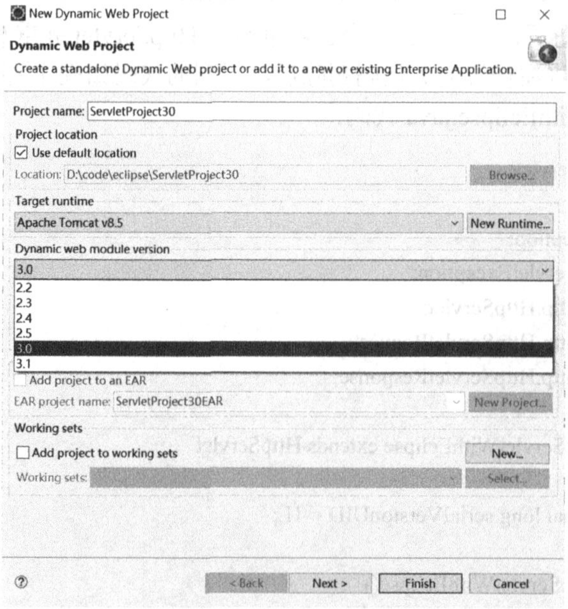

图 3.5　Web Module 3.0

首先创建一个 index.jsp，代码如程序清单 3.5 所示。

index.jsp 代码：

```
<form action="WelcomeServlet30WithEclipse" method="post" >
    <input type="submit" value="提交" />
</form>
```

程序清单 3.5

此次尝试通过 Eclipse 来创建一个名为 WelcomeServlet30WithEclipse 的 Servlet，会得到程序清单 3.6。

WelcomeServlet30WithEclipse.java 代码：

```
package org.lanqiao.servlet;
//省略 import
@WebServlet("/WelcomeServlet30WithEclipse")
public class WelcomeServlet30WithEclipse extends HttpServlet
{
    private static final long serialVersionUID = 1L;

    public WelcomeServlet30WithEclipse()
    {
    }

    protected void doGet(HttpServletRequest request, HttpServletResponse response)
    throws ServletException, IOException
    {
    }

    protected void doPost(HttpServletRequest request, HttpServletResponse response)
    throws ServletException, IOException
    {
    }
}
```

程序清单 3.6

仔细观察上面的代码会发现，本次用 Dynamic web module version 3.0 开发的 Servlet 比之前用 Dynamic web module version 为 2.5 开发的 Servlet 多了一句@WebServlet ("/WelcomeServlet30WithEclipse")。再观察 web.xml 会发现，web.xml 中并没有像之前那样自动生成<servlet>和<servlet-mapping>的配置。但是，如果给 doGet()方法加入输出语句，代码片段如下：

```
protected void doGet(HttpServletRequest request, HttpServletResponse response)
throws ServletException, IOException
{
    PrintWriter out = response.getWriter();
    out.print("doPost  --  Hello Servlet3.0");
    out.close();
}
```

然后启动服务器，直接运行 index.jsp，单击“提交”按钮后，也能得到正确的结果，如图 3.6 所示。

图 3.6 程序运行结果

也就是说，Dynamic web module version 3.0 与 Dynamic web module version 2.5 的区别是（本质是 Servlet 3.0 和 Servlet 2.5 的区别）：前者不用在 web.xml 中配置 Servlet，而是直接使用@WebServlet 在创建的 Servlet 类名前加上映射路径（相当于之前 web.xml 中的 <url-pattern>），如@WebServlet("/WelcomeServlet30WithEclipse")。

3.2.4 Servlet 生命周期

Servlet 是运行在服务器端的一段程序，所以 Servlet 的生命周期会受 Servlet 容器的控制。Servlet 生命周期包括加载、初始化、服务、销毁、卸载 5 个部分，如图 3.7 所示。

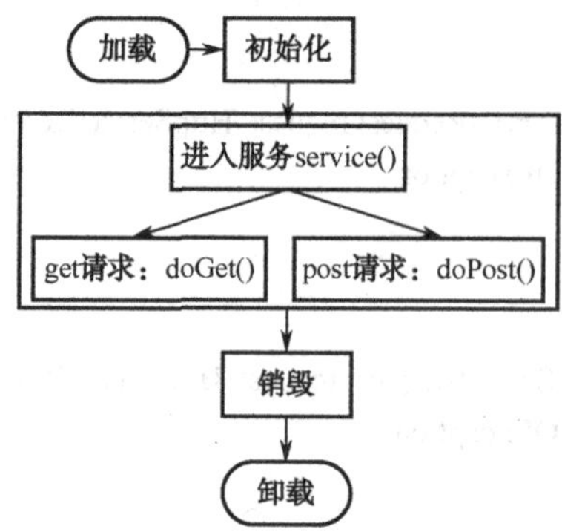

图 3.7 Servlet 生命周期

通常情况下，加载和卸载阶段可以由 Servlet 容器来处理，开发者只需要关注初始化、服务、销毁这 3 个阶段。与 Servlet 生命周期相关的方法如表 3.2 所示。

表 3.2 与 Servlet 生命周期相关的方法

方 法	简 介
public void init() throws ServletException	初始化 Servlet 对象时调用此方法
public void init(ServletConfig config) throws ServletException	init() 的重载方法，Servlet 初始化时调用，并可以通过 config 来读取配置信息
public abstract void service(ServletRequest req, ServletResponse res) throws ServletException, IOException;	提供 Servlet 服务的方法。此方法是抽象方法，故实际使用的是此抽象方法的实现方法 doGet()或 doPost()来处理 GET 或 POST 请求
public void destroy()	Servlet 容器在销毁 Servlet 对象前的回调方法

1. 初始化

当一个 Servlet 被加载完毕并实例化以后，Servlet 容器将调用 init()方法初始化这个对象，执行一些初始化的工作，如读取资源配置信息等。如果初始化阶段发生错误，此 Servlet 实例将被容器直接卸载。

2. 服务

初始化完成以后，Servlet 就会去调用 service()的具体实现方法 doGet()或 doPost()来处理请求；ServletRequest 类型的参数封装了客户端请求信息，而 ServletResponse 类型的参数用于封装响应信息。

3. 销毁

Servlet 容器在销毁 Servlet 对象前，会调用 destroy()方法，因此可以通过 destroy()方法来释放当前 Web 应用持有的稀缺资源。

下面通过一个例子来看一下 Servlet 生命周期的执行流程（代码详见程序清单 3.7）。

```
package org.lanqiao.servlet;

//省略 import…
@WebServlet("/LifeCycleServlet")
public class LifeCycleServlet extends HttpServlet
{
    private static final long serialVersionUID = 1L;

    @Override
    public void init() throws ServletException
    {
        System.out.println("初始化 init()...");
    }

    protected void doGet(HttpServletRequest request, HttpServletResponse response)
    throws ServletException, IOException
    {
        System.out.println("servlet 服务 doGet()...");
    }

    protected void doPost(HttpServletRequest request, HttpServletResponse response)
    throws ServletException, IOException
    {
        System.out.println("servlet 服务 doPost()...");
    }

    @Override
    public void destroy()
    {
        System.out.println("销毁 destroy()...");
    }
}
```

程序清单 3.7

前面讲过，通过浏览器的地址栏访问服务器，属于 GET 方式的请求。现在直接通过浏览器访问 http://localhost:8888/ServletProject30/LifeCycleServlet，第一次访问时的运行结果如图 3.8 所示。

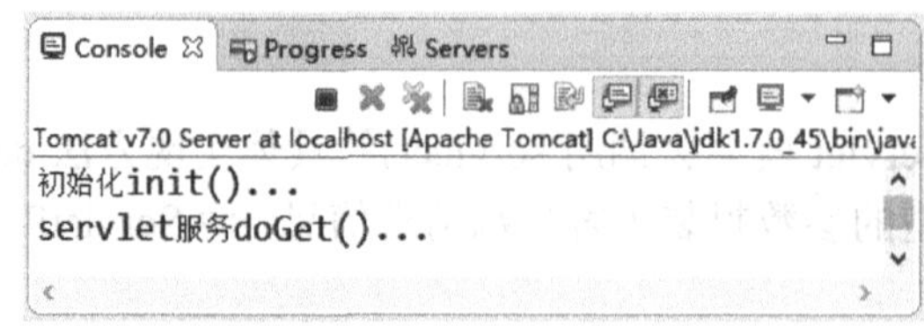

图 3.8　第一次访问时的运行结果

重复执行多次后，运行结果如图 3.9 所示。

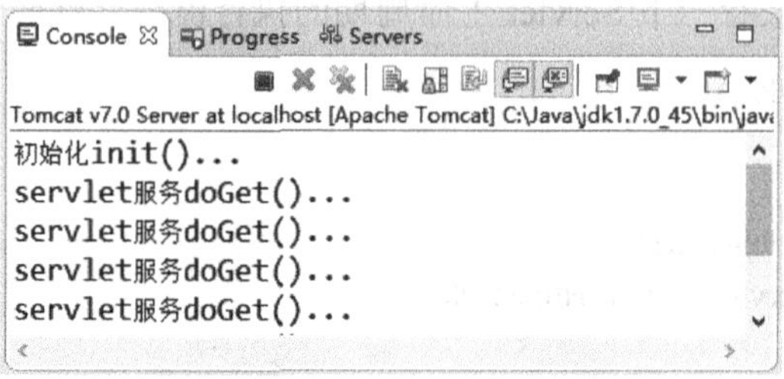

```
Console  Progress  Servers
Tomcat v7.0 Server at localhost [Apache Tomcat] C:\Java\jdk1.7.0_45\bin\java
初始化init()...
servlet服务doGet()...
servlet服务doGet()...
servlet服务doGet()...
servlet服务doGet()...
```

图 3.9　多次访问后的运行结果

关闭服务器（注意：是在 Servers 面板中单击红色的“关闭”按钮，而不是在 Console 控制台中），可以发现 Servlet 容器确实执行了 destroy()方法，运行结果如图 3.10 所示。

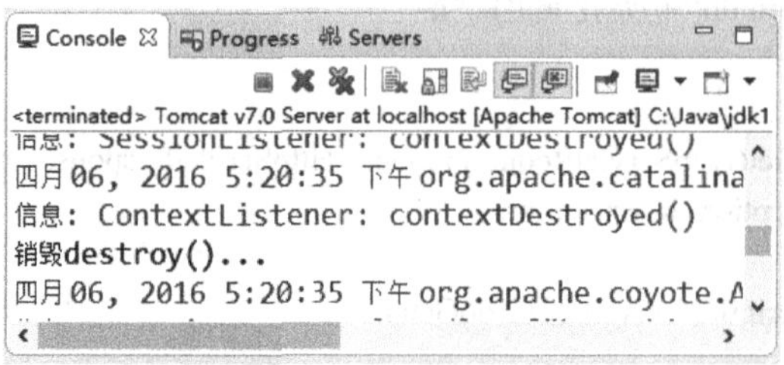

图 3.10　执行 destroy()方法

不难发现，在Servlet生命周期中，初始化init()方法只在第一次访问时执行一次，而doGet()或 doPost()方法会在服务器每次接收请求时都执行一次，destroy()方法只会在关闭服务时执行一次。

需要说明的是，初始化方法 init()默认会在客户端第一次调用 Servlet 服务（调用 doGet()或 doPost()）时执行，但也可以通过配置（Servlet 2.5 通过 web.xml 配置，Servlet 3.0 通过注解配置）让初始化 init()方法在 Tomcat 容器启动时自动执行。

如果使用 Servlet 2.5，则在 web.xml 中的<servlet>标签中加入<load-on-start-up>，代码片段如下：

```
<servlet>
    <servlet-name>Servlet 名字…</servlet-name>
```

```
        <servlet-class>具体的 Servlet 处理类…</servlet-class>
        <load-on-startup>1</load-on-startup>
</servlet>
```

如果使用 Servlet 3.0，则在@WebServlet 中加入 loadOnStart 属性，代码片段如下：

```
@WebServlet(value="/LifeCycleServlet",loadOnStartup=1)
public class LifeCycleServlet extends HttpServlet
{
        @Override
        public void init() throws ServletException
        {
                System.out.println("初始化 init()…");
        }
        //doGet()..doPost()…
```

配置完毕后，再次启动 Tomcat 服务，可以看到 init()方法会在 Tomcat 启动时自动执行，如图 3.11 所示。

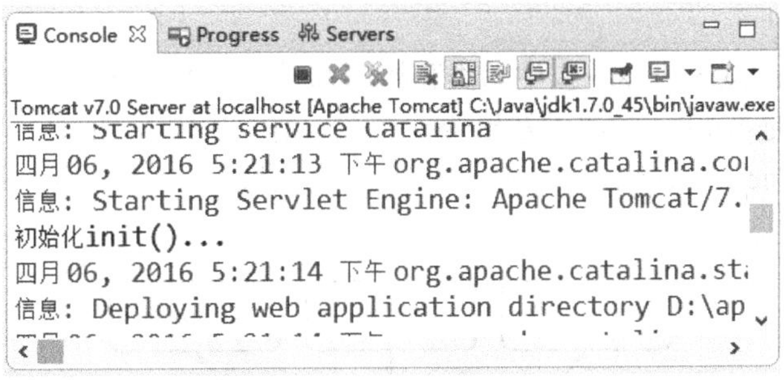

图 3.11　执行 init()方法

其中，“loadOnStartup=1”表示如果有多个 Servlet 同时配置了 loadOnStartup，则此处 Servlet 的 init()方法会第 1 个执行；<load-on-startup>同理。

3.2.5　JSP 生命周期

类似于 Servlet 生命周期，JSP 生命周期是指 JSP 从创建到销毁的整个过程。在第 1 章时介绍过，JSP 最终会被翻译成 Servlet，因此，JSP 的生命周期就是在 Servlet 生命周期开始之前多了一个“将 JSP 文件翻译成 Servlet”的初始化过程。这个“翻译”的初始化过程可以分解为“解析 JSP 文件”和“将 JSP 文件转为 Servlet 文件”两个步骤。

以下是 Tomcat 服务器将 JSP 文件翻译成的 Servlet 文件的代码结构。

```
import ...;

public final class index_jsp extends org.apache.jasper.runtime.HttpJspBase
    implements org.apache.jasper.runtime.JspSourceDependent,
                 org.apache.jasper.runtime.JspSourceImports {

  public void _jspInit() {
  }
```

```
        public void _jspDestroy() {
        }

        public void _jspService(final javax.servlet.http.HttpServletRequest request, final javax.servlet.http.HttpServletResponse response)
            throws java.io.IOException, javax.servlet.ServletException {
          ...
        }
      }
```

其中，jspInit()方法类似于自定义 Servlet 中的 init()方法，jspService()方法类似于自定义 Servlet 中的 service()方法，jspDestroy()方法类似于自定义 Servlet 中的 destroy()方法。

3.2.6 Servlet API

Servlet API 由两个软件包组成：一个是对应 HTTP 协议的软件包；另一个是对应除 HTTP 协议以外通用的软件包。这两个软件包的同时存在，使得 Servlet API 能够适应任何请求-响应协议。

本书使用的 javax.servlet.http 包中的类和接口都是基于 HTTP 协议的。

如图 3.12 所示是 Servlet 的继承及聚合关系图。由图 3.12 可知，自定义的 Servlet 会依次继承 HttpServlet、GenericServlet，而 GenericServlet 会实现 ServletConfig、Servlet 和 Serializable 接口。

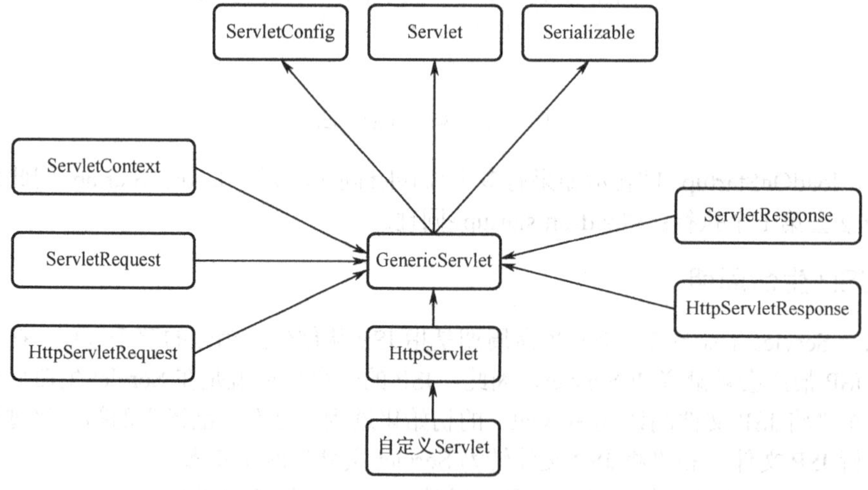

图 3.12　Servlet 的继承及聚合关系图

1. ServletConfig 接口

ServletConfig 对象可以在 Servlet 初始化时，向该 Servlet 传递信息。ServletConfig 接口的常用方法如表 3.3 所示。

表 3.3 ServletConfig 接口的常用方法

方　法	简　介
public ServletContext getServletContext()	获取 Servlet 上下文对象
public String getInitParameter(String name)	在当前 Servlet 范围内，获取名为 name 的初始化参数

说明：

以前学过“接口中的方法均为抽象方法，且 abstract 可省略”，所以 ServletConfig 接口中的方法，如 getServletContext()、getInitParameter(String name)等，实际上都是抽象方法，即省略了关键字 abstract。

在使用 ServletConfig 接口时，通常也会用到 ServletContext、ServletRequest、HttpServletRequest、ServletResponse、HttpServletResponse 等接口，如图 3.12 所示。

2. ServletContext

ServletContext 表示 Web 应用的上下文，ServletContext 对象可以被 Servlet 容器中的所有 Servlet 共享。JSP 中的内置对象 application 就是 ServletContext 的实例。ServletContext 提供了 getContextPath()、getRealPath（）、setAttribute()、getAttribute()等方法，这些方法在之前讲解 application 时已经讲过，这里不再赘述。在此只介绍 ServletContext 提供的 getInitParameter() 方法，如表 3.4 所示。

表 3.4 getInitParameter()方法

方　法	简　介
public String getInitParameter(String name)	在整个 Web 容器中（当前项目的所有 Servlet 范围内），获取名为 name 的初始化参数

需要注意的是，在 ServletConfig 的 getInitParameter()方法中，初始化参数的取值范围是“当前 Servlet 范围内”；而在 ServletContext 的 getInitParameter()方法中，初始化参数的取值范围是在整个 Web 容器中。

先来看一下 getInitParameter()在 Servlet 2.5 中的应用。

在之前 ServletProject25 项目的 web.xml 中，给 Web 容器设置一个共享的初始化参数 <context-param>，再给 WelcomeServletWithEclipse 这个具体的 Servlet 也设置一个初始化参数 <init-param>，其代码如程序清单 3.8 所示。

web.xml 代码：

```
<web-app … version="2.5">
    …
    <!-- 给 Web 容器设置共享的初始化参数 -->
    <context-param>
        <!--参数名 -->
        <param-name>globalContextParam</param-name>
        <!--参数值 -->
        <param-value>global context value...</param-value>
    </context-param>
```

```
    <servlet>
        <servlet-name>WelcomeServletWithEclipse</servlet-name>
        <servlet-class>
            org.lanqiao.servlet.WelcomeServletWithEclipse
        </servlet-class>
        <!-- 给当前具体的 Servlet 设置初始化参数 -->
        <init-param>
            <!--参数名 -->
            <param-name>servletContextParam</param-name>
            <!--参数值 -->
            <param-value>servlet context value...</param-value>
        </init-param>
    </servlet>
    <servlet-mapping>
        <servlet-name>WelcomeServletWithEclipse</servlet-name>
        <url-pattern>/WelcomeServletWithEclipse</url-pattern>
    </servlet-mapping>
</web-app>
```

程序清单 3.8

在以上代码中，给 Web 容器设置了名为“globalContextParam”的初始化参数，给 WelcomeServletWithEclipse 这个具体的 Servlet 设置了名为“servletContextParam”的初始化参数。之后，再在具体的 Servlet 中将这两个初始化参数的值都取出来，代码如程序清单 3.9 所示。

WelcomeServletWithEclipse.java 代码：

```
package org.lanqiao.servlet;

//省略 import
public class WelcomeServletWithEclipse extends HttpServlet
{
    private static final long serialVersionUID = 1L;

    @Override
    public void init() throws ServletException
    {
        //获取当前 Servlet 的初始化参数
        String servletContextParam=getInitParameter("servletContextParam");
        System.out.println("当前 Servlet 的初始化参数："+ servletContextParam);

        //获取 Web 容器共享的初始化参数
        String globalContextParam= getServletContext().getInitParameter("globalContextParam");
        System.out.println("Web 容器的初始化参数：" + globalContextParam);
    }
    //doGet(),doPost()…
}
```

程序清单 3.9

程序运行结果如图 3.13 所示。

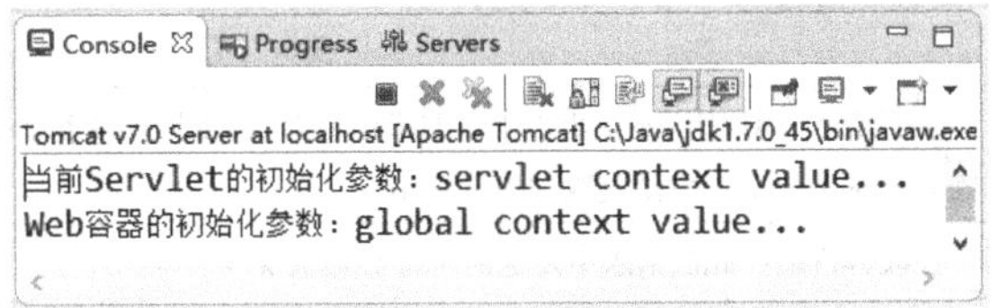

图 3.13　程序运行结果

在 Servlet 3.0 中：可以用@WebServlet 注解在当前 Servlet 范围内设置初始值。例如，之前 Servlet 2.5 的 web.xml 中的代码如下：

```
<servlet>
…
    <!-- 给具体的 Servlet 设置初始化参数 -->
    <init-param>
        <param-name>servletContextParam</param-name>
        <param-value>servlet context value...</param-value>
    </init-param>
</servlet>
```

在 Servlet 3.0 中，等价于在 WelcomeServlet30WithEclipse.java 中的如下配置：

```
…
@WebServlet(value="/WelcomeServlet30WithEclipse",
        initParams={@WebInitParam(name = "servletContextParam",
                            value = "servlet context value...")} )
public class WelcomeServlet30WithEclipse extends HttpServlet
{
    …
}
```

也就是说，用@WebServlet 注解里 initParams 属性中的@WebInitParam 来指定"当前 Servlet 范围内的初始值"，等价于 web.xml 中<servlet>的<init-param>子标签。

3．ServletRequest

当客户端请求服务器端的 Servlet 时，Servlet 容器会创建一个 ServletRequest 对象，用于封装客户端的请求信息。并且，这个 ServletRequest 对象会被容器作为 service(HttpServletRequest req, HttpServletResponse resp)方法的第一个参数传递给 Servlet。Servlet 能利用这个 ServletRequest 对象获取客户端的请求数据。

ServletRequest 接口提供了常用的 setAttribute()、getAttribute()、removeAttribute()方法。

4．HttpServletRequest

javax.servlet.http.HttpServletRequest 接口继承自 ServletRequest 接口。HttpServletRequest 接口除了继承的方法，还额外增加了如表 3.5 所示的常用方法。

表 3.5　HttpServletRequest 新增方法

方　法	简　介
String getContextPath()	获取请求 URI 中表示请求上下文的路径。假设请求地址是 http://localhost:8888/Test/MyServlet，则 getContextPath()方法获取到的就是/Test
Cookie[] getCookies()	获取客户端在此次请求中发送的所有 Cookie 对象
HttpSession getSession()	获取与此次请求相关的 Session。如果没有给客户端分配 Session，则创建一个新的 Session
String getMethod()	获取本次 HTTP 请求的请求方式。默认是 get，也可以指定为 put 或 post 等

5. ServletResponse

Servlet 容器接收到客户请求后，还会创建一个 ServletResponse 对象，用来封装响应数据，并且也会将这个 ServletResponse 对象作为 service(HttpServletRequest req, HttpServletResponse resp)方法的第二个参数传递给 Servlet。

Servlet 可以利用 ServletRequest 对象获取客户端的请求数据，并把处理后的响应数据通过 ServletResponse 对象返回给容器，容器根据它来决定如何响应给客户端。

ServletResponse 接口的常用方法如表 3.6 所示。

表 3.6　ServletResponse 接口的常用方法

方　法	简　介
PrintWriter getWriter()	获取 PrintWriter 对象，等价于 JSP 中的内置对象 out
String getCharacterEncoding()	获取在响应过程中发送的文本所使用的编码类型
void setCharacterEncoding()	设置响应文本的编码类型
void setContentType(String type)	设置响应正文的 MIME 类型

6. HttpServletResponse

HttpServletResponse 接口继承自 ServletResponse 接口，用于对客户端的请求进行响应。它除了继承的方法，还额外增加了如表 3.7 所示的常用方法。

表 3.7　HttpServletResponse 新增的方法

方　法	简　介
void addCookie(Cookie cookie)	在响应中增加 Cookie 对象
void sendRedirect(String location)throws IOException	发送一个重定向跳转
void addHeader(String name,String value)	将一个名为 name、值为 value 的响应报头添加到响应中

7. Servlet 接口

在 Servlet 接口中定义了之前提到过的带参数的 init()、service()、destroy()等方法，此外，还提供了 getServletConfig()方法用于获取 ServletConfig 对象，getServletInfo()方法用于获取 Servlet 信息等。

8. GenericServlet 抽象类

GenericServlet 是一个抽象类，实现了 ServletConfig 接口、Servlet 接口和 Serializable 接口。GenericServlet 的部分源代码如下：

```
public abstract class GenericServlet implements Servlet, ServletConfig,java.io.Serializable
{
    private static final long serialVersionUID = 1L;
    private transient ServletConfig config;
    @Override
    public void destroy()
    {
    }
    @Override
    public String getServletInfo()
    {
        return "";
    }
    public void log(String msg)
    {
        getServletContext().log(getServletName() + ": " + msg);
    }
    @Override
    public abstract void service(ServletRequest req, ServletResponse res)
    throws ServletException, IOException;
    //其他空实现或简单实现的方法
    ...
}
```

从上述源码中可以发现，GenericServlet 是对 Servlet、ServletConfig 和 Serializable 接口中的方法进行了空实现或简单实现，但唯独对 service()方法没有任何实现。

9. HttpServlet 抽象类

HttpServlet 继承了 GenericServlet，对 GenericServlet 中的方法进行了实现，目前需要掌握的是其中的 service()方法。HttpServlet 源码的部分代码结构如下：

```
public abstract class HttpServlet extends GenericServlet
{
    private static final String METHOD_GET = "GET";
    private static final String METHOD_POST = "POST";

    protected void doGet(HttpServletRequest req, HttpServletResponse resp)
    throws ServletException, IOException
    {
        //具体实现代码
    }
    protected void doPost(HttpServletRequest req, HttpServletResponse resp)
    throws ServletException, IOException
    {
        //具体实现代码
    }
    @Override
```

```
        public void service(ServletRequest req, ServletResponse resp)
        throws ServletException, IOException
        {
            HttpServletRequest request;
            HttpServletResponse response;
            //将 ServletRequest 对象强制转换为 HttpServletRequest 对象
            request = (HttpServletRequest) req;
            //将 ServletResponse 对象强制转换为 HttpServletResponse 对象
            response = (HttpServletResponse) resp;
            service(request, response);
            //省略其他代码
        }
        protected void service(HttpServletRequest req, HttpServletResponse resp)
        throws ServletException, IOException
        {
            String method = req.getMethod();
            //如果以 GET 方式请求
            if (method.equals(METHOD_GET)){
                //具体实现代码
            }
            //如果以 POST 方式请求
            else if(method.equals(METHOD_POST)){
                doPost(req, resp);
            }
            //如果以其他方式请求
            else if(method.equals(...)){
                //具体实现代码
            }
            ...
            else{
                //具体实现代码
            }
        }
    }
```

仔细阅读上述源代码可以发现，HttpServlet 提供了两个重载的 service()方法，其中，service(ServletRequest req, ServletResponse res) 方法将 ServletRequest 对象强制转换为 HttpServletRequest 对象，将 ServletResponse 对象强制转换为 HttpServletResponse 对象，并根据请求方式的不同（GET、POST 等方式）调用了不同的处理方法。因此，以后在编写具体的 Servlet 时，只需要先继承 HttpServlet，然后重写 doGet()或 doPost()方法即可。

3.3 MVC 设计模式案例

现在，通过一个完整的例子来演示一个使用 MVC 的程序。

本程序实现一个注册功能，采用 Servlet 2.5 实现，读者可自行使用 Servlet 3.0 尝试。

在本程序中，视图采用 JSP 实现，模型采用 JavaBean 实现，控制器采用 Servlet 实现。

（1）视图 1——注册界面，代码详见程序清单 3.10。

register.jsp 代码：

```
<body>
    <form action="LoginServlet" method="post" >
        用户名:<input type="text" name="uname" /><br/>
        密码:<input type="password" name="upwd" /><br/>
        年龄:<input type="text" name="uage" /><br/>
        地址:<input type="text" name="uaddress" /><br/>
        <input type="submit" value="注册" />
    </form>
</body>
```

程序清单 3.10

（2）模型 1——封装数据的 JavaBean，代码详见程序清单 3.11。

User.java 代码：

```
package org.lanqiao.entity;
public class User
{
    private String username;
    private String userPassword;
    private int userAge;
    private String userAddress ;

    public User()
    {
    }
    public User(String username, String userPassword, int userAge, String userAddress)
    {
        this.username = username;
        this.userPassword = userPassword;
        this.userAge = userAge;
        this.userAddress = userAddress;
    }
    //省略 setter、getter
}
```

程序清单 3.11

（3）模型 2——封装业务的 JavaBean，代码详见程序清单 3.12。

UserDao.java 代码：

```
package org.lanqiao.dao;
…
public class UserDao
{
    //将用户信息（用户名、密码、年龄、地址）写入数据库
    public void addRegisterInfo(User user)
```

```
    {
        Connection con = null;
        Statement stmt = null;

        try
        {
            // 加载数据库驱动
            Class.forName("com.mysql.cj.jdbc.Driver");
            //创建连接
            con = DriverManager.getConnection("jdbc:mysql://127.0.0.1:3306/info?
characterEncoding=utf8 &serverTimezone=Asia/Shanghai =10", "root", "root");
            //创建 Statement 对象
            stmt = con.createStatement();
            String sql = "insert into userInfo (uname,upwd,uage,uaddress) values('" +
user.getUsername() + "','" + user.getUserPassword()+ "','" +user.getUserAge()+"','" +user.getUserAddress() +"')";
            System.out.println(sql);
            stmt. executeUpdate (sql);
        }catch (Exception e)
        {
            e.printStackTrace();
        }finally
        {
            try
            {
                stmt.close();
                con.close();
            }catch (SQLException e)
            {
                e.printStackTrace();
            }
        }
    }
}
```

程序清单 3.12

（4）控制器，代码详见程序清单 3.13 和程序清单 3.14。

LoginServlet.java 代码：

```
package org.lanqiao.servlet;
…
public class LoginServlet extends HttpServlet
{
    protected void doGet(HttpServletRequest request, HttpServletResponse response)
    throws ServletException, IOException
    {
        //若是 GET 方式的请求，则也转到 POST 方式处理
        this.doPost(request, response);
```

```
    }

    protected void doPost(HttpServletRequest request,HttpServletResponse response)
    throws ServletException, IOException
    {
        //将请求的编码与页面保持一致，设置为 UTF-8
        request.setCharacterEncoding("UTF-8");
        //接收视图传来的数据
        String name = request.getParameter("uname");
        String pwd = request.getParameter("upwd");
        String address = request.getParameter("uaddress");
        String uage = request.getParameter("uage");
        int age = Integer.parseInt(uage) ;
        //将数据封装到 JavaBean 中
        User user = new User(name,pwd,age,address);
        //调用封装业务的 JavaBean，进行数据库的操作
        UserDao userDao = new UserDao();
        userDao.addRegisterInfo(user);
        //将用户信息放入 session 中
        request.getSession().setAttribute("userInfo", user);

        //注册完毕，跳转到显示页面
        request.getRequestDispatcher("welcome.jsp").forward(request, response);
    }
}
```

程序清单 3.13

web.xml 代码：

```
…
<servlet>
    <servlet-name>LoginServlet</servlet-name>
    <servlet-class>org.lanqiao.servlet.LoginServlet</servlet-class>
</servlet>
<servlet-mapping>
    <servlet-name>LoginServlet</servlet-name>
    <url-pattern>LoginServlet</url-pattern>
</servlet-mapping>
…
```

程序清单 3.14

（5）视图 2——欢迎页，代码详见程序清单 3.15。

welcome.jsp 代码：

```
<body>
    欢迎您<%=((User)session.getAttribute("userInfo")).getUsername() %>
</body>
```

程序清单 3.15

最后再将 MySQL 所需要的驱动包导入 lib 目录。

采用 MySQL 数据库客户端管理工具，创建 info 数据库，编码格式选择 UTF-8。再根据程序内容创建 userinfo 表，可以手工创建各个字段，也可通过以下建表语句建立：

```
CREATE TABLE `userinfo` (
  `uname` varchar(255) DEFAULT NULL,
  `upwd` varchar(255) DEFAULT NULL,
  `uage` mediumint(255) DEFAULT NULL,
  `uaddress` varchar(255) DEFAULT NULL
) ENGINE=InnoDB DEFAULT CHARSET=utf8
```

程序清单 3.16

访问 http://localhost:8888/ServletProject25/register.jsp，如图 3.14 所示。

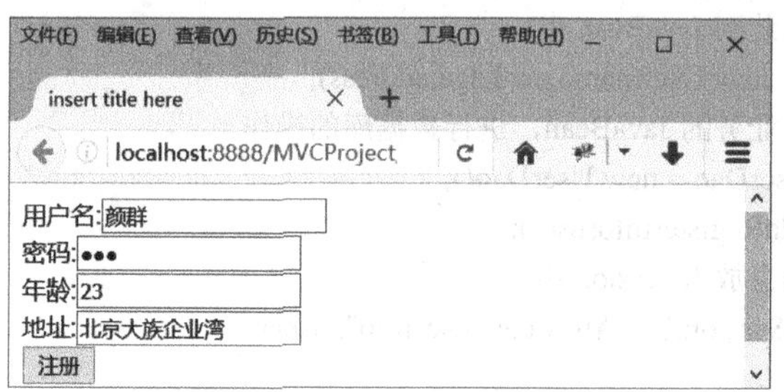

图 3.14　注册页

单击“注册”按钮后，运行结果如图 3.15 所示。

图 3.15　运行结果

查看数据表，如图 3.16 所示。

	UNAME	UPWD	UAGE	UADDRESS
1	颜群	123	23	北京大族企业湾

图 3.16　查看数据表

执行的流程大致如图 3.17 所示。

图 3.17　执行流程

程序中用到的数据（用户信息）是通过模型中的 JavaBean（User.java）对象来传递的。

3.4 本章小结

本章重点讲解了 Servlet 和 MVC 设计模式的相关知识，具体如下：

（1）MVC 模式可以将项目划分为模型（M）、视图（V）和控制器（C）3 个部分，其中，视图负责界面的显示以及与用户的交互；控制器用来决定对于视图发来的请求需要调用哪一个模型来处理，以及处理完后需要跳回到哪一个视图；模型持有数据、状态和程序逻辑。

（2）Servlet 是一个符合 Servlet 规范的 Java 程序，主要用于处理客户端请求并做出响应。Servlet 需要继承 javax.servlet.http.HttpServlet，并重写 HttpServlet 类里的 doGet()或 doPost()方法，用来处理客户端发来的 get 请求或 post 请求。

（3）Servlet 2.x 是在 web.xml 中配置 Web 应用的，而 Servlet 3.x 是直接使用注解的形式进行 Web 配置的。

（4）Servlet 2.x 中 web.xml 的处理流程是：当用户发起请求后，Servlet 容器会在 web.xml 中<servlet-mapping>内的<url-pattern>里匹配指定的 Servlet。如果匹配成功，就会根据<servlet-mapping>中的<servlet-name>值再去匹配<servlet>中的<servlet-name>值。如果仍然匹配成功，就会去执行<servlet>中的<servlet-class>里面的 Servlet 实现类。最后再根据请求方式来决定执行 Servlet 实现类中的 doGet()或 doPost()方法。

（5）Servlet 生命周期包括加载、初始化、服务、销毁、卸载 5 个部分，JSP 生命周期比 Servlet 生命周期多了一个“将 JSP 文件翻译成 Servlet”的过程。

（6）自定义的 Servlet 会依次继承 HttpServlet、GenericServlet，而 GenericServlet 会实现 ServletConfig、Servlet 和 Serializable 接口。

（7）Servlet 提供了若干实用的 API。其中，ServletConfig 对象可以在 Servlet 初始化时，向该 Servlet 传递信息；ServletContext 表示 Web 应用的上下文，ServletContext 对象可以被 Servlet 容器中的所有 Servlet 共享；当客户端请求服务器端的 Servlet 时，Servlet 容器会创建一个 ServletRequest 对象和一个 ServletResponse 对象，分别封装请求信息和响应信息，HttpServletRequest、HttpServletResponse 分别是 ServletRequest、ServletResponse 的两个常用子接口；Servlet 接口定义了 init()、service()、destroy()等常见方法，还提供了 getServletConfig()方法用于获取 ServletConfig 对象，getServletInfo()方法用于获取 Servlet 信息等；GenericServlet 是一个抽象类，实现了 ServletConfig、Servlet 和 Serializable 接口；HttpServlet 继承了 GenericServlet，对 GenericServlet 中的方法进行了实现。

3.5 本章练习

单选题

1．下列关于 ServletContext 的说法中，错误的是（　　）。

A．ServletContext 对象中保存的属性可以被 Web 应用中的所有 Servlet 访问。

B．在一个 Web 应用中可以有多个 ServletContext 对象。

C．ServletContext 接口封装了获取当前 Web 应用中资源文件的方法。

D．ServletContext 对象用来保存当前 Web 应用中的所有信息。

2．GenericServlet 抽象类实现了（　　）。

A．HttpServlet 接口　　B．ServletConfig 接口

C．ServletContext 接口　　D．ServletRequest 接口

3．以下关于 Servlet 生命周期的描述中，正确的是（　　）。

A．Servlet 生命周期动作依次包括初始化，加载和实例化，处理请求和销毁。

B．默认情况下，在 Servlet 容器中配置好的 Servlet 会在 Servlet 容器启动的时候加载并实例化。

C．用户访问完一个 Servlet 后，为了节省内存空间，该 Servlet 实例会立即销毁。

D．在 Servlet 初始化阶段，会调用 init()方法进行初始化相关工作。

4．下列方法中不属于 Servlet 接口的是（　　）。

A．init()　　B．service()

C．getServlet()　　D．getServletInfo ()

5．下列选项中能正确实现一个 Servlet 的方式是（　　）。

A．继承 javax.servlet.http.HttpServlet 类　　B．继承 java.servlet.http.HttpServlet 类

C．实现 java.servlet.http.HttpServlet 接口　　D．自定义一个类，命名为 Servlet

6．下列关于 MVC 设计模式的说法中，错误的是（　　）。

A．MVC 模式把软件系统（项目）分为 3 个基本部分：模型（Model，简称 M）、视图（View，简称 V）和控制器（Controller，简称 C）。

B．Servlet 可以作为 MVC 设计模式中的控制器。

C．HTML 可以作为 MVC 设计模式中的模型。

D．MVC 模式的流程是：浏览器通过视图向控制器发出请求；控制器接收到请求之后通过选择模型进行处理；处理完请求以后再转发到视图，进行视图界面的渲染并做出最终响应。

7．下列说法中错误的是（　　）。

A．在使用 Servlet 开发 Web 应用时，每次修改 web.xml 后，都必须重新启动 Tomcat 服务才能使修改后的配置生效。

B．Servlet 的初始化方法 init()只会在客户端第一次调用 Servlet 服务时被调用。

C．Servlet API 由两个软件包组成：一个是对应 HTTP 协议的软件包，另一个是对应除 HTTP 协议以外通用的软件包。这两个软件包的同时存在使得 Servlet API 能够适应任何请求-响应协议。

D．Servlet 2.x 是基于 web.xml 配置的，Servlet 3.x 是基于注解配置的。

第 4 章

三 层 架 构

本章简介

本章讲解的是一种常见的软件设计架构：三层架构。先通过示例讲解一个基础的三层架构，然后在此基础之上持续迭代，最终优化出一个比较成熟的三层架构。

三层架构中的各层之间有着密切的关系，下层是上层的基础，上层是对下层的封装。三层架构是一种典型的分层结构，可以帮助开发者开发出符合"高内聚，低耦合"规范的软件项目，并提高代码的复用性。

4.1 三层架构概述

在实际的开发中，为了更好地解耦合，使开发人员之间的分工明确，提高代码的可重用性等，通常会采用"三层架构"的模式来组织代码。

所谓"三层"，是指表示层（User Show Layer，USL）、业务逻辑层（Business Logic Layer，BLL）、数据访问层（Data Access Layer，DAL），各层关系如图 4.1 所示。三层中使用的数据是通过实体类（封装数据的 JavaBean）来传递的。实体类一般放在 entity 包下。

现在对三层架构中的每一层展开介绍。

1. 数据访问层（DAL）

数据访问层也称为持久层，位于三层中的底层，用于对数据进行处理。该层中的方法一般都是"原子性"的，即每个方法都只完成一个逻辑功能，不可再分。例如，可以在 DAL 层中实现数据的增、删、改、查操作，因为增、删、改、查这 4 个操作是非常基本的功能，都是不能再拆分的。

在程序中，DAL 一般写在 dao 包中，包里面的类名也推荐以"Dao"结尾，如 StudentDao.java、DepartmentDao.java、NewsDao.java 等。换句话说，在程序中，DAL 是由 dao 包中的多个"类名 Dao.java"组成的。每个"类名 Dao.java"类就包含着对该"类名"的所有对象的数据访问操作，如 StudentDao.java 中包含对 Student 对象的增、删、改、查等数据操作，DepartmentDao.java 中包含对 Department 对象的增、删、改、查等数据操作。

2. 业务逻辑层（BLL）

BLL 位于三层中的中间层（即处于 DAL 与 USL 之间），起到了数据交换中承上启下的

作用，用于对业务逻辑的封装。BLL 的设计对于一个支持可扩展的架构尤为关键，因为它扮演了两种角色。对于 DAL 而言，它是调用者；对于 USL 而言，它是被调用者。由此可见，三层中的依赖与被依赖的关系主要就纠结在 BLL 上。

使用时，BLL 实际上就是对 DAL 中的方法进行“组装”。例如，该层也可以实现对 Student 对象的增、删、改、查，但与 DAL 不同的是，BLL 中的增、删、改、查不再是“原子性”的功能，而是包含了一定的业务逻辑。例如，BLL 中的“删”不再像 DAL 中那样仅仅实现“删”这一功能，而是在“删”之前要进行业务逻辑的判断：先查找某个对象是否存在（即先执行 DAL 层的“查”），如果存在才会真正地“删”（再执行 DAL 层的“删”），如果该对象不存在则应该提示错误信息。即 BLL 中的“删”，应该是“带逻辑的删”（先“查”后“删”），也就是对 DAL 中的“查”和“删”两个方法进行了“组装”。

在程序中，BLL 一般写在 service 包中（在有的项目中也叫 biz 包），包里面的类名也是以“Service（或 Biz）”结尾的，如 StudentService.java、DepartmentService.java、NewsService.java 等。换句话说，在程序中，BLL 是由 service 包中的多个“类名 Service.java”组成的。每个“类名 Service.java”类，就包含着对该“类名”的对象的业务操作，如 StudentService.java 中包含对 Student 对象的“带逻辑的删”“带逻辑的增”等业务逻辑操作，DepartmentService.java 中包含对所有 Department 对象的“带逻辑的删”“带逻辑的增”等业务逻辑操作。

3．表示层（USL）

USL 位于三层中的最上层，用于显示数据和接收用户输入的数据，为用户提供一种交互式操作的界面。USL 又进一步细分为“USL 前台代码”和“USL 后台代码”，其中，“USL 前台代码”是指用户能直接访问到的界面，一般是程序的外观（如 HTML/CSS、JSP 等文件的展示效果），类似于 MVC 模式中的“视图”；“USL 后台代码”是指用来调用业务逻辑层的 Java 代码（如 Servlet），类似于 MVC 模式中的“控制器”。表示层前台代码一般放在 WebContent 目录下，而表示层后台代码目前可以放在 servlet 包下。

如图 4.2 所示是一个最基本三层架构的目录结构示例。

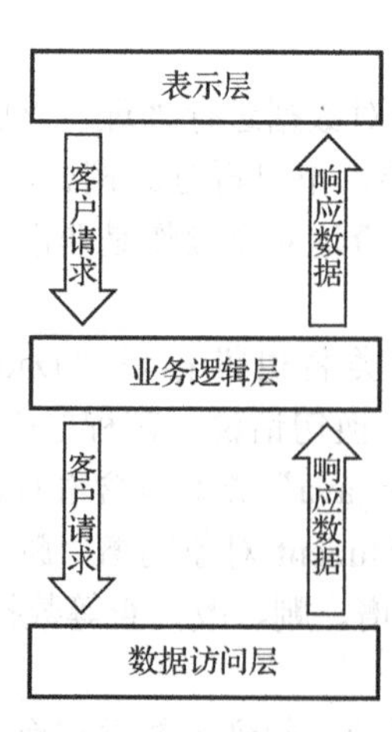

图 4.1　三层的位置

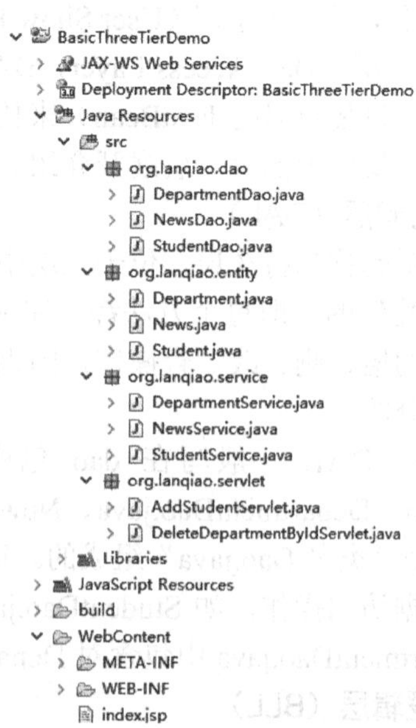

图 4.2　三层架构目录结构示例

不难发现，三层架构与第 3 章学习的 MVC 设计模式的关系如图 4.3 所示。

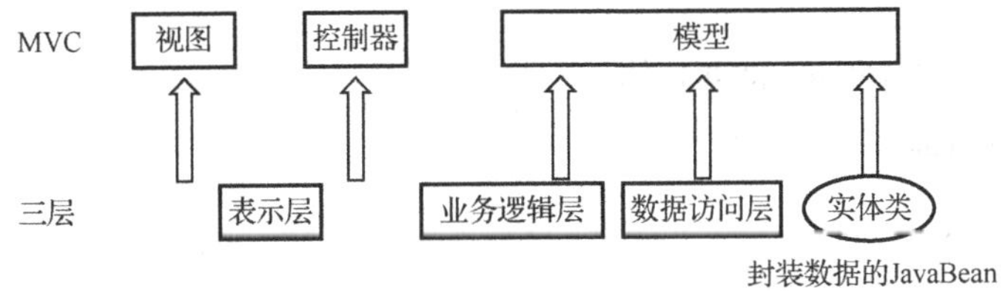

图 4.3 MVC 设计模式与三层架构的关系

MVC 模式和三层架构，是分别从两个不同的角度去设计的，但目的都是解耦、分层、代码复用等。

4.2 三层间的关系

三层之中，上层依赖于下层，即表示层依赖于业务逻辑层，业务逻辑层依赖于数据访问层。

上层通过方法调用，把请求通知给下层；而下层处理完请求后，把最终的响应传递给上层。

下面通过一个简单的“学生管理系统”案例，详细讲解三层架构的具体实现。本案例主要通过三层架构，采用 Servlet 2.5 方式，实现一个能对学生信息进行“增、删、改、查”的案例。

（1）实体类，代码详见程序清单 4.1。

org.lanqiao.entity.Student.java 代码：

```
package org.lanqiao.entity;

public class Student
{
    private int studentNo;              //学号
    private String studentName;         //姓名
    private int studentAge;             //年龄
    private String gradeName;           //年级

    public Student()
    {
    }

    public Student(int studentNo, String studentName, int studentAge, String gradeName)
    {
        this.studentNo = studentNo;
        this.studentName = studentName;
        this.studentAge = studentAge;
        this.gradeName = gradeName;
    }
    //省略 setter、getter
}
```

程序清单 4.1

（2）数据访问层：对学生信息进行最基本的“增、删、改、查”操作，代码详见程序清单 4.2。

org.lanqiao.dao.StudentDao.java 代码：

```
package org.lanqiao.dao;
…
public class StudentDao
{
    private static final String DRIVER_NAME = "oracle.jdbc.OracleDriver";
    private static final String URL = "jdbc:oracle:thin:@127.0.0.1:1521:ORCL";
    private static final String USERNAME = "scott";
    private static final String PWD = "tiger";

    //增加学生
    public boolean addStudent(Student stu)
    {
        Connection conn = null;
        PreparedStatement pstmt = null;
        // flag 用来标记是否增加成功，若增加成功则返回 true，若增加失败则返回 false
        boolean flag = true;
        try
        {
            Class.forName(DRIVER_NAME);
            conn = DriverManager.getConnection(URL, USERNAME, PWD);
            String sql = "insert into student(stuNo,stuName,stuAge,graName) values(?,?,?,?)";
            pstmt = conn.prepareStatement(sql);

            pstmt.setInt(1, stu.getStudentNo());
            pstmt.setString(2, stu.getStudentName());
            pstmt.setInt(3, stu.getStudentAge());
            pstmt.setString(4, stu.getGradeName());

            pstmt.executeUpdate();
        }catch (Exception e)
        {
            e.printStackTrace();
            flag = false;
        }finally
        {
            try
            {
                if(pstmt != null) pstmt.close();
                if(conn != null)conn.close();
            }catch (SQLException e)
            {
                e.printStackTrace();
                flag = false;
```

```
            }
        }
        return flag;
    }

    //根据学号删除学生
    public boolean deleteStudentByNo(int stuNo)
    {
        Connection conn = null;
        PreparedStatement pstmt = null;
        // flag 用来标记是否删除成功，若删除成功则返回 true，若删除失败则返回 false
        boolean flag = true;
        try
        {
            Class.forName(DRIVER_NAME);
            conn = DriverManager.getConnection(URL, USERNAME, PWD);
            String sql = "delete from student where stuNo = ? " ;
            pstmt = conn.prepareStatement(sql);
            pstmt.setInt(1, stuNo);
            pstmt.executeUpdate();
        }catch (Exception e)
        {
            e.printStackTrace();
            flag = false;
        }finally
        {
            try
            {
                if(pstmt != null)pstmt.close();
                if(conn != null)conn.close();
            }catch (SQLException e)
            {
                e.printStackTrace();
                flag = false;
            }
        }
        return flag;
    }

    //修改学生信息：将原来学号为 stuNo 的学生信息修改为实体类 stu 中的包含信息
    public boolean updateStudent(Student stu, int stuNo)
    {
        Connection conn = null;
        PreparedStatement pstmt = null;
        //flag 用来标记是否修改成功，若修改成功则返回 true，若修改失败则返回 false
        boolean flag = true;
        try
```

```
        {
            Class.forName(DRIVER_NAME);
            conn = DriverManager.getConnection(URL, USERNAME, PWD);
            String sql = "update student set stuNo = ?,
                    stuName = ?,stuAge = ? ,graName=? where stuNo = ?";
            pstmt = conn.prepareStatement(sql);
            pstmt.setInt(1, stu.getStudentNo());
            pstmt.setString(2, stu.getStudentName());
            pstmt.setInt(3, stu.getStudentAge());
            pstmt.setString(4, stu.getGradeName());
            pstmt.setInt(5, stuNo);

            pstmt.executeUpdate();
        }catch (Exception e)
        {
            e.printStackTrace();
            flag = false;
        }
        finally
        {
            try
            {
                if(pstmt != null)pstmt.close();
                if(conn != null)conn.close();
            }catch (SQLException e)
            {
                e.printStackTrace();
                flag = false;
            }
        }
        return flag;
    }

    //根据学号查询某一个学生
    public Student queryStudentByNo(int stuNo)
    {
        Connection conn = null;
        PreparedStatement pstmt = null;
        ResultSet rs = null;
        Student stu = null;

        try
        {
            Class.forName(DRIVER_NAME);
            conn = DriverManager.getConnection(URL, USERNAME, PWD);
            String sql = "select stuNo,stuName,stuAge,graName from student where stuNo = ?";
            pstmt = conn.prepareStatement(sql);
```

```
                pstmt.setInt(1, stuNo);
                rs = pstmt.executeQuery();
                if (rs.next())
                {
                    int sNo = rs.getInt("stuNo");
                    String sName = rs.getString("stuName");
                    int sAge = rs.getInt("stuAge");
                    String gName = rs.getString("graName");
                    //将查询到的学生信息封装到 stu 对象中
                    stu = new Student(sNo, sName, sAge, gName);
                }
            }catch (Exception e)
            {
                e.printStackTrace();
            }finally
            {
                try
                {
                    if(rs!=null) rs.close();
                    if(pstmt!=null) pstmt.close();
                    if(conn!=null) conn.close();
                }catch (SQLException e)
                {
                    e.printStackTrace();
                }
            }
            return stu;
        }

        //查询全部学生
        public List<Student> queryAllStudents()
        {
            Connection conn = null;
            PreparedStatement pstmt = null;
            ResultSet rs = null;

            List<Student> students = new ArrayList<Student>();
            try
            {
                Class.forName(DRIVER_NAME);
                conn = DriverManager.getConnection(URL, USERNAME, PWD);
                String sql = "select stuNo,stuName,stuAge,graName from student ";
                pstmt = conn.prepareStatement(sql);
                rs = pstmt.executeQuery();
                while (rs.next())
                {
                    int sNo = rs.getInt("stuNo");
```

```
                    String sName = rs.getString("stuName");
                    int sAge = rs.getInt("stuAge");
                    String gName = rs.getString("graName");
                    //将查询到的学生信息封装到 stu 对象中
                    Student stu = new Student(sNo, sName, sAge, gName);
                    //将封装好的 stu 对象存放到 List 集合中
                    students.add(stu);
                }
            }catch (Exception e)
            {
                e.printStackTrace();
            }finally
            {
                try
                {
                    if(rs!=null) rs.close();
                    if(pstmt!=null) pstmt.close();
                    if(conn!=null) conn.close();
                }catch (SQLException e)
                {
                    e.printStackTrace();
                }
            }
            return students;
        }

        //根据学号判断某一个学生是否已经存在
        public boolean isExistByNo(int stuNo)
        {
            boolean isExist = false;
            Student stu = this.queryStudentByNo(stuNo);
            //如果 stu 为 null，说明查无此人，即此人不存在；否则说明已经存在此人
            isExist = (stu == null) ? false : true;
            return isExist;
        }
    }
```

程序清单 4.2

（3）业务逻辑层：实现带逻辑的“增、删、改、查”操作，本质是对数据访问层的多个方法进行了“组装”，代码详见程序清单 4.3。

org.lanqiao.service.StudentService.java 代码：

```
    package org.lanqiao.service;
    import java.util.List;
    import org.lanqiao.entity.Student;
    public class StudentService
    {
```

```
//业务逻辑层依赖于数据访问层
StudentDao stuDao = new StudentDao();

//增加学生
public boolean addStudent(Student stu)
{
    //增加之前先进行逻辑判断，如果此人已经存在，则不能再次增加
    if(stuDao.isExistByNo(stu.getStudentNo()))
    {
        System.out.println("此人已经存在，不能重复增加！");
        return false ;
    }
    //调用数据访问层的方法，实现增加操作
    return stuDao.addStudent(stu);
}

//根据学号删除学生
public boolean deleteStudentByNo(int stuNo)
{
    //删除之前先进行逻辑判断，如果此人不存在，则给出错误提示
    if(!stuDao.isExistByNo(stuNo))
    {
        System.out.println("查无此人，无法删除！");
        return false ;
    }
    //调用数据访问层的方法，实现删除操作
    return stuDao.deleteStudentByNo(stuNo);
}

//修改学生信息：将原来学号为 stuNo 的学生信息修改为实体类 stu 中的包含信息
public boolean updateStudent(Student stu, int stuNo)
{
    //修改之前先进行逻辑判断，如果需要修改的人不存在，则给出错误提示
    if(!stuDao.isExistByNo(stuNo))
    {
        System.out.println("查无此人，无法修改！");
        return false ;
    }
    //调用数据访问层的方法，实现删除操作
    return stuDao.updateStudent(stu, stuNo);
}

//根据学号查询某一个学生
public Student queryStudentByNo(int stuNo)
{
    //查询操作一般不用判断，直接调用数据访问层的方法即可
    return stuDao.queryStudentByNo(stuNo);
```

```
    }

    //查询全部学生
    public List<Student> queryAllStudents()
    {
        //查询操作一般不用判断，直接调用数据访问层的方法即可
        return stuDao.queryAllStudents();
    }

    //根据学号判断某一个学生是否已经存在
    public boolean isExistByNo(int stuNo)
    {
        //直接调用数据访问层的方法进行判断
        return stuDao.isExistByNo(stuNo);
    }
}
```

程序清单 4.3

通过代码可以发现，业务逻辑层依赖于数据访问层（用到了数据访问层的对象 stuDao）；并且业务逻辑层的实现就是编写一些逻辑判断代码，然后调用相应数据访问层的方法。

（4）表示层后台代码：对业务逻辑层的调用，使用 Servlet 实现。

通常情况下，一个 Servlet 只用来实现一个功能。所以增、删、改、查一个学生及查询全部学生 5 个功能，需要编写 5 个对应的 Servlet 来实现。

①增加学生，代码如程序清单 4.4 所示。

org.lanqiao.servlet.AddStudentServlet.java 代码：

```
package org.lanqiao.servlet;
//省略 import
public class AddStudentServlet extends HttpServlet
{
    protected void doGet(HttpServletRequest request, HttpServletResponse response)
            throws ServletException, IOException
    {
        //若为 GET 方式的请求，则仍然使用 POST 方式进行处理
        this.doPost(request, response);
    }

    protected void doPost(HttpServletRequest request, HttpServletResponse response)
    throws ServletException, IOException
    {
        request.setCharacterEncoding("UTF-8");
        //接收表单提交的数据
        int studentNo = Integer.parseInt(request.getParameter("sno"));
        String studentName = request.getParameter("sname");
        int studentAge = Integer.parseInt(request.getParameter("sage"));
        String gradeName = request.getParameter("gname");
```

```
		//将数据封装到实体类中
		Student stu =new Student(studentNo, studentName, studentAge, gradeName);
		//调用业务逻辑层代码
		StudentService stuService = new StudentService();
		boolean result = stuService.addStudent(stu);

		if (!result)
		{
			//如果增加失败，则在 request 中放入一个标识符，标识一下错误
			request.setAttribute("addError", "error");
			//返回增加页面。因为需要传递 request 作用域中的数据，所以使用请求转发
			request.getRequestDispatcher("addStudent.jsp").forward(request, response);
		}else
		{
			response.sendRedirect("QueryAllStudentsServlet");
		}
	}
}
```

程序清单 4.4

②根据学号删除某一个学生信息，代码如程序清单 4.5 所示。

org.lanqiao.servlet.DeleteStudentServlet.java 代码：

```
package org.lanqiao.servlet;
//省略 import
public class DeleteStudentServlet extends HttpServlet
{

	protected void doGet(HttpServletRequest request, HttpServletResponse response)
	throws ServletException, IOException
	{
		//若为 GET 方式的请求，则仍然使用 POST 方式进行处理
		this.doPost(request, response);
	}

	protected void doPost(HttpServletRequest request, HttpServletResponse response)
	throws ServletException, IOException
	{
		request.setCharacterEncoding("UTF-8");
		//接收通过地址重写传递来的参数
		int studentNo = Integer.parseInt(request.getParameter("stuNo"));
		//调用业务逻辑层代码
		StudentService stuService = new StudentService();
		boolean result = stuService.deleteStudentByNo(studentNo);
		if (!result)
		{
			//如果删除失败，则在 request 中放入一个标识符，标识一下错误
```

```
                request.setAttribute("delError", "error");
            }
                //因为需要传递 request 作用域中的数据（错误标识符），
                //所以使用请求转发
            request.getRequestDispatcher("QueryAllStudentsServlet").forward(request, response);
        }
    }
```

程序清单 4.5

③根据学号查询某一个学生信息，代码如程序清单 4.6 所示。

org.lanqiao.servlet.QueryStudentByNoServlet.java 代码：

```
package org.lanqiao.servlet;
//省略 import
public class QueryStudentByNoServlet extends HttpServlet
{

    protected void doGet(HttpServletRequest request, HttpServletResponse response)
    throws ServletException, IOException
    {
        //若为 GET 方式的请求，则仍然使用 POST 方式进行处理
        this.doPost(request, response);
    }

    protected void doPost(HttpServletRequest request, HttpServletResponse response)
    throws ServletException, IOException
    {
        request.setCharacterEncoding("UTF-8");
        //接收需要显示学生的学号
        int studentNo = Integer.parseInt(request.getParameter("stuNo"));
        //调用业务逻辑层代码
        StudentService stuService = new StudentService();
        Student stu = stuService.queryStudentByNo(studentNo);
        //将查询到的学生信息放入 request 作用域中
        request.setAttribute("stu",stu);
        request.getRequestDispatcher("showStudentInfo.jsp").forward(request, response);
    }
}
```

程序清单 4.6

④查询全部学生信息，代码如程序清单 4.7 所示。

org.lanqiao.servlet.QueryAllStudentsServlet.java 代码：

```
package org.lanqiao.servlet;
//省略 import
public class QueryAllStudentsServlet extends HttpServlet
{
```

```
    protected void doGet(HttpServletRequest request, HttpServletResponse response)
    throws ServletException, IOException
    {
        //若为 GET 方式的请求，则仍然使用 POST 方式进行处理
        this.doPost(request, response);
    }

    protected void doPost(HttpServletRequest request, HttpServletResponse response)
    throws ServletException, IOException
    {
        request.setCharacterEncoding("UTF-8");
        //调用业务逻辑层代码
        StudentService stuService = new StudentService();
        List<Student> students = stuService.queryAllStudents();
        //将查询到的学生集合放入 request 作用域中
        request.setAttribute("students", students);
        //跳转到首页（学生列表页）
        request.getRequestDispatcher("index.jsp").forward(request, response);
    }
}
```

程序清单 4.7

⑤根据学号修改某一个学生信息，代码如程序清单 4.8 所示。

org.lanqiao.servlet.UpdateStudentServlet.java 代码：

```
package org.lanqiao.servlet;
//省略 import
public class UpdateStudentServlet extends HttpServlet
{
    protected void doGet(HttpServletRequest request, HttpServletResponse response)
    throws ServletException, IOException
    {
        //若为 GET 方式的请求，则仍然使用 POST 方式进行处理
        this.doPost(request, response);
    }

    protected void doPost(HttpServletRequest request, HttpServletResponse response)
    throws ServletException, IOException
    {
        request.setCharacterEncoding("UTF-8");
        //接收需要修改学生的学号
        int studentNo = Integer.parseInt(request.getParameter("sno"));
        //接收修改后的学生信息（学号不能修改）
        String studentName = request.getParameter("sname");
        int studentAge = Integer.parseInt(request.getParameter("sage"));
        String gradeName = request.getParameter("gname");
        //将学生信息封装到实体类中
```

```
            Student student = new Student(studentNo,studentName,studentAge,gradeName);

            //调用业务逻辑层代码，实现修改
            StudentService stuService = new StudentService();
            boolean result = stuService.updateStudent(student, studentNo);

            if (!result)
            {
                //如果修改失败，则在 request 中放入一个标识符，标识一下错误
                request.setAttribute("updateError", "error");
            }else
            {
                request.setAttribute("updateSuccess", "success");
            }
            //将修改后的学生信息放入 request 作用域中
            request.setAttribute("stu", student);

            //返回修改页面（学生详情页）
            //因为需要传递 request 作用域中的数据（错误标识符），所以使用请求转发
            request.getRequestDispatcher("showStudentInfo.jsp").forward(request, response);
        }
    }
```

程序清单 4.8

（5）表示层前台代码。

①增加学生，代码详见程序清单 4.9。

addStudent.jsp 代码：

```
<body>
    <%-- 如果增加失败，则返回本页时需有错误提示，具体可查看 AddStudentServlet.java 中的代码 --%>
    <%
        //如果存放了错误标识符
        if(request.getAttribute("addError") != null )
        {
            out.print("<strong>增加失败！ </strong>");
        }
    %>
    <form action="AddStudentServlet" method="post">
        学号：<input type="text" name="sno" /><br/>
        姓名：<input type="text" name="sname" /><br/>
        年龄：<input type="text" name="sage" /><br/>
        年级：<input type="text" name="gname" /><br/>
        <input type="submit" value="增加" /><br/>
    </form>
</body>
```

程序清单 4.9

程序运行结果如图 4.4 所示。

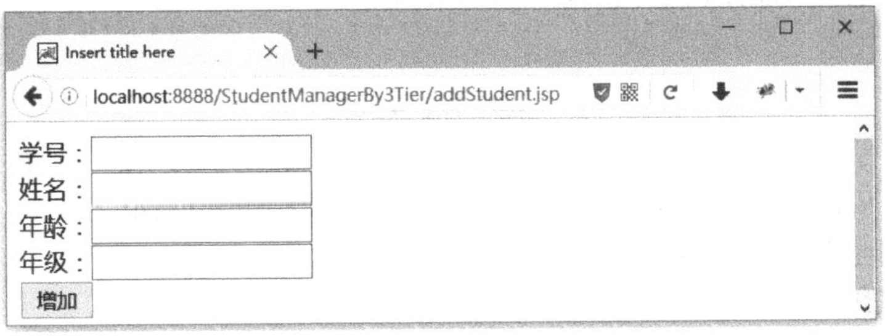

图 4.4　表示层前台页面

②根据学号删除某一个学生。

删除学生的表示层前端代码是通过 index.jsp 中的超链接实现的，具体如下所示：

```
<a href="DeleteStudentServlet?stuNo=<%=stu.getStudentNo() %>">删除</a>
```

③根据学号查询某一个学生信息，代码详见程序清单 4.10。

showStudentInfo.jsp 代码：

```
<body>
    <h3>学生信息详情页</h3>
    <%
        //如果修改失败，返回本页时需有错误提示。具体可查看 UpdateStudentServlet.java 中的代码
        //如果存放了错误标识符
        if(request.getAttribute("updateError") != null )
        {
            out.print("<strong>修改失败！ </strong>");
        }

        //接收查询到的学生信息
        Student stu = (Student)request.getAttribute("stu");
        if(stu !=null)
        {
    %>      <form action="UpdateStudentServlet"    method="post" >
                <%--假设学号不能修改 --%>
                学号：<input type="text" name="sno" readonly="readonly"
                      value="<%=stu.getStudentNo() %>" /><br/>
                姓名：<input type="text" name="sname"
                      value="<%=stu.getStudentName() %> " /><br/>
                年龄：<input type="text" name="sage"
                      value="<%=stu.getStudentAge() %>" /><br/>
                年级：<input type="text" name="gname"
                      value="<%=stu.getGradeName() %>" /><br/>
                      <input type="submit" value="修改" />
            </form>
    <%
        }
```

```
    %>
        <a href="QueryAllStudentsServlet">返回</a>
</body>
```

程序清单 4.10

部署并运行项目，在学生列表页 index.jsp 中单击“学号”链接后，请求通过 QueryStudentByNoServlet 转发到学生信息详情页 showStudentInfo.jsp。

④查询全部学生信息，代码详见程序清单 4.11。

index.jsp 代码：

```
<body>
    <%--
    如果删除失败，则返回本页时需有错误提示。具体可查看 DeleteStudentServlet.java 中的代码
    --%>
      <%
            //如果存放了错误标识符
            if(request.getAttribute("delError") != null )
            {
                out.print("<strong>删除失败！</strong>");
            }
            if(request.getAttribute("addError") != null )
            {
                out.print("<strong>增加失败！</strong>");
            }

      %>
      <table border="1" >
            <tr>
                <th>学号</th>
                <th>姓名</th>
                <th>年龄</th>
                <th>操作</th>
                <%--
                年级信息不在列表页显示，只能在具体学生的详情页 showStudentInfo.jsp 中显示
                --%>
            </tr>

            <%
                List<Student> students = (List<Student>)request.getAttribute("students");
                if(students != null)
                {
                    for(Student stu : students)
                    {
            %>
                        <tr>
                            <%-- 单击“学号”链接，可以进入修改页面 --%>
                        <td>
```

```
                <%--调用查询某一个学生的 Servlet，并通过地址重写的方式将需要修改学生的学号传递过去 --%>
                <a href="QueryStudentByNoServlet?stuNo=<%=stu.getStudentNo() %>">
                  <%=stu.getStudentNo() %>
                </a>
              </td>

              <td><%=stu.getStudentName() %></td>
              <td><%=stu.getStudentAge() %></td>

                <%--调用删除的 Servlet，并通过地址重写的方式将学号传递过去 --%>
                <td>
                  <a href="DeleteStudentServlet?stuNo=<%=stu.getStudentNo() %>">
                        删除
                  </a>
                </td>
              </tr>
        <%
                }
            }
        %>
    </table>
    <a href="addStudent.jsp">增加</a>
</body>
```

程序清单 4.11

需要注意的是，项目运行后的第一个执行程序应该是 QueryAllStudentsServlet，而不是 index.jsp。因为，项目的首页 index.jsp 要展示的学生列表信息，必须先通过 QueryAllStudentsServlet 查询后才能得到。这个执行顺序在 Servlet 2.5 中可以通过 web.xml 来配置，具体代码如下。

web.xml 代码：

```
…
<welcome-file-list>
    <welcome-file>QueryAllStudentsServlet</welcome-file>
</welcome-file-list>
…
```

通过 QueryAllStudentsServlet 执行请求转发到 index.jsp，运行结果如图 4.5 所示。

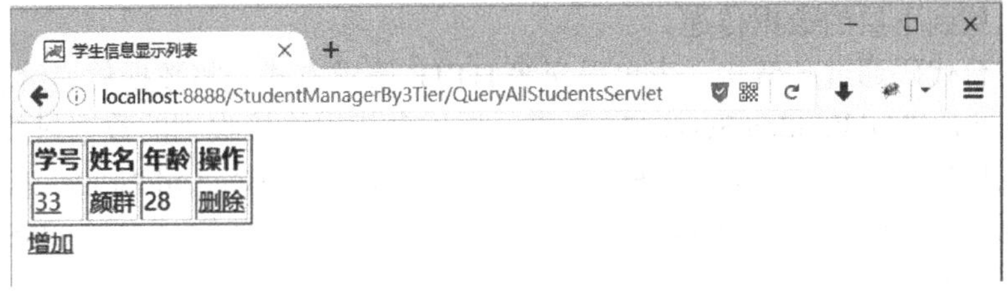

图 4.5　index.jsp 页面

⑤ 根据学号修改某一个学生信息。

修改学生的前端代码中，进入修改界面是通过学生列表页 index.jsp 中的超链接实现的(而修改页面是通过学生详情页 showStudentInfo.jsp 实现的)，具体代码如下：

```
<td>
    <%--调用查询某一个学生的 Servlet，并通过地址重写的方式将需要修改学生的学号传递过去
--%>
    <a href="QueryStudentByNoServlet?stuNo=<%=stu.getStudentNo() %>"><%=stu.getStudentNo() %>
    </a>
</td>
```

通过本案例可以发现，使用三层架构搭建的项目，先通过表示层前台代码（index.jsp）和用户交互，然后通过表示层后台代码（QueryAllStudentsServlet.java）调用业务逻辑层（StudentService.java），再通过业务逻辑层调用数据访问层（StudentDao.java），最后通过数据访问层和数据库交互；并且，当数据访问层获取数据以后，再将数据传递给业务逻辑层，而业务逻辑层则将最终的数据传递给表示层。请求自上而下传递，响应自下而上传递，如图 4.6 所示。

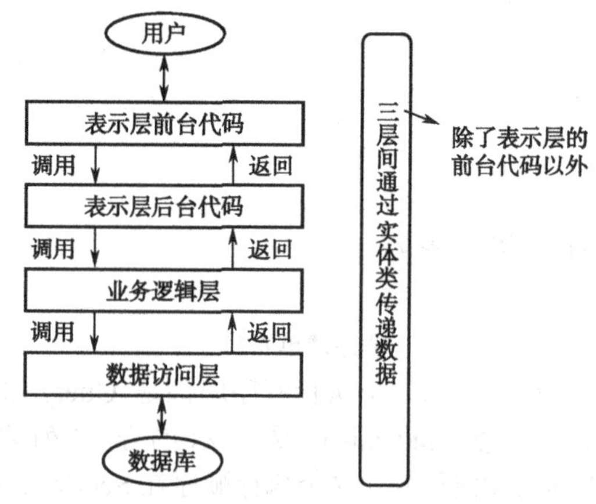

图 4.6　三层间的交互

在代码层面，三层架构之间的数据大多是通过方法的参数或返回值传递的，具体如下。

上层到下层的数据传递：通过方法的参数（如实体类 Student 类型、int 类型的参数）；

下层到上层的数据传递：方法的返回值。

其中，特殊的是 USL 层，USL 前台代码通过 HTTP 请求（如 GET/POST 方式的表单提交）将数据传递给 USL 后台代码（如 Servlet）；USL 后台代码通过转发或重定向，跳转回 USL 前台代码（如 JSP）。

再结合本案例，介绍数据传递的具体过程。

（1）从上层到下层的数据传递。

表示层前台代码通过超链接、表单提交等 HTTP 请求方式，将数据传递给表示层后台代码(如<form action="AddStudentServlet" >)；表示层后台代码将接收到的数据封装到实体类中，然后通过方法传参的形式，将数据传递给业务逻辑层(如 stuService.addStudent(stu))；同样地，业务逻辑层也通过方法传参的形式，将数据传递给数据访问层（如 stuDao.addStudent(stu)）。

（2）从下层到上层的数据传递。

数据访问层通过方法的返回值，将处理结果返回给业务逻辑层（如 return flag）；同样地，

业务逻辑层也通过方法的返回值，将处理结果返回给表示层的后台代码（如 return stuDao.addStudent(stu)）；最后，表示层的后台代码，再通过请求转发或重定向的方法，将数据传递给表示层前台代码（如 response.sendRedirect("QueryAllStudentsServlet")）。

本案例的结构如图 4.7 所示。

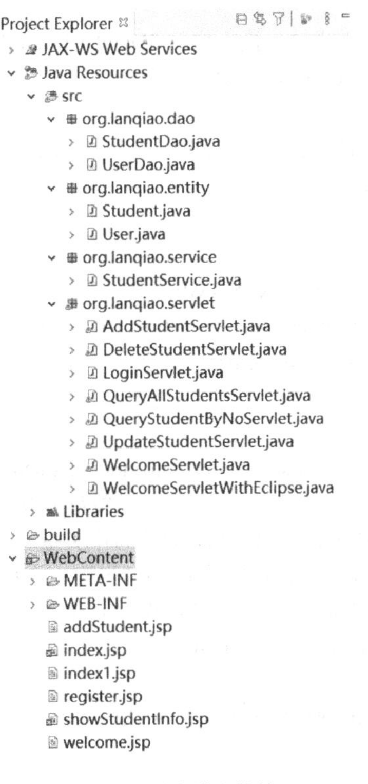

图 4.7　三层项目结构

4.3　优化三层架构

为了使设计与实现相分离，以及符合面向接口的编程风格，还可以给前面的三层架构案例加入接口，并重构部分代码。

给业务逻辑层和数据访问层加上接口。接口所在的包名与之前该层的包名相同，如业务逻辑层中接口所在的包名仍然是 org.lanqiao.service；接口的文件名一般在前面加上字母 I（Interface 的简称），如 IStudentService.java。而实现类所在的包名，需在后面加上 impl（implements 的缩写），如 org.lanqiao.service.impl；实现类的文件名，一般在后面加上 Impl，如 StudentServiceImpl.java，如图 4.8 所示。

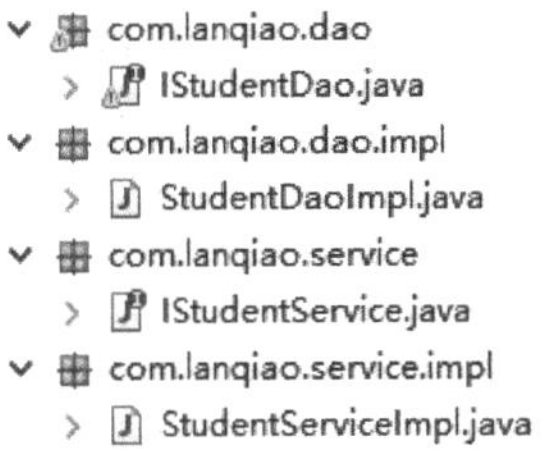

com.lanqiao.dao
IStudentDao.java
com.lanqiao.dao.impl
StudentDaoImpl.java
com.lanqiao.service
IStudentService.java
com.lanqiao.service.impl
StudentServiceImpl.java

图 4.8　Service 层与 Dao 层

分析之前的代码可以发现，数据访问层中存在着大量的重复代码。因此，可以把重复的代码提取出来，封装到一个公共的类中（工具类），从而实现代码的重构。为此，可再创建一个数据访问层的工具类 DBUtil.java，并放入 util 包中。代码详见程序清单 4.12。

org.lanqiao.DBUtil.java 代码：

```
package org.lanqiao.util;
//省略 import
public class DBUtil
{
    //通用的增加、删除、修改方法。执行传入 SQL 语句，参数 os 存放 SQL 语句中占位符?的真实值
    public static boolean execute(String sql, Object[] os)
    {
        // flag 用来标记是否增加成功，若增加成功则返回 true，若增加失败则返回 false
        boolean flag = true;
        try
        {
            Class.forName(DRIVER_NAME);
            conn = DriverManager.getConnection(URL, USERNAME, PWD);
            pstmt = conn.prepareStatement(sql);
            if (os != null)
            {
                    //假设参数 sql="insert into student(stuNo,stuName,…) values(?,?,..)";
                    //其中，stuNo 代表学号，是整数类型
                    //stuName 代表姓名，是字符串类型
                    //因此，可以使用“os={1, "张三"};”这种 Object 类型的数组
                    //来代表 SQL 语句中的多个?占位符
                for (int i = 0; i < os.length; i++)
                {
                    pstmt.setObject(i + 1, os[i]);
                }
            }
            pstmt.executeUpdate();
        }catch (Exception e)
        {
            e.printStackTrace();
            flag = false;
        }finally
        {
            try
            {
                pstmt.close();
                conn.close();
            }catch (SQLException e)
            {
                e.printStackTrace();
            }
        }
        return flag;
    }
```

```
        //通用的查询方法，返回查询的结果集 ResultSet 对象
        public static ResultSet queryBySql(String sql, Object[] os)
        {
            ResultSet rs = null;
            try
            {
                Class.forName(DRIVER_NAME);
                conn = DriverManager.getConnection(URL, USERNAME, PWD);
                pstmt = conn.prepareStatement(sql);
                if (os != null)
                {
                    //假设参数 sql="select * from student where stuAge = ? or stuName = ?";
                    //其中，stuAge 代表年龄，是整数类型；stuName 代表姓名，是字符串类型
                    //因此，可以使用“os={23, "张三"};”这种 Object 类型的数组
                    //来代表 SQL 语句中的多个?占位符
                    for (int i = 0; i < os.length; i++)
                    {
                        pstmt.setObject(i + 1, os[i]);
                    }
                }
                rs = pstmt.executeQuery();
            }catch (Exception e)
            {
                e.printStackTrace();
            }
            return rs;
        }
    }
```

程序清单 4.12

可以发现，虽然将访问数据库的方法都存放到了一个 DBUtil 类中，但该类中的代码仍有较多的重复。例如，每个方法都需要加载数据库驱动类，并获取数据库连接对象、创建 PreparedStatement 对象等。为此，可以再次重构这些重复的代码，并将释放操作单独写在一个 closeAll()方法中，做进一步简化，代码详见程序清单 4.13。

org.lanqiao.DBUtil.java 代码：

```
    package org.lanqiao.util;
    //省略 import
    public class DBUtil
    {
        //省略属性定义及初始化赋值

        //通用的获取数据库连接对象的方法
        public static Connection getConnection()
        {
            try
            {
```

```
            Class.forName(DRIVER_NAME);
            conn = DriverManager.getConnection(URL, USERNAME, PWD);
        }catch (ClassNotFoundException e)
        {
            e.printStackTrace();
        }catch (SQLException e)
        {
            e.printStackTrace();
        }catch (Exception e)
        {
            e.printStackTrace();
        }
        return conn;
    }

    //通用的获取 PreparedStatement 对象的方法
    public static PreparedStatement createPreparedStatement(String sql,Object[] os)
    {
        try
        {
            pstmt = getConnection().prepareStatement(sql);
            if (os != null)
            {
                for (int i = 0; i < os.length; i++)
                {
                    pstmt.setObject(i + 1, os[i]);
                }
            }
        }catch (SQLException e)
        {
            e.printStackTrace();
        }catch (Exception e)
        {
            e.printStackTrace();
        }
        return pstmt;
    }
    //通用的关闭访问数据库相关对象的方法（注意：PreparedStatement 继承自 Statement）
    public static void closeAll(ResultSet rs, Statement stmt, Connection conn)
    {
        try
        {
            if (rs != null)
                rs.close();
            if (stmt != null)
                stmt.close();
            if (conn != null)
```

```
                conn.close();
        }catch (SQLException e)
        {
            e.printStackTrace();
        }
    }

    //通用的增加、删除、修改方法
    public static boolean execute(String sql, Object[] os)
    {
        // flag 用来标记是否增加成功，若增加成功则返回 true，若增加失败则返回 false
        boolean flag = true;

        try
        {
            //获取 Statement 对象
            pstmt = createPreparedStatement(sql,os);
            pstmt.executeUpdate();
        }catch (Exception e)
        {
            e.printStackTrace();
            flag = false;
        }finally
        {
            closeAll(null, pstmt, conn);
        }
        return flag;
    }

    //通用的查询方法，返回查询的结果集 ResultSet 对象
    public static ResultSet query(String sql, Object[ ] os)
    {
        ResultSet rs = null;
        try
        {
            pstmt = createPreparedStatement(sql,os);
            rs = pstmt.executeQuery();
        } catch (SQLException e)
        {
            System.out.println("SQLException：" + e);
        }catch (Exception e)
        {
            System.out.println("查询发生异常：" + e);
        }
        return rs;
    }
}
```

程序清单 4.13

说明：

（1）问：数据访问层 DAL 中的某个 DAO 实现类（如 StudentDaoImpl.java），是用于访问数据库的；而数据库帮助类 DBUtil.java 也是用于访问数据库的。二者有什么区别？

答：StudentDaoImpl.java 这种 DAO 实现类的操作对象是 Student，即对 Student 进行增删、改、查等数据访问；而 DBUtil.java 中的增、删、改、查方法都是通用的，不针对于任何一类实体。一般来讲，DAO 实现类可以通过调用 DBUtil.java 中的方法，来实现对某一个特定实体（如 Student）的增、删、改、查等操作。详见后文 StudentDaoImpl.java 中的代码。

（2）问：查询方法 query()的返回值类型为什么是 ResultSet，而不是 List<Student>？例如，查询方法能否写成以下形式：

```
//将查询到的学生集合放入 List 中，并返回
public static List<Student> queryBySql(String sql, Object[] os)
{
        List<Student> students = new ArrayList<Student>();
        ResultSet rs = null;
        try
        {
                pstmt = createPreparedStatement(sql,os);
                rs = pstmt.executeQuery();
                while (rs.next())
                {
                        int sNo = rs.getInt("stuNo");
                        String sName = rs.getString("stuName");
                        int sAge = rs.getInt("stuAge");
                        String gName = rs.getString("graName");
                        //将查询到的学生信息封装到 stu 对象中
                        Student stu = new Student(sNo, sName, sAge, gName);
                        //将封装好的 stu 对象存放到 List 集合中
                        students.add(stu);
                }
        }catch (Exception e)
        {
                e.printStackTrace();
        }finally
        {
                closeAll(rs, pstmt, conn);
        }
        return students;
}
```

答：对于本案例中的查询方法，List<Student>类型的返回值看起来确实比 ResultSet 更加直观，在使用上也更加方便。但是考虑到工具类中方法的“通用性”，就只能使用 ResultSet 作为返回值类型。例如，对于增、删、改的通用方法 execute(String sql ,Object[] os)来说，只要传入用于增、删、改的 SQL 语句（sql 参数）、用于替换 SQL 语句中所有“?”占位符的数组（os 参数），就能够实现相应 SQL 语句所代表的增、删、改功能。也就是说，execute()不

依赖于任何“实体”，无论是增、删、改“学生”，还是增、删、改“班级”“图书”“新闻”等，都可以通过调用该方法实现。但是，如果查询方法的返回值是 List<Student>，并且方法中存在 rs.getInt("stuNo")等代码，那么该查询方法就强烈依赖于 Student 类，而不能实现“通用性”。因此，为了查询方法的“通用性”，暂时就退一步，让查询方法仅返回结果集 ResultSet 就可以了。至于实体类数据的封装，以及 List 集合的填充等操作就只能转交到 DAO 实现类去完成。当然，如果读者对反射技术非常熟悉，也可以尝试用反射技术继续优化本方法。此外，本书第 6 章介绍的“DbUtils 类库”也会对这些工具类方法做进一步优化。

有了 DBUtil.java 这个数据库工具类之后，数据库访问层中实现类的代码就简单多了（其他各层代码不变），代码详见程序清单 4.14。

org.lanqiao.dao.impl.StudentDaoImpl.java 代码：

```
package org.lanqiao.dao.impl;
//省略 import
public class StudentDaoImpl implements IStudentDao
{
    //增加学生
    public boolean addStudent(Student stu)
    {
        String sql = "insert into student(stuNo,stuName,stuAge,graName) values(?,?,?,?)";
        Object[] os =
        { stu.getStudentNo(), stu.getStudentName(),
          stu.getStudentAge(), stu.getGradeName() };
        return DBUtil.execute(sql, os);
    }

    //根据学号删除学生
    public boolean deleteStudentByNo(int stuNo)
    {
        String sql = "delete from student where stuNo = ?";
        Object[] os ={ stuNo };
        return DBUtil.execute(sql, os);
    }

    //修改学生信息：将原来学号为 stuNo 的学生信息修改为实体类 stu 中的包含信息
    public boolean updateStudent(Student stu, int stuNo)
    {
        String sql = "update student set stuNo = ?,stuName = ?,
                    stuAge = ?,graName=?    where stuNo = ? ";
        Object[] os =
        { stu.getStudentNo(), stu.getStudentName(),
          stu.getStudentAge(), stu.getGradeName(),
          stu.getStudentNo() };
        return DBUtil.execute(sql, os);
    }
```

```
//根据学号查询某一个学生
public Student queryStudentByNo(int stuNo)
{
    String sql = "select stuNo,stuName,stuAge,graName from student where stuNo = ? ";
    Object[] os ={ stuNo };
    Student stu = null;
    try
    {
        ResultSet rs = DBUtil.query(sql, os);

        if (rs.next())
        {
            int sNo = rs.getInt("stuNo");
            String sName = rs.getString("stuName");
            int sAge = rs.getInt("stuAge");
            String gName = rs.getString("graName");
            //将查询到的学生信息封装到 stu 对象中
            stu = new Student(sNo, sName, sAge, gName);
        }
    }catch (SQLException e)
    {
        e.printStackTrace();
    }catch (Exception e)
    {
        e.printStackTrace();
    }
    //判断 students 集合是否为空
    return stu;
}

//查询全部学生
public List<Student> queryAllStudents()
{
    String sql = "select stuNo,stuName,stuAge,graName from student ";
    Object[] os = null;
    List<Student> students = new ArrayList<Student>();
    try
    {
        ResultSet rs = DBUtil.equery(sql, os);
        while (rs.next())
        {
            int sNo = rs.getInt("stuNo");
            String sName = rs.getString("stuName");
            int sAge = rs.getInt("stuAge");
            String gName = rs.getString("graName");
            //将查询到的学生信息封装到 stu 对象中
            Student stu = new Student(sNo, sName, sAge, gName);
```

```
                //将封装好的 stu 对象存放到 List 集合中
                students.add(stu);
            }
        }catch (SQLException e)
        {
            e.printStackTrace();
        }catch (Exception e)
        {
            e.printStackTrace();
        }
        //判断 students 集合是否为空
        return students;
    }

    //根据学号判断某一个学生是否已经存在
    public boolean isExistByNo(int stuNo)
    {
        boolean isExist = false;
        Student stu = queryStudentByNo(stuNo);
        //如果 stu 为 null，则说明查无此人，即此人不存在；否则说明存在此人
        isExist = (stu == null) ? false : true;
        return isExist;
    }
}
```

程序清单 4.14

优化后的三层架构的结构如图 4.9 所示。

图 4.9　优化后的三层架构的结构

从图 4.9 中可以发现，优化后的三层架构的基本结构如下：表示层（USL 前台 JSP 或 HTML 及 USL 后台 Servlet）+业务逻辑层（接口及实现类）+数据访问层（接口及实现类）+工具类包+实体类包。其中，表示层前台也可以加入 CSS、JavaScript 等进行美化和验证。

对于初学者而言，目前的三层架构已经完全可以满足日常开发了。但细心的读者会发现，图 4.9 中“XxxServlet”相关的 USL 后台代码太多了，能否将它们合并？当然可以。但实际上，合并或者不合并各自都有优、缺点，这就需要每位开发者根据自己的编码偏好进行选取了。目前我们编写了多个 Servlet，编写的原则是：一个 Servlet 只负责一个功能。例如，AddStudentServlet 就仅仅负责“增加”功能的控制跳转功能，DeleteStudentServlet 只负责“删除”的……各个 Servlet 各司其职，每个 Servlet 的含义非常清晰。但这种做法的缺点也很明显，既增加了代码量，又使得项目在结构上较为分散。为此，可以将案例中对同一个实体类的 Servlet 进行合并，从而实现一个“总控制器”的功能。例如，可以将本案例中的 AddStudentServlet、DeleteStudentServlet 等对“Student”的控制跳转 Servlet 合并成唯一的一个 StudentServet。这种合并 Servlet 的做法的确在结构上更加清晰，但会增加编码的难度。

将多个 Servlet 进行合并的思路是：请求方携带“请求类别”的参数，之后 Servlet 再通过“请求类别”调用不同的处理方法。如下代码就是在 HTML 或 JSP 文件中通过 URL 参数的形式区分了 add 和 delete 请求：

```
<a href="StudentServlet?myrequest=add">add</a>
<a href="StudentServlet?myrequest=delete">delete</a>
```

在配置了 web.xml 或注解之后，add 和 delete 请求就会被 Servlet 中的 doGet()方法接收。因此，可以在 doGet()方法中通过简单的选择结构对不同的请求调用不同的处理方法。具体代码如下：

```
public class StudentServlet extends HttpServlet {
    ...
    protected void doGet(HttpServletRequest request, HttpServletResponse response)
throws ServletException, IOException{
        // 接收“请求类别”
        String methodName =     request.getParameter("myrequest") ;
        //对不同的请求调用不同的处理方法
         if("add".equals(method)){
            add(request,response);
        }else{//delete
            delete(request,response) ;
        }
    }
    private void add(HttpServletRequest request, HttpServletResponse response){
        //处理 add 的控制跳转方法
    }

    private void delete(HttpServletRequest request, HttpServletResponse response){
        //处理 delete 的控制跳转方法
    }
}
```

以上是最简单的“总控制器”的实现方法。但这种方法增加了各模块间的耦合度，例如，“if("add".equals(…)”中的“add”就必须和请求方发来的参数值相同，因此这种做法会对后期的维护带来困难。实际开发中，推荐使用反射技术实现“总控制器”，具体代码如下：

```
public class StudentServlet extends HttpServlet {
    ...
    protected void doGet(HttpServletRequest request, HttpServletResponse response) throws
ServletException, IOException {
        String methodName =  request.getParameter("myrequest") ;
        // 使用反射区分不同的请求
        try {
            Method method =  this.getClass().getDeclaredMethod(methodName ,
HttpServletRequest.class, HttpServletResponse.class);
            method.invoke( this  , request,response ) ;
        } catch (NoSuchMethodException e) {
            e.printStackTrace();
        } catch (IllegalAccessException e) {
            e.printStackTrace();
        } catch (InvocationTargetException e) {
            e.printStackTrace();
        }
    }

    private void add(...){
        ...
    }

    private void delete(...){
        ..
    }
}
```

之后就可以用上述 StudentServlet 替换前面案例中的 AddStudentServlet、DeleteStudentServlet 等多个 Servlet 了。

4.4 本章小结

（1）三层架构自上而下分别为表示层（USL）、业务逻辑层（BLL）和数据访问层（DAL）。

（2）数据访问层位于三层中的底层，用于对数据进行处理，该层中的方法一般都是“原子性”的；业务逻辑层位于三层中的中间层（DAL 与 USL 之间），起到了数据交换中承上启下的作用，用于对业务逻辑的封装；表示层（USL）位于三层中的上层，用于显示数据和接收用户输入的数据，为用户提供一种交互式操作的界面。

（3）三层之间的数据传递大多是通过方法的参数或返回值传递的。

（4）三层之中，上层依赖于下层，即表示层依赖于业务逻辑层，业务逻辑层依赖于数据访问层；上层通过方法调用，把请求通知给下层；而下层处理完请求后，把最终的响应传递

给上层。

（5）优化后的三层架构的基本结构是：表示层（USL 前台 JSP 或 HTML 及 USL 后台 Servlet）+业务逻辑层（接口及实现类）+数据访问层（接口及实现类）+工具类包+实体类包。

4.5 本章练习

单选题

1. 下列关于使用分层模式开发的好处中说法错误的是（　　）。

A. 结构清晰，职责明确　　B. 提高了代码的重用性

C. 每层的组件保持高内聚、低耦合　　D. 程序执行效率高

2. 以下关于分层开发的描述中错误的是（　　）。

A. DAL 层中的方法一般都是“原子性”的，即每个方法都只完成一个逻辑功能。

B. BLL 位于三层中的中间层，起到了数据交换中承上启下的作用，用于对业务逻辑的封装。

C. USL 位于三层中的上层，用于显示数据和接收用户输入的数据，为用户提供一种交互式操作的界面。

D. 请求转发和重定向有时候需要结合选择结构一起使用，因此应该编写在业务逻辑层中。

3. Web 应用程序的体系结构可分为三层，不包括（　　）。

A. 表示层　　B. 业务层　　C. 数据访问层　　D. 网络链接层

4. 分层的目标在于使程序开发和维护更加容易，以下说法中正确的是（　　）。

A. 表现层进行具体业务逻辑操作。

B. DAL 负责数据访问操作。

C. 分层使得程序的结构增多，层与层间的调用关系增多，因此会造成项目的结构混乱。

D. 分层增加了维护的复杂程度。

5. 以下关于三层架构和 MVC 设计模式的说法中正确的是（　　）。

A. 三层架构和 MVC 设计模式都是为了解耦合，因此二者实际上就是同一种架构，没有区别。

B. 三层架构中的表示层对应于 MVC 设计模式中的视图和控制器两部分。

C. 三层架构中的表示层对应于 MVC 设计模式中的视图。

D. 三层架构中的代码只包含表示层、业务逻辑层和数据访问层中的代码，没有其他代码。

6. 有如下伪代码：

```
if (标识符)
{
      从数据库中删除对象
}else
{
      向数据库中增加对象
}
```

以上伪代码对应的功能最适合写在三层架构的哪一层？（　　）

A. BLL　　B. DAL　　C. USL　　C. Controller

7. 以下选项中，符合三层架构的调用关系的是（　　）。

A. BLL 调用 USL 中的方法

B. USL 调用 DAL 中的方法

C. USL、BLL 和 DAL 都可以调用实体类对象

D. DAL 调用 BLL 中的方法

第 5 章

分页与上传、下载

本章简介

本章讲解的是分页显示与上传、下载功能。分页显示可以让大量的数据以“页”为单位分批显示，从而提高系统的性能及用户体验；而上传和下载也是项目中的普遍功能。

本章中的分页显示功能是借助于底层技术实现的，通过数据查询、后端、前端等方面展现了分页在实现时的技术细节。其他诸如 MyBatis、EasyUI 等框架在对分页功能进行封装时，也都使用到了本章介绍的分页技术。此外，本章介绍的下载功能也是通过原生的 JSP/Servlet 技术开发的，而文件上传用到了 Commons-FileUpload 组件。

5.1 分 页 显 示

5.1.1 分页概述

在第 4 章“三层架构”的案例中存入 10 条数据并显示，如图 5.1 所示。

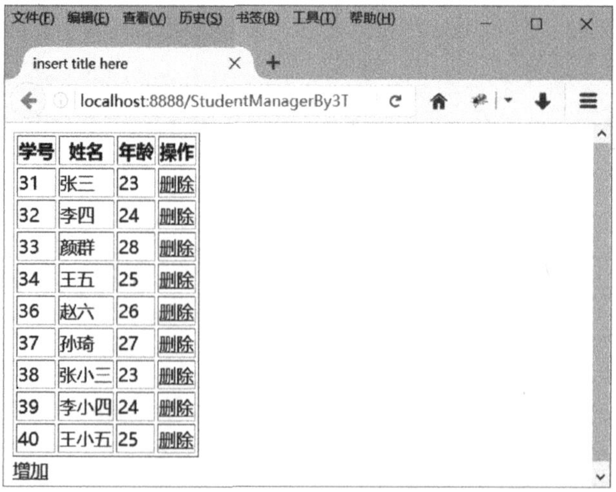

文件(F) 编辑(E) 查看(V) 历史(S) 书签(B) 工具(T) 帮助(H)
insert title here
localhost:8888/StudentManagerBy3T
学号 姓名 年龄 操作
31 张三 23 删除
32 李四 24 删除
33 颜群 28 删除
34 王五 25 删除
36 赵六 26 删除
37 孙琦 27 删除
38 张小三 23 删除
39 李小四 24 删除
40 王小五 25 删除
增加

图 5.1　显示 10 条数据

试想，如果存入 100 条数据，页面一定会被拉得很长，用户必须拉动滚动条才能访问全部数据。如果数据量更大，一千条、一万条甚至几十万条、几百万条数据呢？显然，如果将大量的数据放在同一个页面中显示是不可取的。此时，就需要通过分页技术来减轻页面的负荷。

所谓分页，就是将原来在一个页面显示的数据分到多个页面中显示，并且可以通过页码等按钮在多个页面之间切换。

分页的实现有多种方式，本章介绍的是最常用的一种：每次翻页的时候，只从数据库里查询出当前页所需要的数据。此种分页方式也称为“真分页”，需要依赖 SQL 语句，但不同数据库的 SQL 语句之间存在着差异。因此，在编写分页时，需要对不同的数据库编写不同的 SQL 语句。本书采用的是 Oracle 数据库。下面就通过一个案例具体讲解分页。

5.1.2　分页案例

本次的演示案例基于第 3 章“三层架构”案例中的已有代码。

实现分页，开发者需要在程序中设置以下 5 个属性（变量）：

（1）数据总数：一共有多少条数据需要显示，可以通过“select count(1) from…”从数据库表中获取。

（2）页面大小：每页显示几条数据，可以由用户自己设置。

（3）总页数：总页数可以由“数据总数”和“页面大小”计算得出。举例如下：

①如果一共有 80 条数据（即“数据总数”为 80），而每页只显示 10 条（即“页面大小”为 10），则可以得到总页数=80/10=8（正好除尽，没有余数），共 8 页。

②如果一共有 82 条数据，每页仍然显示 10 条，则总页数=82/10（有余数）+1=9，共 9 页数据。因此，在求总页数之前，需要先判断是否有余数。

综上，求总页数的公式如下：

总页数=(数据总数%页面大小==0)?(数据总数/页面大小):(数据总数/页面大小+1)

需要注意的是，因为“总页数”是由“数据总数”和“页面大小”计算而来的，所以，不应该手动为“总页数”赋值，即不存在“总页数”的 setter 方法。

（4）当前页的页码：指定需要显示第几页的数据，可以由用户自己指定。

（5）实体类集合：用来保存当前页面中全部对象的信息，如“List<Student> students”。

为了便于维护，通常把这 5 个属性封装到一个 Page 类中，代码详见程序清单 5.1。

org.lanqiao.util.Page：

```
package org.lanqiao.util;
//省略 import
public class Page{
    //总页数
    private int totalPage;
    //数据总数，即一共有多少条数据需要显示
    private int totalCount;
    //页面大小，即每页显示几条数据
    private int pageSize;
    //当前页的页码
    private int currentPage;
    //实体类集合，如“List<Student> students”，用来保存当前页面中全部学生的信息
```

```
    private List<Student> students;

    //不存在"总页数"的 setter 方法，因为总页数是由"数据总数"和"页面大小"计算而来的
    //当"页面大小"和"数据总数"被赋值之后，可以自动计算出"总页数"
    public void setTotalCount(int totalCount)        {
        this.totalCount = totalCount;
        //自动计算出"总页数"
        totalPage = this.totalCount % pageSize == 0 ?
        (this.totalCount / pageSize) : this.totalCount / pageSize + 1;
    }
    //省略其他常规的 setter/getter 方法
}
```

程序清单 5.1

在数据访问层增加分页有两个方法：获取数据总数的方法；获取当前页面中全部学生的信息的集合的方法（例如，获取 List<Student> students 集合的值）。而这两个方法都需要使用特定的 SQL 语句：

①获取数据总数的方法：使用"select count(*) from student"语句。

②获取当前页面中全部学生的信息的集合，过程如下：

首先需要知道当前页的第一条及最后一条数据的行号，然后使用"select * from student where 编号>=第一条数据行号 and 编号<=最后一条数据行号"即可查出当前页的全部学生信息。为了分析"第一条及最后一条数据的行号"，特列举如表 5.1 所示数据（假设每页显示 10 条数据，即"页面大小"为 10）。

表 5.1 每页显示的数据

当前页	数据起止	推导公式（"数据起止"的等价写法）
第 1 页	第 1～10 条	第(1-1)*10+1～1*10 条
第 2 页	第 11～20 条	第(2-1)*10+1～2*10 条
第 3 页	第 21～30 条	第(3-1)*10+1～3*10 条
第 *n* 页		第(*n*-1)*10+1～*n**10 条

可以发现，第 *n* 页需要显示的数据，就是第"(*n*-1)*10+1"条至第"*n**10"条之间的数据，其中的"10"就是"页面大小"。因此，第 *n* 页需要显示的数据范围为第"(*n*-1)*页面大小+1"条至第"*n**页面大小"条。

所以，在 Oracle 中查询当前页的全部学生信息的 SQL 语句如下：

```
select * from
(
    select rownum r,t.* from
    (select s.* from student s order by sno asc ) t
)
where r<= 当前页的页码*页面大小  and r>=((当前页的页码-1)*页面大小+1)
```

将上述 SQL 进行优化，可以写成如下形式：

```
select * from
(
    select rownum r,t.* from
    (select s.* from student s order by sno asc ) t
    where rownum<= 当前页的页码*页面大小
)
where r>=((当前页的页码-1)*页面大小+1)
```

以上就是使用 Oracle 时的分页 SQL 语句，可以发现，此 SQL 语句需要“当前页的页码（currentPage）”和“页面大小（pageSize）”两个参数，而这两个参数需要通过三层逐步传递：用户通过 JSP 输入或指定 currentPage 和 pageSize→在 JSP 中，将二者附加在超链接或表单中，传入表示层后端代码 Servlet 中→在 Servlet 中，将二者传入 SERVICE 层方法的入参中→再在 Service 层中，将二者传入 DAO 层方法的入参中→最后在 DAO 层中，将二者放入分页的 SQL 语句之中，并通过 DBUtil 执行最终的 SQL 语句，从而实现分页。具体介绍如下（演示代码的顺序：数据库帮助类 DBUtil→DAO 层→Service 层→UI 层）。

前面讲过，为了实现分页，DBUtil 需要从数据库查询以下两个数据：

①数据总数（Page 类中的属性 totalCount）；

②当前页面中全部学生信息的集合（Page 类中的属性 students）。

因此，需要在 DBUtil 中加入“查询数据总数”方法 getTotalCount()和查询学生信息集合（结果集）的方法 executeQuery()，其中的 executeQuery()方法在之前的 DBUtil 中已经讲解过，这里不再赘述。代码详见程序清单 5.2。

DBUtil.java：

```
package org.lanqiao.util;
 //省略 import
public class DBUtil{
    //省略用于查询结果集的 executeQuery(String sql, Object[] os)等方法的实现代码
    //具体参见项目中的 DBUtil.java
    …
    //查询数据总数
    public static int getTotalCount(String sql){
        int count = -1;
        ResultSet rs = null;
        try{
            pstmt = createPreparedStatement(sql,null);
            rs = pstmt.executeQuery();
            if (rs.next()){
                count = rs.getInt(1);
            }
        }catch (Exception e){
            e.printStackTrace();
        }finally{
            closeAll(rs, pstmt, conn);
        }
```

```
            return count;
        }
    }
```

程序清单 5.2

再在 DAO 层加入获取“数据总数”方法和获取“当前页面中全部学生信息的集合”方法。代码详见程序清单 5.3 和程序清单 5.4。

接口 IStudentDao.java：

```
package org.lanqiao.dao;
//省略 import
public interface IStudentDao{
    //获取“数据总数”
    public int getTotalCount();
    //获取“当前页面中全部学生信息的集合”，用来给 Page 中的集合属性 students 赋值
    //currentPage 表示当前页的页码，pageSize 表示页面大小
    public List<Student> getStudentsListForCurrentPage(int currentPage, int pageSize);
...
}
```

程序清单 5.3

实现类 StudentDaoImpl.java：

```
package org.lanqiao.dao.impl;
//省略 import
public class StudentDaoImpl implements IStudentDao{
    ...
    public int getTotalCount(){
        String sql = "select count(*) from student ";
        return DBUtil.getTotalCount(sql);
    }


    //获取第 currentPage 页的全部学生信息（每页显示 pageSize 条数据）
    //通过执行分页 SQL 语句实现
    public List<Student> getStudentsListForCurrentPage(int currentPage, int pageSize){
        String sql = "select * from " + "(" + "select rownum r,t.* "
                    + "from (select s.* from student s order by stuno asc ) t "
                    + "where rownum<= ? )" + "where r>= ?";
        Object[] os ={ currentPage * pageSize, (currentPage - 1) * pageSize + 1 };

        //获取当前页的学生集合
        ResultSet rs = DBUtil.executeQuery(sql, os);
        List<Student> students = new ArrayList<Student>();
        try{
            while (rs.next())  {
                int sNo = rs.getInt("stuNo");
                String sName = rs.getString("stuName");
```

```
                int sAge = rs.getInt("stuAge");
                String gName = rs.getString("graName");
                //将查询到的学生信息封装到 stu 对象中
                Student stu = new Student(sNo, sName, sAge, gName);
                //将封装好的 stu 对象存放到 List 集合中
                students.add(stu);
            }
        }catch (Exception e)   {
            e.printStackTrace();
        }finally{
            DBUtil.closeAll(rs, DBUtil.getPstmt(), DBUtil.getConnection ());
        }
        return students;
    }
}
```

程序清单 5.4

然后在 Service 层加入获取“数据总数”方法和获取“当前页面中全部学生信息的集合”方法。代码详见程序清单 5.5 和程序清单 5.6。

接口 IStudentService.java：

```
package org.lanqiao.service;
//省略 import
public interface IStudentService{
    //获取“数据总数”
    public int getTotalCount();
    //获取“当前页面中全部学生信息的集合”
    public List<Student> getStudentsListForCurrentPage(int currentPage, int pageSize);
…
}
```

程序清单 5.5

实现类 StudentServiceImpl.java：

```
package org.lanqiao.service.impl;
//省略 import
public class StudentServiceImpl implements IStudentService{
    //获取“数据总数”
    public int getTotalCount(){
        return stuDao.getTotalCount();
    }
    public List<Student> getStudentsListForCurrentPage(int currentPage, int pageSize){
        return stuDao.getStudentsListForCurrentPage(currentPage, pageSize);
    }
    …
}
```

程序清单 5.6

不难发现，Service 层和 DAO 层都需要 currentPage（当前页）和 pageSize（页面大小）两个参数。下面就通过表示层来获取这两个参数。

首先在表示层的后台代码（查询 Servlet）中加入控制页码的程序，然后给 Page 类的各个属性赋值，最后再跳转到表示层的前台 JSP 中。代码详见程序清单 5.7。

QueryAllStudentsServlet.java：

```
package org.lanqiao.servlet;
//省略 import
public class QueryAllStudentsServlet extends HttpServlet{
…
    protected void doPost(HttpServletRequest request, HttpServletResponse response)
    throws ServletException, IOException{
        request.setCharacterEncoding("UTF-8");
        //获取前台传来的当前页码，即 currentPage 值
        String curPage = request.getParameter("currentPage");
        //如果 curPage 值为 null，说明是第一次进入此 Servlet，则将 curPage 设为第 1 页
        if (curPage == null)    {
            curPage = "1";
        }
        int currentPageNo = Integer.parseInt(curPage);
        //调用业务逻辑层代码
        IStudentService stuService = new StudentServiceImpl();
        //获得记录总数
        int totalCount = stuService.getTotalCount();
        //获取分页帮助类
        Page pages = new Page();
        //设置页面大小，即每页显示的条数（此处，假设每页显示 3 条数据）
        pages.setPageSize(3);
        //设置记录总数
        pages.setTotalCount(totalCount);
        //获取总页数
        int totalpages = pages.getTotalPage();
        //对首页与末页进行控制：页数不能小于 1，也不能大于最后一页的页数
        if (currentPageNo < 1) {
            currentPageNo = 1;
        }
        else if (currentPageNo > pages.getTotalPage()){
            currentPageNo = totalpages;
        }
        //设置当前页的页码
        pages.setCurrentPage(currentPageNo);
        //调用业务逻辑层的方法，来获取当前页面中全部学生信息的集合
        List<Student> students = stuService.getStudentsListForCurrentPage(pages.getCurrentPage()
                                                                    , pages.getPageSize());
        //设置每页显示的集合
        pages.setStudents(students);
```

```
            //将存放当前页全部数据的对象 pages，放入 request 作用域中
            //即采用分页后，数据是通过分页帮助类 Page 的对象来传递的
            request.setAttribute("pages", pages);
            //跳转到首页（学生列表页）
            request.getRequestDispatcher("index.jsp").forward(request, response);
        }
    }
```

程序清单 5.7

由以上代码可知，currentPage（当前页）的值是通过前台 JSP 传来的 currentPage 设置的；而 pageSize（页面大小）的值是通过硬编码的方式直接写成了 3（读者也可以尝试将 pageSize 的值通过前台传来）。

因为程序首先需要通过 QueryAllStudentsServlet 获取数据，然后再跳转到显示页面 index.jsp 中，因此需要将 QueryAllStudentsServlet 设置为项目的默认启动程序。具体代码如下：

web.xml 代码：

```
<?xml …>
    <welcome-file-list>
        <welcome-file>QueryAllStudentsServlet</welcome-file>
    </welcome-file-list>
    …
    <servlet>
        <servlet-name>QueryAllStudentsServlet</servlet-name>
        <servlet-class>
            org.lanqiao.servlet.QueryAllStudentsServlet
        </servlet-class>
    </servlet>
    <servlet-mapping>
        <servlet-name>QueryAllStudentsServlet</servlet-name>
        <url-pattern>/QueryAllStudentsServlet</url-pattern>
    </servlet-mapping>

</web-app>
```

最后，在表示层的前台代码中获取 Servlet 传来的 Page 类对象 pages，通过 pages 获取当前页的学生数据集合等信息，然后再通过用户的点击来设置 currentPage 的值。代码详见程序清单 5.8。

```
<body>
    …
        <table border="1" >
            <tr>
                <th>学号</th>
                <th>姓名</th>
                <th>年龄</th>
                <th>操作</th>
            </tr>
```

```
<%
        //获取带数据的分页帮助类对象
        Page pages=(Page)request.getAttribute("pages");
        //总页数
        int totalpages=pages.getTotalPage();
        //当前页的页码
        int pageIndex=pages.getCurrentPage();

        //获取当前页中的学生数据集合
        List<Student> students =pages.getStudents();
        if(students != null){

            for(Student stu : students){
%>
                <tr>
                    <td>
                        <a href="QueryStudentByNoServlet?stuNo
                          =<%=stu.getStudentNo() %>">
                                <%=stu.getStudentNo() %>
                        </a>
                    </td>
                    <td><%=stu.getStudentName() %></td>
                    <td><%=stu.getStudentAge() %></td>

                    <td><a href="DeleteStudentServlet?stuNo
                        =<%=stu.getStudentNo() %>">删除
                       </a>
                    </td>
                </tr>
<%
            }
        }
%>
    </table>
    当前页数：[<%=pageIndex%>/<%=totalpages%>]
    <%
        //只要不是首页，则都可以单击“首页”和“上一页”
        if(pageIndex > 1){
    %>
            <%-- 通过用户点击超链接，将页码传递给 Servlet --%>
            <a href="QueryAllStudentsServlet?currentPage=1">首页
            </a> 
            <a href="QueryAllStudentsServlet?currentPage=<%= pageIndex -1%>">上一页
            </a>
    <% }
        //只要不是末页，则都可以单击“下一步”和“末页”
```

```
                if(pageIndex < totalpages){
            %>
                    <%-- 通过用户点击超链接，将页码传递给 Servlet --%>
                    <a href="QueryAllStudentsServlet?currentPage=<%= pageIndex +1%>">下一页
                    </a>
                    <a href="QueryAllStudentsServlet?currentPage=<%=totalpages%>">末页
                    </a>
            <%
                }
            %>
            <a href="addStudent.jsp">增加</a>
    </body>
```

程序清单 5.8

至此，可以得到分页 SQL 语句需要的两个参数“当前页的页码”及“页面大小”，也就完整地实现了类分页功能。运行结果如图 5.2 所示。

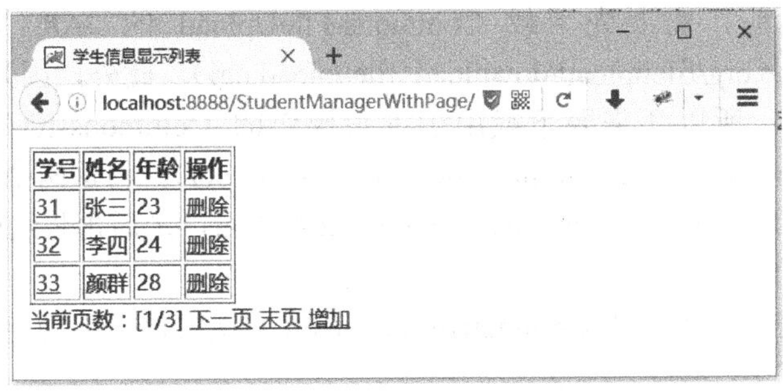

图 5.2　分页显示

说明：

对于不同数据库的分页操作，除数据库驱动、连接字符串等基本数据信息外，在编码时唯一不同的就是 SQL 语句。MySQL、SQL Server 中的分页 SQL 语句如下。

（1）MySQL：

```
select * from 表名  limit (当前页的页码-1)*页面大小,页面大小
```

（2）SQL Server，有 3 种常用的分页 SQL 语句。

①SQL Server 2003 开始，支持如下分页 SQL 语句：

```
select top 页面大小 * from 表名 where id not in(select top (当前页的页码-1)*页面大小  id from 表名 order by 排序字段 asc )
```

其中，id 表示“数据表的唯一标识符”。

②SQL Server 2005 开始，支持如下分页 SQL 语句：

```
select *from
(
    select row_number()  over (排序字段 order by 排序字段 asc) as r,* from 表名
    where r<=n*10
)
where r>=(n-1)*10+1  ;
```

③SQL Server 2012 开始，支持如下分页 SQL 语句：

```
select * from 表名 order by 排序字段
offset (页数-1)*页面大小+1  rows fetch next 页面大小  rows only ;
```

5.2 文件上传

在 Java Web 体系中，有很多文件上传的工具，本节以常用的 Commons-FileUpload 组件为例进行详细讲解。

5.2.1 使用 Commons-FileUpload 实现文件上传

Commons 是 Apache 组织的一个项目，除了文件上传，Commons 还提供了命令行处理、数据库连接池等功能。Commons-FileUpload 不但能方便地实现文件上传功能，还可以获取上传文件的各种信息（如文件的名称、类型、大小等），并能对上传的文件进行一些控制（如限制上传的类型、大小等）。

在实际使用之前，需要先下载 Commons-FileUpload 的 JAR 文件（下载地址为 http://commons.apache.org/fileupload/download_fileupload.cgi）。此外，因为文件上传必然会涉及文件的读写操作，所以还需要下载用于读写操作的 Commons-IO 组件（下载地址为 http://commons.apache.org/proper/commons-io/download_io.cgi）。将这两个文件下载后解压缩，分别找到 commons-fileupload-1.4.jar 和 commons-io-2.7.jar，之后再将这两个 JAR 文件存入 Web 项目的 lib 目录内即可。

下面通过示例详细讲解使用 Commons-FileUpload 实现文件上传功能。本示例基于之前的分页显示案例。

1．文件上传前台

文件上传的前台是通过表单实现的，但包含文件上传的表单与一般元素的表单的编码类型不同。若表单中包含了文件上传元素，就需要在表单中增加 enctype="multipart/form-data" 属性，用于将表单设置为文件上传所对应的编码类型。此外，还必须将 method 设置为 POST 方式，并且通过 input 标签的 type="file"来加入上传控件。

在增加学生页面 addStudent.jsp 中，加入程序清单 5.9 所示的代码。

```
…
<%-- 在 form 中设置文件上传的 enctype 属性 --%>
<form action="AddStudentServlet" enctype="multipart/form-data" method="post">
    学号：<input type="text" name="sno" /><br/>
    姓名：<input type="text" name="sname" /><br/>
    年龄：<input type="text" name="sage" /><br/>
    年级：<input type="text" name="gname" /><br/>
    <%--上传文件 --%>
    上传照片：<input type="file" name="sPictrue" />
    <input type="submit" value="增加" /><br/>
</form>
```

程序清单 5.9

程序运行结果如图 5.3 所示。

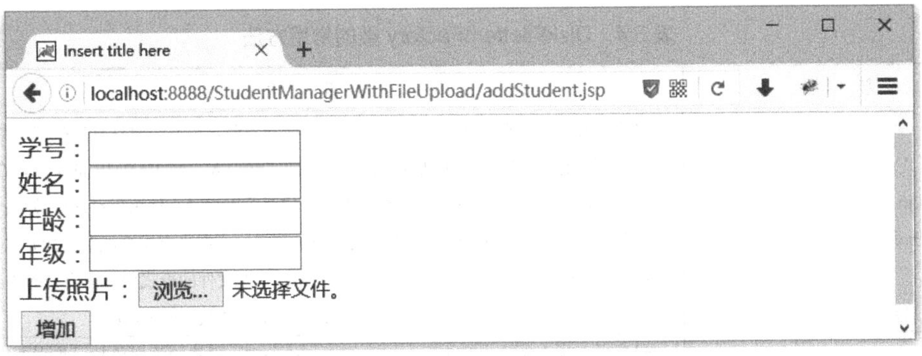

图 5.3　上传页面

2. 文件上传后台

首先要确保 Web 项目的 lib 目录下存在 commons-fileupload-版本号.jar 和 commons-io-版本号.jar，这两个 JAR 文件提供了很多文件上传所依赖的接口、类和方法。

（1）ServletFileUpload 类的常用方法如表 5.2 所示。

表 5.2　ServletFileUpload 类的常用方法

方　法	简　介
public void setSizeMax(long sizeMax)	设置上传数据的最大允许的字节数
public List<FileItem> parseRequest(HttpServletRequest request)	解析 form 表单中的每个字段的数据，并将所有字段数据分别包装成独立的 FileItem 对象，再将这些 FileItem 对象封装到一个 List 集合并返回
public static final boolean isMultipartContent	判断请求消息中的内容是否为 multipart/form-data 类型

（2）FileItem 接口的常用方法如表 5.3 所示。

表 5.3　FileItem 接口的常用方法

方　法	简　介
boolean isFormField()	判断 FileItem 对象里面封装的数据是一个普通文本表单字段（返回 true），还是一个文件表单字段（返回 false）
String getName()	获得文件上传字段中的文件名，普通表单字段返回 null
String getFieldName()	获取表单字段元素的 name 属性值
void write(File file) throws Exception	将 FileItem 对象中的内容保存到某个指定的文件中
String getString()	将 FileItem 对象中保存的数据流内容以一个字符串返回。它有两个重载形式：public String getString()和 public String getString(String encoding)。前者使用缺省的字符集编码将主体内容转换成字符串，后者使用参数指定的字符集编码。如果在读取普通表单字段元素的内容时出现了乱码现象，则可以调用第二个方法
long getSize()	返回单个上传文件的字节数

FileItem 对象用于封装单个表单字段元素的数据，一个表单字段元素对应一个 FileItem 对象。FileItem 是一个接口，它的一个常用实现类是 DiskFileItem 类。

（3）FileItemFactory 接口的常用方法如表 5.4 所示。

表 5.4　DiskFileItemFactory 类的常用方法

方　法	简　介
public void setSizeThreshold(int sizeThreshold)	文件上传组件在解析上传数据中的每个字段内容时，需要临时保存解析出的数据，以便在后面进行数据的进一步处理。如果上传的文件很大，如 1000MB 的文件，在内存中将无法临时保存该文件内容，文件上传组件转而采用临时文件来保存这些数据；但如果上传的文件很小，如 100B 的文件，显然将其直接保存在内存中性能会更加好些。 setSizeThreshold()方法用于设置将上传文件以临时文件的形式保存在磁盘的临界值（以字节为单位）。如果没有设置此临界值，将会采用系统默认值 10KB
public void setRepository(File repository)	设置当上传文件的内容大于 setSizeThreshold()方法设置的临界值时，将文件以临时文件形式保存在磁盘上的存放目录；否则就将文件保存在内存中

ServletFileUpload 对象的创建需要依赖于 FileItemFactory 接口。从接口名 FileItemFactory 可以得知，FileItemFactory 是一个工厂。FileItemFactory 接口的一个常用实现类是 DiskFileItemFactory 类。

现在就来编写实现上传的后台代码，请大家仔细阅读代码中的注释。代码详见程序清单 5.10。

AddStudentServlet.java：

```
package org.lanqiao.servlet;
//省略 import
public class AddStudentServlet extends HttpServlet{
    …
    protected void doPost(HttpServletRequest request, HttpServletResponse response)
    throws ServletException, IOException{
        request.setCharacterEncoding("utf-8");
        //使用 out.println()之前，需要使用 setContentType()方法设置编码
        response.setContentType("text/html;charset=utf-8");
        PrintWriter out = response.getWriter();
        //上传的文件名
        String uploadFileName = "";
        //表单字段元素的 name 属性值
        String fieldName = "";
        //请求信息 request 中的内容是否为 multipart 类型
        boolean isMultipart = ServletFileUpload.isMultipartContent(request);
        //上传文件的存储路径（Web 应用在 Tomcat 部署路径中的 upload 目录）
        String uploadFilePath = request.getSession().getServletContext().getRealPath("upload/");
        if (isMultipart){
            FileItemFactory factory = new DiskFileItemFactory();
            //通过 FileItemFactory 对象，产生 ServletFileUpload 对象
            ServletFileUpload upload = new ServletFileUpload(factory);
            try    {
                //保存学生信息的属性值
                int studentNo = -1;
```

```
                    String studentName = null;
                    int studentAge = -1;
                    String gradeName = null;
                    //解析 form 表单中所有字段元素
                    List<FileItem> items = upload.parseRequest(request);
                    //遍历 form 表单的每个字段元素
                    Iterator<FileItem> iter = items.iterator();
                    while (iter.hasNext())  {
                        FileItem item = (FileItem) iter.next();
                        //如果是普通表单字段
                        if (item.isFormField()) {
                            //获取表单字段的 name 属性值
                            fieldName = item.getFieldName();
                            //依次处理每个字段
                            if (fieldName.equals("sno")) {
                                String studentNoStr = item.getString("UTF-8");
                                studentNo = Integer.parseInt(studentNoStr);
                            }else if (fieldName.equals("sname"))    {
                                studentName = item.getString("UTF-8");
                            }else if (fieldName.equals("sage")){
                                String studentAgeStr = item.getString("UTF-8");
                                studentAge = Integer.parseInt(studentAgeStr);
                            }else if (fieldName.equals("gname")){
                                gradeName = item.getString("UTF-8");
                            }

                        }else{//文件表单字段
                            //获取正在上传的文件名
                            String fileName = item.getName();
                            if (fileName != null && !fileName.equals("")) {
                                File saveFile = new File(uploadFilePath, fileName);
                                item.write(saveFile);
                                out.println("增加学生信息及图片上传成功！");
                                return ;
                            }
                        }
                    }
                    //将数据封装到实体类中
                    Student stu = new Student(studentNo, studentName, studentAge, gradeName);
                    //调用业务逻辑层代码
                    IStudentService stuService = new StudentServiceImpl();
                    boolean result = stuService.addStudent(stu);
    …
            }
        }
    }
}
```

程序清单 5.10

通过上述代码可以发现，请求的表单中如果使用了 enctype="multipart/form-data"来设置类型，就不能再用 request.getParameter()来接收表单参数，而应该使用 FileItem 的 getString()方法结合 if 判断来接收。

在运行项目前，可先在 Tomcat 服务器的项目部署目录中新建一个 upload 文件夹，用于接收上传的文件，如图 5.4 所示。

```
∨ StudentManagerWithPage
  > Deployment Descriptor: StudentManage
  > JAX-WS Web Services
  > Java Resources
  > build
  ∨ WebContent
    > META-INF
      upload
    > WEB-INF
      addStudent.jsp
      index.jsp
      showStudentInfo.jsp
```

图 5.4 项目目录

然后执行 addStudent.jsp，输入学生信息并上传一个名为 abc.png 的图片，如图 5.5 所示。

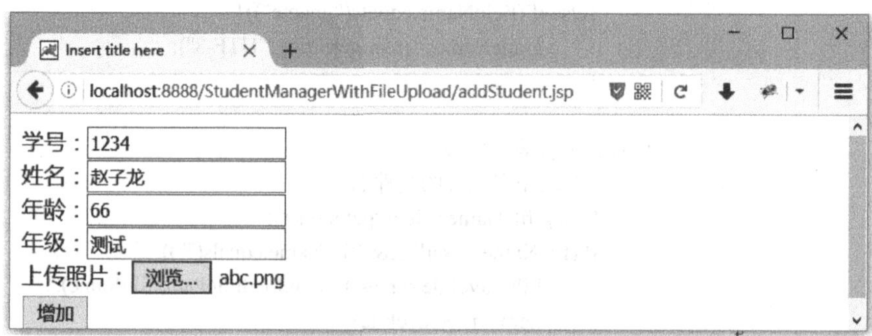

图 5.5 上传页面

单击“增加”按钮后，查看 upload 目录，可以看到文件已经正确上传。

说明：

读者可以尝试，如果修改服务器 AddStudentServlet.java 中的代码，再重启 Tomcat，那么 Tomcat 中的 upload 目录就会消失。这是因为之前将 Tomcat 的 Server Locations 设置为了第二项“Use Tomcat installation”，这样使得每次 Tomcat 重启时都会检查项目是否有改动，如果有，就会重新编译并部署项目，所以会导致用户自己建立的 upload 目录消失。解决办法是可以简单地将 Server Locations 改为其他选项，或使用虚拟路径来解决，或直接将 upload 目录放置到 Tomcat 目录外的任一路径。读者可以自行尝试。

而如果服务器 AddStudentServlet.java 中的代码没有修改，再次重启 Tomcat，因为代码无修改，因此就不会重新编译部署，upload 目录也就不会被删除。

5.2.2 使用 Commons-FileUpload 控制文件上传

为了提高系统的安全和性能，经常需要对上传的文件进行一些控制，如控制上传文件的类型、大小等。

1．控制上传文件的类型

由前述内容可知，可以通过 FileItem 的 getName()方法获取上传文件的文件名（如 abc.png，日记.txt，阿甘正传.rmvb），而文件的类型就是通过“.”后面的字符串控制的（如.png、.jpg、.bmp 等是图片格式，.txt 是一种文本文档格式，.rmvb 是一种电影格式等）。因此，只需将文件名“.”后面的内容进行截取，然后判断截取后的内容是否符合规定的文件类型即可。代码详见程序清单 5.11。

AddStudentServlet.java 代码：

```
protected void doPost(HttpServletRequest request, HttpServletResponse response)
throws ServletException, IOException{
    …
    PrintWriter out = response.getWriter();
    //获取正在上传的文件名
    String fileName = item.getName();
    if (fileName != null && !fileName.equals("")){
        //获取文件类型（文件的扩展名）
        String ext = fileName.substring(fileName.lastIndexOf(".")+1);
        //控制文件的格式只能是 gif、bmp 或 jpg 类型的
        if(!("png".equals(ext) || "bmp".equals(ext)
                                || "jpg".equals(ext))){
            out.println("增加学生信息或图片上传失败！
                    <br/>文件类型必须是 png、bmp 或 jpg！<br/>");
            return ;
        }

        File saveFile = new File(uploadFilePath, item.getName());
        item.write(saveFile);

        out.println("增加学生信息及图片上传成功！");
        return ;
    }
}
```

程序清单 5.11

如果上传一张图片 abc.png，则提示上传成功；但如果上传一个文本文档（如 oracle.txt），就会提示“…失败！文件类型必须是 png、bmp 或 jpg！”。

2．控制上传文件的大小

前面讲过，可以通过 DiskFileItemFactory 的 setSizeThreshold()方法来设置缓冲区大小，并且当上传的文件超过缓冲区大小时，可以临时存储在由 setRepository()方法设置的临时文件目录中。此外，还可以通过 ServletFileUpload 的 setSizeMax()方法来限制单个上传文件的最大字节数。设置完成后，执行 ServletFileUpload.parseRequest()方法时，如果正在上传的文件超

过了 setSizeMax()设置的最大值，就会抛出一个 FileUploadBase.SizeLimitExceededException 类型的异常。因此，上传时如果抛出了此异常，就说明上传的文件超出了最大值。控制上传文件大小的具体代码如程序清单 5.12 所示。

AddStudentServle 代码：

```
package org.lanqiao.servlet;
//省略 import
public class AddStudentServlet extends HttpServlet{
    protected void doPost(HttpServletRequest request, HttpServletResponse response)
    throws ServletException, IOException{
        request.setCharacterEncoding("utf-8");
        response.setContentType("text/html;charset=utf-8");
        PrintWriter out = response.getWriter();
        …
        if (isMultipart){
            //限制上传文件的大小
            DiskFileItemFactory diskFileItemFactory = new DiskFileItemFactory();
            //创建临时文件目录路径
            File tempPath = new File("d:\\temp");
            //设置缓冲区大小为 10KB
            diskFileItemFactory.setSizeThreshold(10240);
            //设置上传文件到临时文件存放路径
            diskFileItemFactory.setRepository(tempPath);

            ServletFileUpload upload = new ServletFileUpload(diskFileItemFactory);
            //设置上传单个文件的最大值是 20KB
            upload.setSizeMax(20480);
            try{
                …
                //解析 form 表单中所有字段元素
                List<FileItem> items = upload.parseRequest(request);
                …
                item.write(saveFile);
                out.println("增加学生信息及图片上传成功！");
                return;
            }catch (FileUploadBase.SizeLimitExceededException e)  {
                out.println("超过单个上传文件的最大值！上传失败！");
            }catch (Exception e){
                e.printStackTrace();
            }finally{
                out.close();
            }
        }
    }
}
```

程序清单 5.12

需要注意的是，因为设置了临时目录为“d:\\temp”，所以运行前必须在 D 盘创建此 temp 目录。上述代码中，将单个上传文件的最大值设置为 20KB，如果尝试上传一个大于 20KB 的文件，则会提示“超过单个上传文件的最大值！上传失败！”。

5.3　文件下载

下载功能比较简单，直接使用 Servlet 类和 IO 流就能实现。但需要注意的是，在实现下载功能时，不仅需要指定文件的路径，还需要在 HTTP 中设置两个响应消息头信息，具体代码如下：

```
//设置发送到浏览器的 MIME 类型。通知浏览器，以下载的方式打开文件
Content-Type: application/octet-stream
//设置服务端的处理方式
Content-Disposition: attachment;filename=文件名（含后缀）
```

其中，常见的 MIME 类型如表 5.5 所示。

表 5.5　MIME 类型

文 件 类 型	Content-Type
二进制文件（适用于任何类型的文件，推荐使用）	application/octet-stream
Word	application/msword
Excel	application/vnd.ms-excel
PPT	application/vnd.ms-powerpoint
图片	image/gif，image/bmp，image/jpeg
文本文件	text/plain
HTML 网页	text/html

实现文件下载的思路：前端通过“下载”超链接将请求提交到对应的 Servlet，然后由 Servlet 获取所要下载文件的地址，并根据该地址创建文件的字节输入流，再通过该流读取下载文件的内容，最后将读取的内容通过输出流写到网络客户端。因此可见，在下载的整个过程中都不需要依赖第三方组件。

以下通过一个案例来讲解文件下载的具体步骤。

（1）通过前端发出“下载文件”的请求。代码如下：

index.jsp：

```
…
<body>
    <a href="DownloadServlet?fileName=花朵.png">文件下载</a>
</body>
…
```

（2）后端接受请求、设置消息头字段，实现下载功能。

假定需要下载的文件是 downloadResources 目录中的“花朵.png”，如图 5.6 所示。代码详见程序清单 5.13。

```
DownloadProject
  Deployment Descriptor: DownloadProject
  JAX-WS Web Services
  Java Resources
    src
    Libraries
  JavaScript Resources
  build
  WebContent
    downloadResources
      花朵.png
    META-INF
    WEB-INF
    index.jsp
```

图 5.6 项目结构

org.lanqiao.servlet.DownloadServlet.java：

```
//package、import
public class DownloadServlet extends HttpServlet {
    protected void doGet(HttpServletRequest request, HttpServletResponse response)
    throws ServletException, IOException {
        this.doPost(request, response);
    }

    protected void doPost(HttpServletRequest request, HttpServletResponse response)
    throws ServletException, IOException {
        //获取要下载的文件名
        String fileName = request.getParameter("fileName") ;
        //设置消息头（下载功能需要设置 Content-Type 和 Content-Disposition）
        response.addHeader("Content-Type", "application/octet-stream");
        response.addHeader("Content-Disposition", "attachment;filename="+fileName);
        //获取服务器上被下载文件（“花朵.png”）的输入流
        InputStream                                    input                         =
getServletContext().getResourceAsStream("/downloadResources/"+fileName);
        OutputStream out = response.getOutputStream() ;
        byte[] buffer = new byte[1024];
        int len = -1 ;
        //通过 IO 流，实现下载文件（“花朵.png”）的功能
        while((len=input.read(buffer))!=-1){
            out.write(buffer,0,len);
        }
        out.close();
    }
}
```

程序清单 5.13

部署项目，启动服务，执行 http://localhost:8888/DownloadProject/，单击“文件下载”超链接命令，运行结果如图 5.7 所示（IE、FireFox 等浏览器效果类似）。

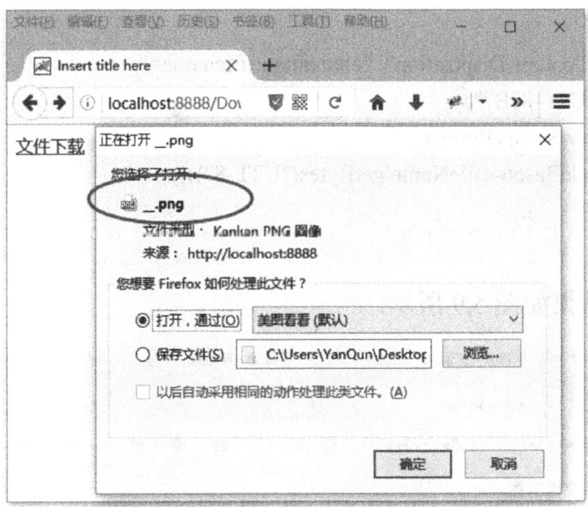

图 5.7　文件下载

由图 5.7 可以发现，虽然实现了下载功能，但是下载的文件名却出现了乱码（_.png）。为了解决乱码问题，首先要区分不同的浏览器。

（1）如果是 IE 内核的浏览器，就需要进行 URL 编码：使用 ServletAPI 提供的 URLEncoder 类中的 encode()方法。该方法可以将 URL 中的字符串，以指定的编码形式输出。代码如下。

org.lanqiao.servlet.DownloadServlet.java：

```
…
String fileName = request.getParameter("fileName") ;
response.addHeader("Content-Type", "application/octet-stream");
//IE
response.addHeader("Content-Disposition", "attachment;filename="+URLEncoder.encode(fileName,"utf-8") );
…
```

重新下载，运行结果如图 5.8 所示。

图 5.8　IE 中的文件下载

（2）如果是 FireFox 或 Chrome 内核的浏览器，就需要给文件名加上前缀“=?UTF-8?B?”和后缀“?=”，然后通过 String 构造方法以及 org.apache.tomcat.util.codec.binary.Base64.encodeBase64()进行转码。代码如下：

org.lanqiao.servlet.DownloadServlet.java：

```
…
String fileName = request.getParameter("fileName") ;
response.addHeader("Content-Type", "application/octet-stream");
```

```
//FireFox/Chrome
response.addHeader("Content-Disposition", "attachment;filename="
                +"=?UTF-8?B?"
                + (new String(Base64
                .encodeBase64(fileName.getBytes("UTF-8"))))
                + "?="      );
...
```

重新下载，运行结果如图 5.9 所示。

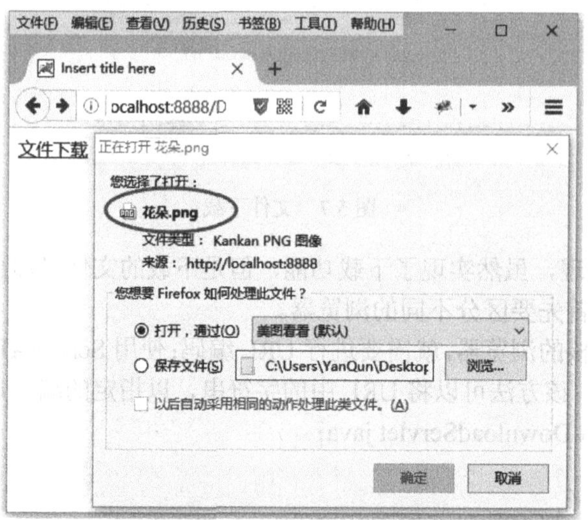

图 5.9　FireFox 中的文件下载

此外，还可以通过请求头信息中的 USR-AGENT 属性来辨别下载时刻所使用的浏览器，进而根据浏览器的类型来解决相应的乱码问题。完整的文件下载 Servlet 代码如程序清单 5.14 所示。

org.lanqiao.servlet.DownloadServlet.java：

```
//package、部分 import…
import org.apache.tomcat.util.codec.binary.Base64;
public class DownloadServlet extends HttpServlet{
    protected void doGet(HttpServletRequest request, HttpServletResponse response)
    throws ServletException, IOException{
        this.doPost(request, response);
    }

    protected void doPost(HttpServletRequest request, HttpServletResponse response)
    throws ServletException, IOException{
        String fileName = request.getParameter("fileName");
        response.addHeader("Content-Type", "application/octet-stream");
        //通过请求头信息中的 USER-AGENT 属性，辨别下载时所采用的浏览器
        String agent = request.getHeader("USER-AGENT");
        if (agent != null && agent.toLowerCase().indexOf("firefox") > 0){
            //使用 FireFox 浏览器下载
            response.addHeader("Content-Disposition",
```

```
                                "attachment;filename="
                                + "=?UTF-8?B?"
                                + (new String(Base64
                                .encodeBase64(fileName.getBytes("UTF-8"))))
                                + "?=");
            }
            else{
                //使用 IE 等其他浏览器下载
                response.addHeader("Content-Disposition",
                                "attachment;filename="
                                + URLEncoder.encode(fileName, "utf-8"));
            }

            InputStream input = getServletContext().getResourceAsStream("/downloadResources/" + fileName);
            OutputStream out = response.getOutputStream();
            byte[] buffer = new byte[1024];
            int len = -1;
            while ((len = input.read(buffer)) != -1){
                out.write(buffer, 0, len);
            }
            out.close();
        }
}
```

程序清单 5.14

说明：

问：下载功能都是服务器端的响应行为。能否通过“response.setContentType("text/html; charset=UTF-8")”来设置响应时的下载文件名编码呢？

答：不能。因为文件名是通过“头信息”发送给浏览器的，而 response.setContentType()是处理“消息体”编码的。

5.4 本 章 小 结

本章从实践角度详细介绍了分页与上传、下载的用法，具体如下：

（1）实现分页，需要提供数据总数、页面大小、总页数、当前页的页码和实体类集合等 5 个变量。

（2）分页中的数据总数是指一共有多少条数据需要显示，可以通过“select count(1) from …”从数据库表中获取；页面大小是指每页显示几条数据，可以由用户自己设置；总页数可以由“数据总数”和“页面大小”计算得出，计算公式是“总页数=(数据总数%页面大小==0)?(数据总数/页面大小):(数据总数/页面大小+1)”；当前页的页码是指需要显示第几页的数据，由用户指定；实体类集合用于存储当前页显示的实际数据。

（3）Oracle 中的分页 SQL 语句如下：

```
select * from
(
```

```
    select rownum r,t.* from
    (select s.* from  表名  s order by  排序字段 asc ) t
    where rownum<=  当前页的页码*页面大小
)
where r>=((当前页的页码-1)*页面大小+1)
```

MySQL 中的分页 SQL 语句如下：

```
select * from  表名   limit (当前页的页码-1)*页面大小,页面大小
```

SQL Server 有 3 种常用的分页 SQL 语句。

①SQL Server 2003 开始，支持如下分页 SQL 语句：

```
select top  页面大小  * from  表名  where id not in(select top (当前页的页码-1)*页面大小   id from  表名
order by  排序字段 asc ) ;
```

其中，id 表示“数据表的唯一标识符”。

②SQL Server 2005 开始，支持如下分页 SQL 语句：

```
select *from
(
     select row_number()   over (排序字段  order by  排序字段 asc) as r,* from  表名
     where r<=n*10
)
where r>=(n-1)*10+1   ;
```

③SQL Server 2012 开始，支持如下分页 SQL 语句：

```
select * from  表名 order by  排序字段
offset (页数-1)*页面大小+1   rows fetch next  页面大小   rows only ;
```

（4）若表单中包含了文件上传元素，就需要在表单中增加 enctype="multipart/form-data" 属性，用于将表单设置为文件上传所对应的编码类型。此外，还必须将 method 设置为 POST 方式，并且通过 input 标签的 type="file"属性来加入上传控件。

（5）在实现下载功能时，Servlet 需要设置两个响应消息头信息，代码如下：

```
Content-Type: application/octet-stream
Content-Disposition: attachment;filename=文件名（含后缀）
```

（6）实现文件下载的思路：前端通过“下载”超链接将请求提交到对应的 Servlet，然后由 Servlet 获取所要下载文件的地址，并根据该地址创建文件的字节输入流，再通过该流读取下载文件的内容，最后将读取的内容通过输出流写到网络客户端。由此可见，在下载的整个过程中都不需要依赖第三方组件。

5.5 本章练习

单选题

1. 用于处理文件上传的 commons-fileupload.jar 和 commons-io.jar 文件应当放在系统的哪

个文件夹内？（　　）

A．Java 环境根目录　　B．Tomcat 的根目录

C．Web 项目的 lib 目录　　D．以上均可

2．以下关于分页的说法中，错误的是（　　）。

A．可以通过“select count(1) from …”从数据库表中获取数据总数。

B．页面大小可以让用户自己设置，也可以由系统设置成默认值。

C．总页数可以让用户自己设置，也可以由系统设置成默认值。

D．实体类集合用于存储当前页中的数据信息。

3．以下哪个是分页中总页数的计算公式？（　　）

A．总页数=数据总数/页面大小。

B．总页数=数据总数/页面大小+1。

C．总页数可以通过“select count(1) from …”从数据库表中获取。

D．总页数=(数据总数%页面大小==0)?(数据总数/页面大小):(数据总数/页面大小+1)。

4．以下关于文件上传中前台表单的说法正确的是（　　）。

A．需要增加 enctype="multipart/form-data"属性。

B．前台表单需要增加 enctype="text/html"属性。

C．前台表单的提交方式是 GET。

D．前台表单的提交方式是 GET 或 POST。

5．在开发文件下载功能时，需要设置的两个响应消息头信息是（　　）。

A．

```
Content-Type: application/octet-stream
Content-Disposition: attachment;filename=文件名（不含后缀）
```

B．

```
Content-Type: application/octet-stream
Content-Disposition: attachment;filename=文件名（含后缀）
```

C．

```
Content-Type: text/plain
Content-Disposition: attachment;filename=文件名（含后缀）
```

D．

```
Content-Type: application/octet-stream
Content-Disposition: download;filename=文件名（不含后缀）
```

6．以下关于控制文件上传 API 的说法中，错误的是（　　）。

A．DiskFileItemFactory 的 setSizeThreshold()方法用于设置缓冲区大小。

B．当上传的文件超过缓冲区大小时，文件可以临时存储在由 DiskFileItemFactory 的 setRepository()方法设置的临时文件目录中。

C．可以通过 ServletFileUpload 的 setSizeMax()方法来限制单个上传文件的最大字节数。

D．执行 ServletFileUpload.parseRequest()方法时，如果正在上传的文件超过了 setSizeMax()方法设置的最大值，就会抛出一个 ServletFileUpload.SizeLimitExceededException 类型的异常。

第 6 章

连接池和 DbUtils 类库

本章简介

我们知道 Java 程序可以使用 JDBC 访问数据库，本章将继续讲解与数据库访问相关的其他技术——JNDI、数据库连接池和 commons-dbutils 类库。

JNDI 可以使多个 Web 项目共享同一份配置；而数据库连接池可以提高访问数据库的效率，节约性能开销；commons-dbutils 类库封装了数据访问的常用方法，也可以帮助开发人员便捷地开发出高效的数据库访问程序。

6.1 数据库连接池

6.1.1 JNDI

之前，在学习 JSP 时曾提到“JSP 四种范围对象的作用域大小依次是 pageContext＜request＜session＜application”，可见范围最大的是 application。但 application 范围中的数据也只能在当前 Web 项目中有效。如果想让数据在 Tomcat 下的所有 Web 项目中都有效，就可以使用 JNDI（Java Naming and Directory Interface，Java 命名与目录接口）来实现。

JNDI 是一种将对象和名字绑定的技术。使用 JNDI 的应用程序可以通过资源名字来获得相应的对象、服务或目录。本节仍然通过 Tomcat 服务器，详细介绍 JNDI 的具体使用方法。

在 Tomcat 的安装目录中有一个 context.xml 文件，此文件中的信息可以被所有 Web 项目共享，因此，该文件就可以用于配置 JNDI。在 context.xml 文件中加入以下代码：

```
<Context>
        <Environment name="jndiName" value="hello JNDI" type="java.lang.String" />
</Context>
```

上述代码中，Context 是 context.xml 文件的根标签。Environment 可以用来设置 JNDI 的元素：name 表示当前 Environment 元素的名字，相当于唯一标识符；value 表示 name 对应的值，即 name 与 value 构成了一组键值对；type 表示 value 中的内容类型。此 Environment 的作用在形式上类似于程序中的“String jndiName = "jndiValue"”，只不过 Environment 是保存在 XML 文件中的。之后，在该 Tomcat 中的任意一个 Web 项目里，均可以获取到此 Environment 的 value 值了。

本节中 JNDI 的演示案例基于上第 4 章三层架构的已有代码。在 index.jsp 中加入代码，用于获取 context.xml 中的 Environment 值。代码详见程序清单 6.1。

index.jsp：

```
…
    <body>
    …
        <a href="addStudent.jsp">增加</a><br/>
        <%--测试 JNDI 的使用 --%>
        <%
            //javax.naming.Context 提供了查找 JNDI Resource 的接口
            Context ctx = new InitialContext();
            //java:comp/env/为固定前缀
            String testjndi = (String)ctx.lookup("java:comp/env/ jndiName ");
            out.println("JNDI: "+testjndi);
        %>
    </body>
</html>
```

程序清单 6.1

Context 和 InitialContext 都属于 javax.naming 包。Context 对象的 lookup()方法可以根据名字查询到 context.xml 中 Environment 的 value 值，并且 lookup()中需要使用"java:comp/env/"作为固定前缀。lookup()的返回值为 Object，需要强制转换为需要的类型。

程序运行结果如图 6.1 所示。

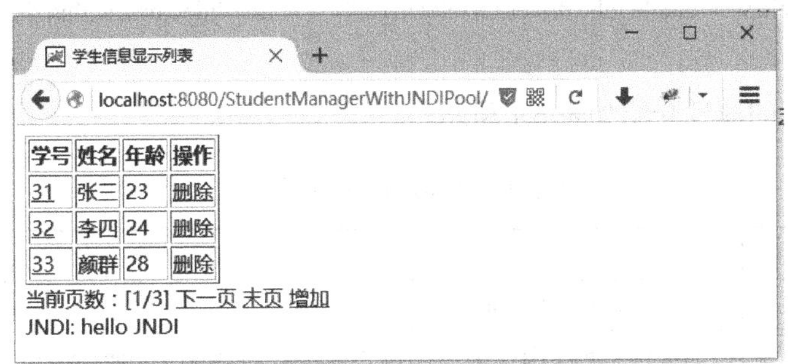

图 6.1 程序运行结果

可以发现，使用 JNDI 定义的变量（通过 context.xml 中的 Environment 元素定义），可以在同一个 Tomcat 中的任意一个 Web 项目中使用。

6.1.2 连接池与数据源

之前一直采用 JDBC 方式访问数据库，而且每次使用 JDBC 访问数据库时都需要建立连接和关闭连接。但连接的建立和关闭是比较耗费系统资源的，数据库连接池技术就可以很好地解决这个问题。

1. 连接池

数据库连接池可以分配、管理及释放数据库连接，可以使得应用程序重复地使用一个已

有的数据库连接，而不再是在每次使用时都重新建立一个。而且，如果某一个数据库连接超过了最大空闲时间，数据库连接池也会自动将该连接释放掉，从而显著提高数据库的性能及安全。

数据库连接池的工作原理是：在初始化时连接池会创建一定数量的数据库连接，并将这些连接放在数据库连接池中，连接的数量不会小于用户设置的最小值；而如果应用程序的连接请求数量大于用户设置的最大值，那么大于最大值的那些请求会被加入等待队列中，只有当某些应用程序把正在使用的连接使用完毕并归还给连接池时，等待队列中的请求才会获得连接。

2. 数据源

数据源（DataSource）中包含了连接池的具体实现，并且可以管理连接池。应用程序可以从直接数据源中获得数据库连接。

实际开发中，有多种可供使用的数据源，如 Tomcat 内置数据源（Apache DBCP）、DBCP 数据源、C3P0 数据源和自定义数据源等。

（1）Tomcat 内置数据源。Tomcat 内置数据源又称 Apache DBCP，其数据源对象可以使用 JNDI 从 Tomcat 中直接获取。

下面就来讲解如何在项目中使用 Apache DBCP。

和 JNDI 一样，使用数据源首先需要在 Servers 项目的 context.xml 文件中增加元素。不同的是，配置数据源需要使用 Resource 元素，而不是 Environment，代码如下：

context.xml：

```
<Resource name="student" auth="Container"
    type="javax.sql.DataSource" maxActive="400"
    maxIdle="20"   maxWait="5000"   username="scott" password="tiger"
    driverClassName="oracle.jdbc.driver.OracleDriver"         url="jdbc:oracle:thin:@127.0.0.1:1521:ORCL"
/>
```

Resource 元素的属性介绍如表 6.1 所示。

表 6.1　Resource 元素的属性

属　　性	简　　介
name	指定 Resource 的 JNDI 名字
auth	指定 Resource 的管理者，共有两个可选值：Container 和 Application。 Container：由容器来创建 Resource； Application：由 Web 应用来创建和管理 Resource
Type	指定 Resource 的类型
maxActive	指定连接池中处于活动状态的数据库连接的最大数量；如果值为 0，表示不受限制
maxIdle	指定连接池中处于空闲状态的数据库连接的最大数量；如果值为 0，表示不受限制
maxWait	指定连接池中连接处于空闲状态的最长时间（单位是毫秒），如果超出此最长时间将会抛出异常；如果值为-1，表示允许无限制等待
username	指定访问数据库的用户名
password	指定访问数据库的密码
driverClassName	指定连接数据库的驱动程序的类名
url	指定连接数据库的 URL

与 JNDI 不同的是，配置数据库连接池，除了要在 context.xml 中配置 Resource 元素，还需要在 Web 应用的 web.xml 文件中配置<resource-ref>元素，代码如下：

web.xml：

```
<web-app xmlns:xsi="http://www.w3.org/2001/XMLSchema-instance" xmlns="http://java.sun.com/xml/ns/javaee"
xsi:schemaLocation="http://java.sun.com/xml/ns/javaee  http://java.sun.com/xml/ns/javaee/web-app_2_5.xsd" id=
"WebApp_ID" version="2.5">
    …
    <resource-ref>
        <description>DataSource</description>
        <res-ref-name>student</res-ref-name>
        <res-type>javax.sql.DataSource</res-type>
        <res-auth>Container</res-auth>
    </resource-ref>
</web-app>
```

其中，<resource-ref>元素中的<description>可以用来对配置的资源进行描述说明，其他的子元素值只需要和 context.xml 中<Resource>的相关值保持一致即可。具体如下：

- <res-ref-name>值对应于<Resource>中的 name 值。
- <res-type>值对应于<Resource>中的 type 值。
- <res-auth>值对应于<Resource>中的 auth 值。

此外还需要注意的是，采用数据源方式访问数据库时，数据源是由 Tomcat 创建并维护的，因此还需要把 JDBC 的驱动包（如访问 Oracle 需要的“ojdbc 版本号.jar”）复制到 Tomcat 的 lib 目录下。

最后，修改项目的 DBUtil.java 文件，将传统的 JDBC 方式替换为数据源方式来访问数据库。代码详见程序清单 6.2。

org.lanqiao.util.DBUtil.java：

```
// package、import
public class DBUtil{
    private static Connection con = null;
    private static Statement stmt = null;
    private static Context ctx = null;
    private static DataSource ds = null ;
    //通用的，获取数据源 DataSource 对象的方法
    public static DataSource getDataSource() {
        try{
            ctx = new InitialContext();
            ds=(DataSource)ctx.lookup("java:comp/env/student");
        }catch(NamingException e){
            e.printStackTrace();
        }catch(Exception e){
            e.printStackTrace();
        }
        return ds ;
    }
```

```
        //通用的，根据数据源获取 Statement 对象的方法
        public static Statement createStatement(){
            try{
                con=getDataSource().getConnection();
                stmt = con.createStatement();
            }catch(SQLException e){
                e.printStackTrace();
            } catch(Exception e){
                e.printStackTrace();
            }
            return stmt;
        }
        //其他代码不变
        ...
}
```

程序清单 6.2

运行此项目，运行结果与之前的完全相同。而使用连接池的方式来访问数据库，可以提高项目的性能。

现总结一下使用 Apache DBCP 实现数据库连接的步骤：

①配置 context.xml 文件：在 Tomcat 的 context.xml 中加入<Resource>元素及相关属性。

②配置 web.xml 文件：在项目的 web.xml 中加入< resource-ref>元素及相关属性。

③为 Tomcat 的 lib 目录加入相应的数据库驱动。

④用编码查找数据源（使用 lookup()方法）方法，实现连接数据库。

（2）DBCP 数据源。DBCP（DataBase Connection Pool，数据库连接池）是 Apache 组织提供的一个开源连接池。以下是使用 DBCP 的具体方法。

使用 DBCP 前需要先在项目中导入以下 JAR 包：

commons-dbcp.jar	commons-pool.jar	ojdbc6.jar（Oracle 驱动包）

其中，commons-dbcp.jar 中包含了 DBCP 的两个核心类：BasicDataSource 和 BasicDataSourceFactory。可以根据这两个类设计出两种不同的 DBCP 实现方式：基于 BasicDataSource 的手动编码方式；基于 BasicDataSourceFactory 的配置文件方式。

①基于 BasicDataSource 的手动编码方式。BasicDataSource 是 DataSource（数据源）接口的实现类，包含了设置数据源对象的具体方法，如表 6.2 所示。

表 6.2　BasicDataSource 类的常用方法

方　法	简　介
… void setDriverClassName(String driverClassName)	设置连接数据库的驱动名
… void void setUrl(String url)	设置连接数据库的 URL
… void setUsername(String username)	设置数据库的用户名
… void setPassword(String password)	设置数据库的密码

续表

方　法	简　介
… void setInitialSize(int initialSize)	设置初始化时连接池中的连接数量
… void setMaxActive(int maxActive)	设置连接池中处于活动状态的数据库连接的最大数量
… void setMinIdle(int minIdle)	设置连接池中处于空闲状态的数据库连接的最小数量
… Collection getConnection ()throws SQLException	从连接池中获取一个数据库连接

可以先通过 BasicDataSource 构造方法产生一个数据源对象，再手动给数据源对象设置属性值，最后返回该数据源对象。代码详见程序清单 6.3。

org.lanqiao.dbutil.DBCPDemo.java：

```
// package、import
public class DBCPDemo {
    //获取 DBCP 数据源对象
        public static DataSource getDataSourceWithDBCP(){
            BasicDataSource basicDataSource = new BasicDataSource() ;
            //配置数据源中的数据库信息
            basicDataSource.setDriverClassName("oracle.jdbc.OracleDriver");
            basicDataSource.setUrl("jdbc:oracle:thin:@localhost:1521:ORCL");
            basicDataSource.setUsername("scott");
            basicDataSource.setPassword("tiger");
            //设置数据源中的连接池参数
            basicDataSource.setInitialSize(10);
            basicDataSource.setMaxIdle(8);
            basicDataSource.setMinIdle(2);
            return basicDataSource ;
        }    //测试 DBCP 数据源
    public static void main(String[] args) throws SQLException{
        //通过 getDataSourceWithDBCP()方法，获取 DBCP 数据源对象
        DataSource ds = getDataSourceWithDBCP () ;
        //通过 DBCP 数据源对象，获取 Connection 对象
        Connection connection = ds.getConnection();
        …
    }
…
```

程序清单 6.3

以上就是使用 DBCP 数据源获取连接对象（connection）的方法。有了连接对象 connection 以后，就可以通过 createStatement()方法产生 Statement 对象（或者通过 prepareStatement()方法产生 PreparedStatement 等），进而执行数据库访问。

②基于 BasicDataSourceFactory 的配置文件方式。BasicDataSourceFactory 可以通过 createDataSource()方法，从配置文件（Properties 文件）中读取数据库配置信息，并获取数据库连接对象。createDataSource()方法的完整定义如下：

```
public static DataSource createDataSource(Properties properties)
throws Exception {
    ...
}
```

以下是通过 BasicDataSourceFactory 方式获取 DBCP 数据源对象的具体方法：

a．创建并编写配置文件。

创建配置文件：在 src 目录上单击鼠标右键→New→File→输入“dbcpconfig.properties”→“Finish”按钮，如图 6.2 和图 6.3 所示。

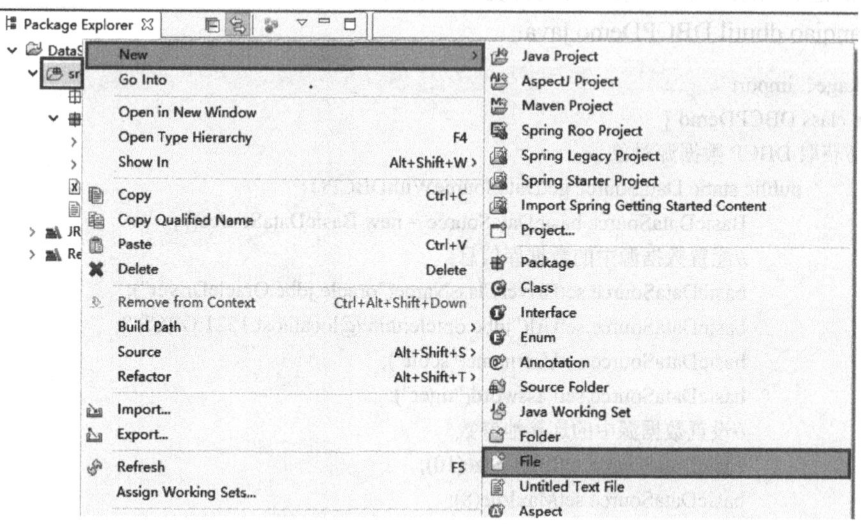

图 6.2　新建 File

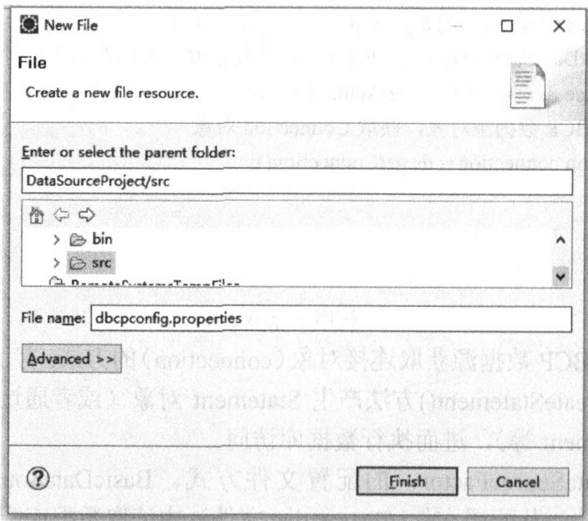

图 6.3　创建 properties 文件

编写配置文件 dbcpconfig.properties：

```
driverClassName=oracle.jdbc.OracleDriver
url=jdbc:oracle:thin:@localhost:1521:ORCL
username=scott
password=tiger
initSize=10
maxIdle=8
minIdle=2
```

b．获取数据源对象。代码详见程序清单 6.4。

```
// package、import
public class DBCPDemo {
    //获取 DBCP 数据源对象
    public static DataSource getDataSourceWithDBCPByProperties () {
        DataSource basicDataSource = null ;
        //创建一个配置文件对象 props
        Properties props = new Properties();
        try{
            //将配置文件中的信息读取到输入流中
            InputStream input =new DBCPDemo().getClass().getClassLoader()
                    .getResourceAsStream("dbcpconfig.properties") ;
            //将配置文件中的信息从输入流加载到 props 中
            props.load(input);
            //根据 props 中的配置信息创建数据源对象
            basicDataSource = BasicDataSourceFactory.createDataSource(props) ;
        }catch(Exception e){
            e.printStackTrace();
        }
        return basicDataSource;
    }

    public static void main(String[] args) throws SQLException {
        DataSource ds1 = getDataSourceWithDBCPByProperties () ;
        Connection connection1 = ds1.getConnection();
        …
    }
}
```

程序清单 6.4

（3）C3P0 数据源。C3P0 性能优越并易于扩展，是目前最流行、使用最广的数据源之一。著名的 Hibernate、Spring 等开源框架，使用的都是该数据源。C3P0 实现了 DataSource 数据源接口，并提供了一个重要的实现类——ComboPooledDataSource，该类的常用方法如表 6.3 所示。

表 6.3　ComboPooledDataSource 类的常用方法

方　法	简　称
public ComboPooledDataSource() public ComboPooledDataSource(String configName)	构造方法，用于创建 ComboPooledDataSource 对象

续表

方　法	简　称
public void setDriverClass(String driverClass) throws PropertyVetoException	设置连接数据库的驱动名
public void setJdbcUrl(String jdbcUrl)	设置连接数据库的 URL
public void setUser(String user)	设置数据库的用户名
public void setPassword(String password)	设置数据库的密码
public void setMaxPoolSize(int maxPoolSize)	设置连接池的最大连接数目
public void setMinPoolSize(int minPoolSize)	设置连接池的最小连接数目
public void setInitialPoolSize(int initialPoolSize)	设置初始化时连接池中的连接数量
public Connection getConnection() throws SQLException	从连接池中获取一个数据库连接。该方法由 ComboPooledDataSource 的父类 AbstractPoolBackedDataSource 提供

可以发现，DBCP 和 C3P0 的实现类都提供了 3 类方法：设置数据库信息的方法，初始化连接池的方法，获取连接对象的 getConnection()方法。

与 DBCP 类似，在使用 C3P0 前需要先导入 JAR 文件，如表 6.4 所示。

表 6.4　C3P0 所需 JAR 文件

c3p0-版本号.jar	ojdbc 版本号.jar
c3p0-oracle-thin-extras-版本号.jar（仅 Oracle 驱动需要此 JAR 文件，其他数据库不用）	

此外，C3P0 也提供了手动编码及配置文件两种方式来获取数据源对象，具体介绍如下。

①基于无参构造方法 ComboPooledDataSource()的手动编码方式。

通过手动编码方式获取 C3P0 对象，依赖于无参构造方法 ComboPooledDataSource()。代码详见程序清单 6.5。

org.lanqiao.dbutil.C3P0Demo.java：

```
//package、import
public class C3P0Demo {
    //获取 C3P0 数据源对象
    public static DataSource getDataSourceWithC3P0 (){
        ComboPooledDataSource cpds = new ComboPooledDataSource();
        try{
            //设置数据库信息
            cpds.setDriverClass("oracle.jdbc.OracleDriver");
cpds.setJdbcUrl("jdbc:oracle:thin:@localhost:1521:ORCL");
            cpds.setUser("scott");
            cpds.setPassword("tiger");
            //设置连接池信息
            cpds.setInitialPoolSize(10);
            cpds.setMaxPoolSize(20);


        }catch(Exception e){
```

```
                e.printStackTrace();
            }
            return cpds;
        }

        public static void main(String[] args) throws SQLException {
            Connection connection = getDataSourceWithC3P0 ().getConnection();
            ...
        }
    }
```

程序清单 6.5

②基于有参构造方法 ComboPooledDataSource(String configName)的配置文件方式。

通过配置文件方式获取 C3P0 对象，依赖于有参构造方法 ComboPooledDataSource(String configName)。

a．创建并编写配置文件。

与 DBCP 不同，C3P0 使用的是 XML 格式的配置文件，并且配置文件必须满足以下条件：存放于 src 根目录下；文件名是 c3p0-config.xml。

在 src 目录下创建并编写一个 c3p0-config.xml 文件，代码如下：

c3p0-config.xml：

```
<?xml version="1.0" encoding="UTF-8"?>
<c3p0-config>
        <!-- 默认配置 -->
            <property name="user">scott</property>
            <property name="password">tiger</property>
            <property name="driverClass">
                oracle.jdbc.OracleDriver
            </property>
            <property name="jdbcUrl">
                jdbc:oracle:thin:@localhost:1521:ORCL
            </property>
            <property name="checkoutTimeout">20000</property>
            <property name="initialPoolSize">10</property>
            <property name="maxIdleTime">15</property>
            <property name="maxPoolSize">20</property>
            <property name="minPoolSize">5</property>
        </default-config>
        <!-- name 为 lanqiao 的配置 -->
        <named-config name="lanqiao">
            <property name="initialPoolSize">10</property>
            <property name="maxPoolSize">15</property>
            <property name="driverClass">oracle.jdbc.OracleDriver</property>
      <property name="jdbcUrl">jdbc:oracle:thin:@localhost:1521:ORCL</property>
            <!--此 named-config 中没有配置 user、password 等信息，
            C3P0 会自动寻找 default-config 中的相应信息-->
```

```
        </named-config>
</c3p0-config>
```

可以发现，<c3p0-config>中包含了两套配置数据源信息：<default-config>和<named-config name="…">。其中，<default-config>配置的是默认信息，而<named-config name="…">是自定义配置。一个<c3p0-config>中可以包含任意数量的<named-config name="…">，当包含一个或多个时，用户可以通过有参构造方法 ComboPooledDataSource(String configName)中的参数 configName 来指定实际使用哪一个。此外，如果某些信息在<named-config name="…">中没有配置，那么 C3P0 就会自动使用<default-config>中的相应信息，如 user、password 等。

b．获取数据源对象。

有参构造方法 ComboPooledDataSource(String configName)会在 c3p0-config.xml 文件中的所有<named-config name="…">里寻找 name= configName 的配置信息。

以下代码通过 ComboPooledDataSource("lanqiao")，指定使用 c3p0-config.xml 中<named-config name="lanqiao">的配置信息，再根据配置信息创建数据源对象。代码详见程序清单 6.6。

org.lanqiao.dbutil.C3P0Demo.java：

```
//package、import
public class C3P0Demo {
        //获取 C3P0 数据源对象
        public static DataSource getDataSourceWithC3P0ByXML (){
                ComboPooledDataSource cpds = new ComboPooledDataSource("lanqiao");
                return cpds ;
        }

        public static void main(String[] args)
        throws SQLException {
                Connection connection = getDataSourceWithC3P0ByXML ().getConnection();
                …
        }
}
```

程序清单 6.6

在实际开发中，经常会遇到 DBCP 或 C3P0，因此，可以将二者封装到一个工具类中。代码详见程序清单 6.7。

org.lanqiao.dbutil. DataSourceUtil.java：

```
package org.lanqiao.dbutil;
import javax.sql.DataSource;
public class DataSourceUtil {
        //通过 DBCP 手动编码方式获取数据源对象
        public static DataSource getDataSourceWithDBCP() {    …    }
        //通过 DBCP 配置文件方式获取数据源对象
        public static DataSource getDataSourceWithDBCPByProperties() {    …    }
        //通过 C3P0 手动编码方式获取数据源对象
        public static DataSource getDataSourceWithC3P0() {    …    }
        //通过 C3P0 配置文件方式获取数据源对象
```

```
    public static DataSource getDataSourceWithC3P0ByXML() {    ...    }
}
```

程序清单 6.7

6.2　commons-dbutils 工具类库

在“三层架构”一章中，我们自己封装了 execute()和 query ()等方法，并讨论过：对于“增、删、改”的通用方法 execute(String sql ,Object[] os)来说，只要传入 sql 参数和置换参数 os，就能实现相应的增、删、改功能；但对于查询方法 query(String sql, Object[] os)而言，为了能够“通用”，只能封装到结果集 ResultSet，而不能继续封装成对象或集合等类型。在本节，可换一种方式，通过使用 commons-dbutils 类库来实现：无论是“增、删、改”还是“查”，都可以得到彻底的封装。

commons-dbutils 是 Apache 组织提供的一个 JDBC 工具类库，极大地简化了 JDBC 的代码量，并且不会影响程序的性能。

读者可以通过 Apache 官网下载 commons-dbutils 类库：http://commons.apache.org/proper/ommons-dbutils/download_dbutils.cgi。

与下载其他类库一样，Binaries 提供了可供使用类库及说明文件，Source 提供了类库的源代码，并且 Binaries 和 Source 都提供了.tar.gz（Linux 系统）和.zip（Windows 系统）两种格式的压缩包供读者下载，如图 6.4 所示。

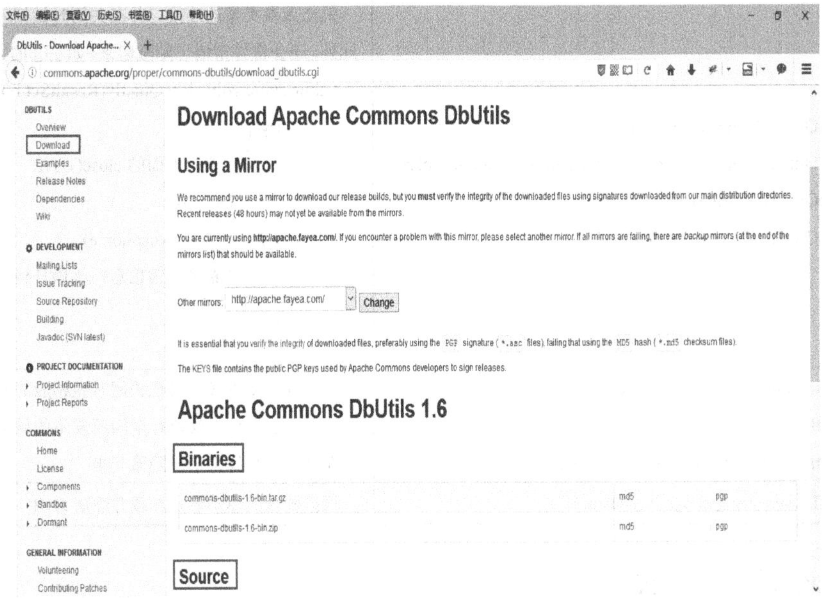

图 6.4　下载页面

本节使用 commons-dbutils-1.6 进行讲解。

commons-dbutils 类库主要包含了两个类和一个接口，如表 6.5 所示。

表 6.5　commons-dbutils 类库

全　名	类或接口
org.apache.commons.dbutils.DbUtils	类
org.apache.commons.dbutils.QueryRunner	类
org.apache.commons.dbutils.ResultSetHandler	接口

6.2.1　DbUtils 类

DbUtils 是一个工具类，提供了关闭连接、事务提交/回滚、注册 JDBC 驱动程序等常用方法。DbUtils 类中的方法都是 public static 修饰的（除了构造方法），其常用方法如表 6.6 所示。

表 6.6　DbUtils 的常用方法

方法（省略了 public static）	简　介
①…void close(Connection conn) throws SQLException ②…void close(ResultSet rs) throws SQLException ③…void close(Statement stmt) throws SQLException	关闭入参类型的连接（Connection、ResultSet 或 Statement），并在关闭时做相应的非空判断（如 rs != null 等）；此外，还会抛出方法执行期间所发生的异常

①…void closeQuietly(Connection conn)
②…void closeQuietly(Connection conn, Statement stmt, ResultSet rs)
③…void closeQuietly(ResultSet rs)
④…void closeQuietly(Statement stmt)
	关闭入参类型的连接，并在关闭时做相应的非空判断；此外，还会将异常信息隐藏起来，如左③的完整源码如下：
	public static void closeQuietly(ResultSet rs){
	try {
	//调用上面的 close()方法
	close(rs);
	} catch (SQLException e)　{
	//隐藏异常信息，不做任何处理
	}
	}

①…void commitAndClose(Connection conn) throws SQLException ②…void commitAndCloseQuietly(Connection conn)	提交并关闭连接，且在关闭时做相应的非空判断。 左①：会抛出方法执行期间所发生的异常； 左②：会将异常信息隐藏起来
…boolean loadDriver(String driverClassName)	根据传入的驱动名，加载并注册 JDBC 驱动程序

6.2.2　QueryRunner 类

QueryRunner 类主要用于执行增、删、改、查等 SQL 语句。特别地，如果执行的是查询 SQL 语句，还需要结合 ResultSetHandler 接口来处理结果集。QueryRunner 类的常用方法如表 6.7 所示。

表 6.7　QueryRunner 的常用方法

方　法	简　介
①public QueryRunner() ②public QueryRunner(javax.sql.DataSource ds)	构造方法，用于生成 QueryRunner 的实例对象。 构造方法是否需要参数，取决于事务的管理方式： ①当需要手动管理事务时，使用无参的构造方法； ②当需要自动管理事务（每执行完一条 SQL 语句，都会自动执行一次 commit()方法）时，使用 DataSource 作为参数的构造方法
public int update(参数列表) throws SQLException	update()方法根据参数列表的不同，形成了很多重载的方法，常见的参数列表有以下两种： ①Connection conn, String sql, Object… params ②Connection conn, String sql 各种重载的 update()方法都是用于执行增加、修改或删除操作的。 其中，①中的可变参数 params 用来作为 SQL 语句的置换参数（替换 SQL 中的占位符?）； 参数列表②中没有可变参数 params，因此适用于没有占位符的 SQL 语句
public <T> T query(参数列表) throws SQLException	query()方法的参数列表有 4 种常见形式： ①Connection conn, String sql, ResultSetHandler<T> rsh, Object… params ②Connection conn, String sql, ResultSetHandler<T> rsh ③String sql, ResultSetHandler<T> rsh, Object… params ④String sql, ResultSetHandler<T> rsh 各种重载的 query()方法都是用于执行查询操作的。其中，③和④中没有 Connection 连接对象，此种情况下，可以从 QueryRunner 构造方法的 DataSource 参数中获得连接。 query()方法需要结合 ResultSetHandler 接口来使用

6.2.3　ResultSetHandler 接口及其实现类

ResultSetHandler 接口用于处理 ResultSet 结果集，它可以将结果集中的数据封装成单个对象、数组、List、Map 等不同形式。

ResultSetHandler 接口有很多不同的实现类，如图 6.5 所示。

本小节将对其中常用的 10 个实现类做详细讲解。

讲解前，需要先导入 DbUtils 包（commons-dbutils-1.6.jar），并使用之前编写过的两个类和一张表。

（1）数据源工具类 DataSourceUtil。代码如下：

org.lanqiao.dbutil. DataSourceUtil.java：

```
package org.lanqiao.dbutil;
import javax.sql.DataSource;public class DataSourceUtil {
```

```
    //通过 C3P0 配置文件方式获取数据源对象
    public static DataSource getDataSourceWithC3P0ByXML() {    …    }
…
}
```

```
ResultSetHandler<T> - org.apache.commons.dbutils
    AbstractKeyedHandler<K, V> - org.apache.commons.dbutils.handlers
        BeanMapHandler<K, V> - org.apache.commons.dbutils.handlers
        KeyedHandler<K> - org.apache.commons.dbutils.handlers
    AbstractListHandler<T> - org.apache.commons.dbutils.handlers
        ArrayListHandler - org.apache.commons.dbutils.handlers
        ColumnListHandler<T> - org.apache.commons.dbutils.handlers
        MapListHandler - org.apache.commons.dbutils.handlers
    ArrayHandler - org.apache.commons.dbutils.handlers
    BaseResultSetHandler<T> - org.apache.commons.dbutils
    BeanHandler<T> - org.apache.commons.dbutils.handlers
    BeanListHandler<T> - org.apache.commons.dbutils.handlers
    MapHandler - org.apache.commons.dbutils.handlers
    ScalarHandler<T> - org.apache.commons.dbutils.handlers
```

图 6.5 ResultSetHandler 的实现类

（2）实体类 Student(JavaBean)。代码如下：

org.lanqiao.entity.Student.java：

```
package org.lanqiao.entity;
public class Student {
    private int stuNo;
    private String stuName;
    private int stuAge
    //省略 setter、getter
    public Student() {
    }
    //构造方法
    public Student(int stuNo, String stuName, int stuAge) {
        this.stuNo = stuNo;
        this.stuName = stuName;
        this.stuAge = stuAge;
    }
    //重写 toString()
    @Override
    public String toString() {
        return "学号:"+stuNo+",姓名:"+stuName+",年龄:"+stuAge;
    }
}
```

（3）数据库中的 student 表。student 表中的数据如图 6.6 所示。

	STUNO	STUNAME	STUAGE
1	15	王五	23
2	32	李四	24
3	33	颜群	29
4	34	李四	25

图 6.6　student 表

接下来，结合 QueryRunner 类的 query()方法进行具体演示。

1．ArrayHandler 和 ArrayListHandler

（1）ArrayHandler 类可以把结果集中的第一行数据封装成 Object[]。例如，可以将 student 表中的第一行数据封装成一个 Object[]类型的 stu 对象，封装后的效果类似于 Object[] stu = new Object[]{15,"王五",23}。代码详见程序清单 6.8。

org.lanqiao.dbutil.ResultSetHandlerDemo.java：

```
//package、import
public class ResultSetHandlerDemo {
    public static void arrayHandlerTest()    {
        //创建 QueryRunner 对象
        QueryRunner runner = new QueryRunner(DataSourceUtil.getDataSourceWithC3P0ByXML());
        try {
            //使用 query(String sql,ResultSetHandler<T> rsh)方法执行查询操作，
            //并且传入 ArrayHandler 对象作为第二个参数
            Object[] studentObj = runner.query("select * from student", new ArrayHandler()) ;
            //将数组转为字符串并输出
            System.out.println(Arrays.toString(studentObj));
        } catch (SQLException e) {
            e.printStackTrace();
        }catch (Exception e) {
            e.printStackTrace();
        }
    }
    //测试
    public static void main(String[] args) {
        arrayHandlerTest();
    }
}
```

程序清单 6.8

程序运行结果如图 6.7 所示。

图 6.7　程序运行结果

由图 6.7 可以发现，ArrayHandler 只能封装结果集中的第一行数据。如果想封装结果集

中的全部数据，就需要使用 ArrayListHandler。

（2）ArrayListHandler 类可以把结果集中的每行数据都封装成一个 Object[]对象，然后再将所有的 Object[]组装成一个 List 对象。代码详见程序清单 6.9。

org.lanqiao.dbutil.ResultSetHandlerDemo.java：

```
//package、import
public class ResultSetHandlerDemo {
    …
    public static void arrayListHandlerTest(){
        //创建 QueryRunner 对象
        QueryRunner runner = new QueryRunner(DataSourceUtil.getDataSourceWithC3P0ByXML());
        try {
            //使用 query(String sql,ResultSetHandler<T> rsh)方法执行查询操作，
            //并且传入 ArrayHandler 对象作为第二个参数
            List<Object[]> studentObjList = runner.query("select *
                        from student", new ArrayListHandler()) ;
            //将数组转为字符串并输出
            for(Object[] studentObj:studentObjList) {
                System.out.println(Arrays.toString(studentObj));
            }
        } catch (…) {…}
    }
    //测试
    public static void main(String[] args) {
        arrayListHandlerTest();
    }
}
```

程序清单 6.9

程序运行结果如图 6.8 所示。

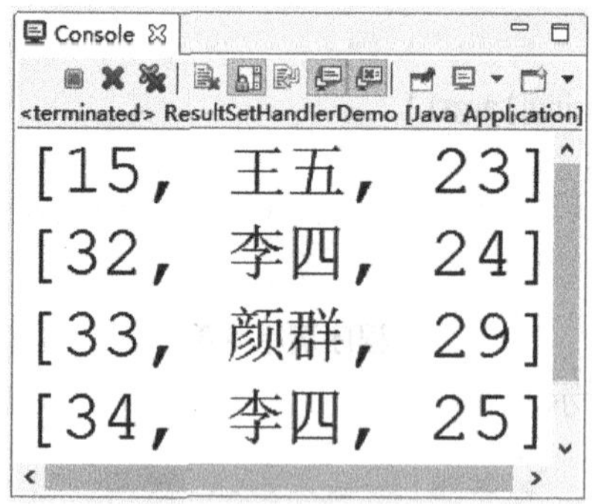

图 6.8　程序运行结果

2. BeanHandler<T>、BeanListHandler<T>和 BeanMapHandler<K,V>

ArrayHandler 和 ArrayListHandler 是将结果集中的数据封装成 Object[]对象，而 BeanHandler<T>、BeanListHandler<T>和 BeanMapHandler<K,V>可以将结果集中的数据封装成 JavaBean 对象，并通过泛型指定具体的 JavaBean 类型。

（1）BeanHandler<T>。BeanHandler<T>类可以把结果集中的第一行数据封装成 JavaBean。例如，可以将 student 表中的第一行数据封装成一个 Student 类型的 stu 对象，封装后的效果类似于 Student stu = new Student(15,"王五",23)。代码详见程序清单 6.10。

org.lanqiao.dbutil.ResultSetHandlerDemo.java：

```
//package、import
public class ResultSetHandlerDemo {
    …
    public static void beanHandlerTest(){
        QueryRunner runner = new QueryRunner(DataSourceUtil.getDataSourceWithC3P0ByXML());
        try {
            //使用 query(String sql,ResultSetHandler<T> rsh)方法执行查询操作，
            //传入 BeanHandler 对象作为第二个参数，
            //并通过泛型指定封装的 JavaBean 类型为 Student
            Student stu = runner.query("select * from student",
                                 new BeanHandler<Student>(Student.class)) ;
            //默认调用 Student 的 toString()方法进行输出
            System.out.println(stu);
        } catch (…) {…}
    }
    //测试
    public static void main(String[] args) {
        …
        beanHandlerTest();
    }
}
```

程序清单 6.10

程序运行结果如图 6.9 所示。

图 6.9　程序运行结果

可以发现，BeanHandler<T>只能封装结果集中的第一行数据。如果想封装结果集中的全部数据，就需要使用 BeanListHandler<T>。

（2）BeanListHandler<T>。BeanListHandler<T>类可以把结果集中的每行数据都封装成一个 JavaBean 对象，然后再将所有的 JavaBean 对象组装成一个 List 对象。代码详见程序清单 6.11。

org.lanqiao.dbutil.ResultSetHandlerDemo.java：

```
//package、import
public class ResultSetHandlerDemo {
    …
    public static void beanListHandlerTest() {
```

```
        QueryRunner runner = new QueryRunner(DataSourceUtil.getDataSourceWithC3P0ByXML());
        try  {
            List<Student> stus = runner.query("select * from student",
                            new BeanListHandler<Student>(Student.class)) ;
            System.out.println(stus);
        } catch (…) {…}
    }
    //测试
    public static void main(String[] args) {
        …
        beanListHandlerTest();
    }
}
```

程序清单 6.11

程序运行结果如图 6.10 所示（只显示了部分结果）。

```
Console
<terminated> ResultSetHandlerDemo [Java Application] C:\Java\jdk1.8.0_71\bin\javaw.exe (2016年10月12日 上午10:06:05)
[学号:15,姓名:王五,年龄:23, 学号:32,姓名:李四,年龄:24, 学号:3
```

图 6.10　程序运行结果

（3）BeanMapHandler<T>。与 BeanListHandler<T>类似，BeanMapHandler<T>也会把结果集中的每行数据都封装成一个 JavaBean 对象，但不同的是，BeanMapHandler<T>会将所有的 JavaBean 对象组装成一个 Map 对象。代码详见程序清单 6.12。

org.lanqiao.dbutil.ResultSetHandlerDemo.java：

```
//package、import
public class ResultSetHandlerDemo {
    …
    public static void beanMapHandlerTest(){
        QueryRunner runner = new QueryRunner(DataSourceUtil.getDataSourceWithC3P0ByXML());
        try {
            //通过泛型指定 Map 的 key 类型为 BigDecimal，valuel 类型为 Student
            //再通过构造方法的第二个参数指定用表中的 stuNo 列作为 Map 的 key
            Map<BigDecimal,Student> stusMap
            = runner.query("select * from student", new BeanMapHandler<BigDecimal,Student>
(Student.class,"stuNo")) ;
            //获取 map 中 key 值为 15 的学生
            Student stu = stusMap.get(new BigDecimal(15));
            System.out.println(stu);
        } catch (…) {…}
    }

    //测试
    public static void main(String[] args) {
        …
```

```
            beanMapHandlerTest();
        }
}
```

程序清单 6.12

程序运行结果如图 6.11 所示。

图 6.11　程序运行结果

说明：

问：此程序中，Map 的 key 值为什么是 BigDecimal 类型，而不是 Integer？

答：本程序采用的是 Oracle 数据库，stuNo 列在表中的类型是 NUMBER(3)。Oracle 在处理 NUMBER 类型时比较特殊：如果发现存储的是整数（如数字 15），则会默认映射为 BigDecimal 类型，而不是 Integer 类型。

3．MapHandler、MapListHandler 和 KeyedHandler

（1）MapHandler。MapHandler 可以将结果集中的第一条数据封装到 Map 对象中，并且 key 是字段名，value 是字段值。代码详见程序清单 6.13。

org.lanqiao.dbutil.ResultSetHandlerDemo.java：

```
//package、import
public class ResultSetHandlerDemo {
    …
    public static void mapHandlerTest(){
        QueryRunner runner = new QueryRunner(DataSourceUtil.getDataSourceWithC3P0ByXML());
        try {
            //将结果集中的第一条数据封装到 Map 对象中
            Map<String,Object> stuMap = runner.query("select * from student", new MapHandler()) ;
            System.out.println(stuMap);
        } catch (…) {…}
    }

    //测试
    public static void main(String[] args) {
        …
        mapHandlerTest();
    }
}
```

程序清单 6.13

程序运行结果如图 6.12 所示。

```
Console
<terminated> ResultSetHandlerDemo [Java Application] C:\Java\jdk1.8.0_71\bin\javaw.exe (2016年10月12日 下午7:34:00)
{STUNO=15, STUNAME=王五, STUAGE=23}
```

图 6.12 程序运行结果

（2）MapListHandler。MapListHandler 可以将结果集中的每条数据都封装到 Map 对象中，并且 key 是字段名，value 是字段值；然后再将所有的 Map 对象组装成一个 List 对象。代码详见程序清单 6.14。

org.lanqiao.dbutil.ResultSetHandlerDemo.java：

```
//package、import
public class ResultSetHandlerDemo {
    …
    public static void mapListHandlerTest(){
        QueryRunner runner = new QueryRunner(DataSourceUtil.getDataSourceWithC3P0ByXML());
        try {
            //将结果集中的每条数据都封装到 Map 对象中
            List<Map<String,Object>> stusMap = runner.query(
                    "select * from student", new MapListHandler()) ;
            System.out.println(stusMap);
        } catch (…) {…}
    }

    //测试
    public static void main(String[] args) {
        …
        mapListHandlerTest();
    }
}
```

程序清单 6.14

程序运行结果如图 6.13 所示（只显示了部分结果）。

```
Console
<terminated> ResultSetHandlerDemo [Java Application] C:\Java\jdk1.8.0_71\bin\javaw.exe (2016年10月12日 下午7:39:36)
[{STUNO=15, STUNAME=王五, STUAGE=23}, {STUNO=32, ST
```

图 6.13 程序运行结果

（3）KeyedHandler。KeyedHandler 可以将结果集中的每条数据都封装到 Map 对象中，并且 key 是字段名，value 是字段值；然后再将所有的 Map 对象组装成一个范围更大的 Map 对象，并通过 KeyedHandler 的构造方法指定某一字段值为 key。代码详见程序清单 6.15。

org.lanqiao.dbutil.ResultSetHandlerDemo.java：

```
//package、import
public class ResultSetHandlerDemo {
```

```
    ...
    public static void keyedHandlerTest(){
        QueryRunner runner = new QueryRunner(DataSourceUtil.getDataSourceWithC3P0ByXML());
        try   {
            //将结果集中的每条数据都封装到 Map 对象中
            Map<String,Map<String,Object>> stusMap = runner.query(
                                "select * from student",
                                new KeyedHandler<String>("stuName")) ;
            System.out.println(stusMap);
        } catch (...) {...}
    }

    //测试
    public static void main(String[] args) {
        ...
        keyedHandlerTest();
    }
}
```

程序清单 6.15

程序运行结果如图 6.14 所示（只显示了部分结果）。

```
Console ☒
<terminated> ResultSetHandlerDemo [Java Application] C:\Java\jdk1.8.0_71\bin\javaw.exe (2016年10月12日 下午8:04:59)
{李四={STUNO=34, STUNAME=李四, STUAGE=25}, 王五={STUNC
```

图 6.14　程序运行结果

4. ColumnListHandler<T>

ColumnListHandler <T>可以把结果集中某一列的值封装到 List 集合中。代码详见程序清单 6.16。

org.lanqiao.dbutil.ResultSetHandlerDemo.java：

```
//package、import
public class ResultSetHandlerDemo {
...
    public static void columnListHandlerTest(){
        QueryRunner runner = new QueryRunner(DataSourceUtil.getDataSourceWithC3P0ByXML());
        try   {
            //将结果集中 stuName 列的值封装到 List 集合对象中
            List<String> names = runner.query("select * from student",
                            new ColumnListHandler<String>("stuName")) ;
            //默认调用 Student 的 toString()方法进行输出
            System.out.println(names);
        } catch (...) {...}
    }

    //测试
```

```
    public static void main(String[] args) {
        …
        columnListHandlerTest();
    }
}
```

程序清单 6.16

程序运行结果如图 6.15 所示。

图 6.15　程序运行结果

5．ScalarHandler<T>

如果执行的是单值查询，如"select count(*) from student"或"select name from student where id = 15"等结果为单值的查询，就需要使用 ScalarHandler<T>类。代码详见程序清单 6.17。

org.lanqiao.dbutil.ResultSetHandlerDemo.java：

```
//package、import
public class ResultSetHandlerDemo {
    …
    public static void scalarHandlerTest(){
        QueryRunner runner = new QueryRunner(DataSourceUtil.getDataSourceWithC3P0ByXML());
        try {
            //单值查询：查询学生总人数
            BigDecimal count = runner.query("select count(*) from student", new ScalarHandler
<BigDecimal>()) ;
            System.out.println(count);
            //单值查询：查询学号为 15 的学生姓名
            String stuName = runner.query("select stuName from student where stuNo = 15", new
ScalarHandler<String>()) ;
            System.out.println(stuName);
        } catch (…) {…}
    }
    //测试
    public static void main(String[] args) {
        …
        scalarHandlerTest();
    }
}
```

程序清单 6.17

程序运行结果如图 6.16 所示。

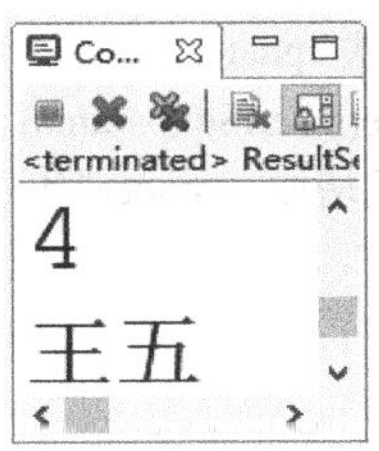

图 6.16　程序运行结果

以上就是 ResultSetHandler 接口的 10 个实现类的具体用法。为了方便读者对比和记忆，ResultSetHandler 实现类总结如表 6.8 所示。

表 6.8　ResultSetHandler 实现类总结

ResultSetHandler 接口的实现类	简　介	共　同　点
ArrayHandler	将第一行数据封装成 Object[]	封装结果集中的第一行数据，适用于只有一条查询结果的 SQL，如：select * from student where id = 15
BeanHandler<T>	将第一行数据封装成 JavaBean	
BeanMapHandler	将第一条数据封装成 Map<列名类型,列值类型>	
ArrayListHandler	将所有数据封装成 List<Object[]>	封装结果集中的全部数据，适用于有多条查询结果的 SQL，如：select * from student
ColumnListHandler<T>	将某一列的所有数据，封装成 List<某一列的类型>	
MapListHandler	将所有数据封装成 List<Map<列名类型,列值类型>>	
KeyedHandler<K>	将所有数据封装成 Map<某一列的 Java 类型,Map<列名类型,列值类型>>	
BeanListHandler<T>	将所有数据封装成 List<JavaBean>	
BeanMapHandler<K, V>	将所有数据封装成 Map<某一列的 Java 类型,JavaBean>	
ScalarHandler<T>	获取单值	单值查询

6.2.4　增、删、改操作

现在再对 QueryRunner 类中用于增、删、改的 update()方法做演示。代码详见程序清单 6.18。

org.lanqiao.dbutil.UpdateDemo.java：

```
package org.lanqiao.dbutil;
import java.sql.SQLException;
import org.apache.commons.dbutils.QueryRunner;
public class UpdateDemo {
    //增加
    public static void insertTest() {
        QueryRunner runner = new QueryRunner(DataSourceUtil.getDataSourceWithC3P0ByXML());
        //增加的 SQL 语句
        String insertSql = "insert into student(stuNo,stuName,stuAge)values(?,?,?)";
        //SQL 语句中的置换参数
        Object[] params = {35,"赵六",66};
        try    {
```

```
                //增、删、改的通用方法 update()
                int count = runner.update(insertSql,params) ;
                System.out.println("成功增加"+count+"条数据");
            } catch (...) {...}
        }

        //删除
        public static void deleteTest() {
            QueryRunner runner = new QueryRunner(DataSourceUtil.getDataSourceWithC3P0ByXML());
            String deleteSql = "delete from student where stuNo = 35";
            try    {
                int count = runner.update(deleteSql) ;
                System.out.println("成功删除"+count+"条数据");
            } catch (...) {...}
        }

        //修改
        public static void updateTest() {
            QueryRunner runner = new QueryRunner(DataSourceUtil.getDataSourceWithC3P0ByXML());
            String updateSql = "update student set stuName = ?    ,stuAge = ? where stuNo = ?";
            Object[] params = {"孙琪",27,35};
            try    {
                int count = runner.update(updateSql,params) ;
                System.out.println("成功修改"+count+"条数据");
            } catch (...) {...}
        }

        //测试
        public static void main(String[] args) {
            insertTest();
            updateTest();
            deleteTest();
        }
    }
```

程序清单 6.18

程序运行结果如图 6.17 所示。

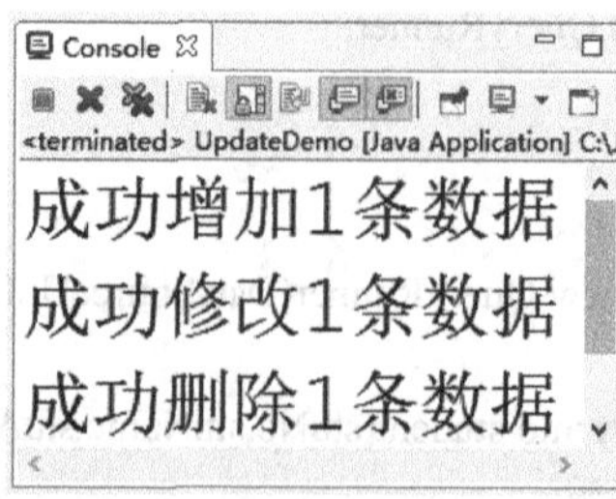

图 6.17　程序运行结果

6.2.5　手动处理事务

1. ThreadLocal<T>

在学习事务处理之前，有必要先了解一下 ThreadLocal<T>类。

ThreadLocal 可以为变量在每个线程中都创建一个副本，每个线程都可以访问自己内部的副本变量。因此，ThreadLocal 被称为线程本地变量（或线程本地存储）。

先看下面的例子：

```
public class ConnectionManager {
    private static Connection conn = null;
    public static Connection getConnection() throws …  {
        if(conn == null)  {
            conn = DriverManager.getConnection(...);
        }
        return conn;
    }

    public static void closeConnection() throws …{
        if(conn!=null)
            conn.close();
    }
}
```

上述代码在单线程中使用没有任何问题；但如果在多线程中使用，就会存在线程安全问题。例如：

①因为 conn 是静态全局变量（用于共享），那么就有可能在一个线程使用 conn 操作数据库时，另外一个线程也同时在调用 closeConnection()关闭链接；

②如果多个线程同时进入 getConnection() 方法的 if 语句，那么就会多次创建 conn 对象。

对于这些线程相关的问题，读者可能会想到用“线程同步”来解决：将 conn 变量、getConnection()和 closeConnection()使用 synchronized 进行同步处理。对于本例，“线程同步”虽然可以解决问题，但却会造成极大的性能影响：因为使用了线程同步后，当一个线程正在使用 conn 访问数据库时，其他线程只能等待。

下面来仔细分析这个问题：本例的线程安全问题，实质是因为 conn 变量、getConnection() 和 closeConnection()都共享 static 变量（或方法）造成的，那么这三者如果不是共享的 static 呢？实际上，一个线程只需要维护自己的 conn 变量，而不需要关心其他线程是否对各自的 conn 进行了修改，因此，不用 static 修饰也是可以的。代码详见程序清单 6.19。

```
public class ConnectionManager {
    //没有 static 修饰
    private Connection conn = null;
    //没有 static 修饰
    public Connection getConnection() throws SQLException {
        if (conn == null) {
            conn = DriverManager.getConnection("...");
        }
```

```
            return conn;
        }
        //没有 static 修饰
        public void closeConnection() throws SQLException {
            if (conn != null)
                conn.close();
        }
    }
    class Dao{
        public void insert() throws SQLException {
            //将 connectionManager 和 conn 定义为局部变量
            ConnectionManager connectionManager = new ConnectionManager();
            Connection conn = connectionManager.getConnection();
            //使用 conn 访问数据库...
            connectionManager.closeConnection();
        }
    }
```

程序清单 6.19

上述代码将 conn 及相关方法的 static 修饰符去掉，然后在每个使用 conn 的方法中（如 insert()）都创建局部变量 conn 。这样一来，因为每次都是在方法内部创建的连接，那么线程之间自然不存在线程安全问题。但是，由于在方法中的 conn 变量会在方法结束时自动释放空间，因此频繁的方法调用就会频繁地开启和关闭数据库连接，从而严重影响程序执行性能。

如何既不影响性能，也能避免线程安全问题呢？答案是使用 ThreadLocal<T>。ThreadLocal<T>可以在每个线程中对该变量创建一个副本，即每个线程内部都会有一个该变量的副本，该副本在线程内部任何地方都可以共享使用，但不同线程的副本之间互不影响。

ThreadLocal<T>类的常用方法如表 6.9 所示。

表 6.9 ThreadLocal 的常用方法

方　法	简　介
public T get()	获取 ThreadLocal 在当前线程中保存的变量副本
public void set(T value)	设置当前线程中变量的副本
public void remove()	移除当前线程中变量的副本
protected T initialValue()	延迟加载的方法，一般在使用时重写该方法

对于 ThreadLocal<T>类的具体使用，会在“手动处理事务”中进行演示。

2. 手动处理事务

前面讲过，如果使用 QueryRunner 类的无参构造，就需要手动管理事务；如果使用有参构造 QueryRunner(DataSource ds)，DbUtils 就会替我们自动管理事务。之前演示的增、删、改、查，使用的都是有参构造，即自动管理事务。下面就来讲解如何使用无参构造实现手动的事务管理。

以下通过模拟一个“银行转账”事务，演示具体的步骤。

（1）创建银行账户表。创建银行账户表 account，并增加两条数据，如图 6.18 所示。

ID	NAME	BALANCE
1	张三 …	10000.00
2	李四 …	500.00

图 6.18　account 表

（2）创建实体类。创建与 account 表对应的实体类 Account.java，代码详见程序清单 6.20。

org.lanqiao.entity.Account.java：

```
package org.lanqiao.entity;
public class Account {
	private int id ;
	private String name;
	private double balance ;
	//setter、getter
}
```

程序清单 6.20

（3）创建 JDBC 工具类。创建 JDBCUtil 类，用于提供创建连接、开启事务、提交事务、关闭连接等方法。根据事务的相关知识可知，一个事务对应一个 Connection 对象，但一个事务可能涉及多个 DAO 操作。如果 DAO 操作中的 Connection 对象是从连接池获取的，那么在一个事务中的多个 DAO 操作就可能会用到多个 Connection 对象，这样就无法完成一个事务（一个事务用到了多个 Connection）。此时，就可以使用 ThreadLocal<T>解决这个问题。

我们可以只生成一个 Connection 对象，然后把它放在 ThreadLocal 中。之后，对于同一个线程而言，在这个线程生命周期内生成的任何对象都可以共享这个 Connection 对象（因为每个线程的副本在线程内部任何地方都可以共享使用），从而保证了一个事务一个连接。代码详见程序清单 6.21。

org.lanqiao.dbutil.JDBCUtil.java：

```
//package、import
public class JDBCUtil {
	//定义 ThreadLocal 对象，用于存放 Connection 对象
	private static ThreadLocal<Connection> threadLocal = new ThreadLocal<Connection>();
	//定义数据源对象
	private static DataSource ds = new ComboPooledDataSource();

	//获取 C3P0 数据源对象（从 c3p0-config.xml 中读取默认的数据库配置）
	public static DataSource getDataSource() {
		return ds;
	}

	//从 C3P0 连接池中获取 Connection 连接对象
	public static Connection getConnection() {
		Connection conn = threadLocal.get();
		try {
			if (conn == null) {
				conn = ds.getConnection();
```

```
            }
            threadLocal.set(conn);
        } catch (…) {…}
        return conn;
    }

    //开启事务
    public static void beginTransaction() {
        Connection conn = getConnection();
        try {
            //手动开始事务
            conn.setAutoCommit(false);
        } catch (…) {…}
    }

    //提交事务
    public static void commitTransaction() {
        Connection conn = threadLocal.get();
        try {
            if (conn != null) {
                //提交事务
                conn.commit();
            }
        } catch (…) {…}
    }

    //回滚事务
    public static void rollbackTransaction() {
        Connection conn = threadLocal.get();
        try {
            if (conn != null) {
                //回滚事务
                conn.rollback();
            }
        } catch (…) {…}
    }
    //关闭连接
    public static void close() {
        Connection conn = threadLocal.get();
        try {
            if (conn != null) {
                conn.close();
            }
        } catch (…) {…}
        finally {
            //从集合中移除当前绑定的连接
            threadLocal.remove();
```

```
                conn = null;
            }
        }
}
```

程序清单 6.21

（4）创建 DAO 层。创建用于模拟用户查询、转入、转出等数据库操作的 DAO 层，代码详见程序清单 6.22 和程序代码 6.23。

接口 org.lanqiao.dao.IAccountDao.java：

```
import org.lanqiao.entity.Account;
public interface IAccountDao {
        //根据姓名查询账户
        public abstract Account queryAccountByName(String name)
        throws SQLException;
        //修改账户（增加余额、减少余额）
        public abstract void updateAccount(Account account)
        throws SQLException;
}
```

程序清单 6.22

实现类 org.lanqiao.dao.impl.AccountDaoImpl.java：

```
//package、import
public class AccountDaoImpl implements IAccountDao{
        @Override
        public Account queryAccountByName(String name)throws SQLException {
                QueryRunner runner = new QueryRunner();
                // 从 ThreadLocal 中取出线程内部共享的连接
                Connection conn = JDBCUtil.getConnection();
                String querySql = "select * from account where name = ?" ;
                Object[] params = {name} ;
                Account account = null ;
                account = runner.query(conn, querySql, new BeanHandler<Account>(Account.class),params);
                return account;
        }

        @Override
        public void updateAccount(Account account) throws SQLException    {
                QueryRunner runner = new QueryRunner(DataSourceUtil.getDataSourceWithC3P0ByXML());
                Connection conn = JDBCUtil.getConnection() ;
                String updateSql = "update account set balance = ? where name = ?" ;
                Object[] params = { account.getBalance(), account.getName() };
                runner.update(conn, updateSql, params);
        }
}
```

程序清单 6.23

（5）创建 Service 层。模拟转账业务操作，代码详见程序清单 6.24 和程序清单 6.25。

接口 org.lanqiao.service.IAccountService.java：

```
public interface IAccountService {
    public abstract void transfer(String fromAccountName, String toAccountName,double transferMoney);
}
```

程序清单 6.24

实现类 org.lanqiao.service.impl.AccountServiceImpl.java：

```
//package、import
public class AccountServiceImpl implements IAccountService {
    public void transfer(String fromAccountName, String toAccountName, double transferMoney) {
        try   {
            //开启事务
            JDBCUtil.beginTransaction();
            IAccountDao accountDao = new AccountDaoImpl();
            //付款方
            Account fromAccount = accountDao.queryAccountByName(fromAccountName);
            //收款方
            Account toAccount = accountDao.queryAccountByName(toAccountName);
            //转账
            if (transferMoney < fromAccount.getBalance())   {
                //付款方的余额减少
                double fromBalance = fromAccount.getBalance()- transferMoney;
                fromAccount.setBalance(fromBalance);
                //收款方的余额增加
                double toBalance = toAccount.getBalance() + transferMoney;
                toAccount.setBalance(toBalance);
                //更新账户
                accountDao.updateAccount(fromAccount);
                accountDao.updateAccount(toAccount);
                System.out.println("转账成功");
                //提交事务
                JDBCUtil.commitTransaction();
                System.out.println("提交成功");
            } else   {
                System.out.println("余额不足，转账失败！");
            }
        } catch (SQLException e)   {
            System.out.println("提交失败！ 回滚...");
            //回滚事务
            JDBCUtil.rollbackTransaction();
            e.printStackTrace();
        } catch (Exception e)   {
            e.printStackTrace();
        } finally   {
            //关闭事务
```

```
            JDBCUtil.close();
        }
    }
}
```

程序清单 6.25

Service 中所有的 DAO 操作都共享一个 Connection 实例。

（6）测试。编写 main()方法，测试转账业务，代码详见程序清单 6.26。

org.lanqiao.test.TestAccountTransfer.java：

```
//package、import
public class TestAccountTransfer {
    public static void main(String[] args) {
        IAccountService accountService = new AccountServiceImpl();
        //张三给李四转账 1000.0 元
        accountService.transfer("张三", "李四", 1000.0);
    }
}
```

程序清单 6.26

测试之前，accout 表的数据如图 6.19 所示。

	ID	NAME	BALANCE
1	1	张三 …	10000.00
2	2	李四 …	500.00

图 6.19　测试前的 account 表

执行 main()方法进行测试，运行结果如图 6.20 所示。

图 6.20　执行 main()方法的测试结果

测试后的 account 表的数据如图 6.21 所示。

	ID	NAME	BALANCE
1	1	张三 …	9000.00
2	2	李四 …	1500.00

图 6.21　测试后的 account 表

可以看出，已经成功实现了转账功能。ThreadLocal<Connection>对象既可以让每个线程独立地使用一个 Connection 对象，也可以让不同的线程对象使用不同的 Connection 对象（通过副本）。

此外，根据网络协议的相关内容，客户端每发起一次 HTTP 请求，Tomcat 就会新建一个线程进行处理。因此，当用户发起一次转账请求时，Tomcat 就会创建一个专门处理转账事务的线程。同一个线程对象可以在其生命周期内，依次执行查询账户、修改账户余额等多个 DAO 操作。当不同的用户发起请求时，Tomcat 也会创建不同的线程对象进行处理。

6.3 本章小结

本章讲述了 JNDI、数据库连接池和 commons-dbutils 类库相关知识，具体如下：

（1）JNDI 是一种将对象和名字绑定的技术。使用 JNDI，应用程序可以通过资源名字来获得相应的对象、服务或目录。

（2）数据库连接池可以分配、管理及释放数据库连接，可以使得应用程序重复地使用一个已有的数据库连接，而不再是重新建立一个。

（3）常用的数据源包括 Tomcat 内置数据源（Apache DBCP）、DBCP 数据源和 C3P0 数据源等，并且很多数据源都有基于配置文件和纯编码两种使用方式。

（4）DbUtils 是一个工具类，提供了关闭连接、事务提交/回滚、注册 JDBC 驱动程序等常用方法。

（5）QueryRunner 类主要用于执行增、删、改、查等 SQL 语句。特别地，如果执行的是查询 SQL 语句，还需要结合 ResultSetHandler 接口来处理结果集。

（6）ResultSetHandler 接口用于处理 ResultSet 结果集，它可以将结果集中的数据封装成单个对象、数组、List、Map 等不同形式。

（7）ArrayHandler 类可以把结果集中的第一行数据封装成 Object[]；ArrayListHandler 类可以把结果集中的每行数据都封装成一个 Object[]对象，然后再将所有的 Object[]组装成一个 List 对象；BeanHandler<T>类可以把结果集中的第一行数据封装成 JavaBean；BeanListHandler<T>类可以把结果集中的每行数据都封装成一个 JavaBean 对象，然后再将所有的 JavaBean 对象组装成一个 List 对象；MapHandler 可以将结果集中的第一条数据封装到 Map 对象中，并且 key 是字段名，value 是字段值；MapListHandler 可以将结果集中的每条数据都封装到 Map 对象中，然后再将所有的 Map 对象组装成一个 List 对象；ColumnListHandler<T>可以把结果集中某一列的值封装到 List 集合中；ScalarHandler<T>类用于封装单值结果。

（8）ThreadLocal<T>可以在每个线程中为变量创建一个副本，即每个线程内部都会有一个该变量的副本，该副本在线程内部任何地方都可以共享使用，但不同线程的副本之间互不影响。

6.4 本章练习

单选题

1．在 Tomcat 中配置 JNDI 资源时，需要在（　　）文件里进行配置。

A．web.xml　　　　B．server.xml

C．context.xml　　　　D．tomcat-users.xml

2．以下关于连接池的描述中，说法最准确的是（　　）。

A．初始化后，连接池中连接对象的数量为 0。

B．连接的数量大于用户设置的最小值。

C．从连接池中获取连接对象并使用完毕后，该连接对象就会立刻被销毁。

D．如果应用程序的连接请求数量大于用户设置的最大连接数，多出的请求会被加入队列之中以等待别的应用释放连接。

3．获取数据源对象的正确方法是（　　）。

A．DataSource ds = new DataSource();

B．DataSource ds = DataSource().newInstance();

C．DataSource ds = (DataSource)context.lookup("java:comp/env/变量名");

D．以上都不对

4．以下关于 DbUtils 类的说法中错误的是（　　）。

A．ArrayHandler 类可以把结果集中的第一行数据封装成 Object[]。

B．BeanHandler<T>类可以把结果集中的第一行数据封装成 Object[]。

C．MapHandler 可以将结果集中的第一条数据封装到 Map 对象中，并且 key 是字段名，value 是字段值。

D．ColumnListHandler <T>可以把结果集中某一列的值封装到 List 集合中。

5．以下关于 ThreadLocal 类的说法中正确的是（　　）。

A．ThreadLocal<T>只能为一个线程对象额外创建唯一的一个副本。

B．用 ThreadLocal 创建的副本只能被一个线程对象使用一次。

C．不同线程的 ThreadLocal 副本对象之间互不影响，各自独立使用。

D．以上说法都正确。

6．假设 runner 是 QueryRunner 对象，在以下代码中，哪一项不能获取 Oracle 中的相关数据？（　　）

A．

```
Integer count = runner.query("select count(*) from student", new ScalarHandler <Integer>()) ;
```

B．

```
BigDecimal count = runner.query("select count(*) from student", new ScalarHandler <BigDecimal>()) ;
```

C．

```
String stuName = runner.query("select stuName from student where stuNo = 15", new ScalarHandler
<String>())
```

D．

```
List<String> names = runner.query("select * from student", new ColumnListHandler <String> ("stuName")) ;
```

第 7 章

EL 和 JSTL

本章简介

前面学习的三层架构，已经可以将表示层、业务逻辑层和数据访问层相互分离，从而实现程序的解耦合，并提高系统的可维护性和可扩展性等。但在三层架构的代码中，表示层 JSP 代码里仍然混杂了 HTML 标签和 Java 代码，因此，表示层也存在一定程度上的混乱。

能否彻底地从表示层中消除 Java 代码，以使表示层代码可以以“标签”的形式统一展现呢？答案是使用 EL 表达式和 JSTL 标签库！本章介绍的 EL 表达式和 JSTL 标签库不仅能替换 JSP 中的 Java 代码，还能使代码更加简洁。

7.1 EL 表达式

EL 的全称是表达式语言（Expression Language），是封装了业务逻辑的页面标签，可以用来替代 JSP 页面中的 Java 代码，使不懂 Java 的开发人员也能写出 JSP 代码。EL 还可以实现自动类型转换等功能，使用起来非常简单。

本章介绍的 EL 和 JSTL 都只涉及三层架构中的表示层，因此，为了演示方便，本章的演示案例并没有采用标准的三层架构，而是以一个个简单的 JSP 示例来诠释。

7.1.1 EL 表达式语法

EL 表达式通常由两部分组成：对象和属性。可以使用点操作符或中括号操作符来操作对象的属性，其语法格式如下：

```
${EL 表达式}
```

讲解之前，先通过一个简单示例来回忆之前不用 EL 时的使用情景。首先创建两个封装数据的 JavaBean，代码如程序清单 7.1 至程序清单 7.4 所示。

地址信息类 Address.java：

```
package org.lanqiao.entity;
public class Address{
    //家庭地址
```

```
        private String homeAddress ;
        //学校地址
        private String schoolAddress ;
        //省略 setter、getter 部分代码
}
```

程序清单 7.1

学生信息类 Student.java：

```
package org.lanqiao.entity;
public class Student{
        private int studentNo ;
        private String studentName;
        //地址属性
        private Address address ;
        //省略 setter、getter 部分代码
}
```

程序清单 7.2

再创建一个 Servlet 用于初始化一些数据，并将此 Servlet 设置为项目的默认访问地址。

InitServlet.java：

```
package org.lanqiao.servlet;
//省略 import
public class InitServlet extends HttpServlet{
        protected void doGet(…)…  {
                this.doPost(request, response);
        }

        protected void doPost(HttpServletRequest request,HttpServletResponse response)
        throws ServletException, IOException    {
                Address address = new Address();
                address.setHomeAddress("北京朝阳区");
                address.setSchoolAddress("北京**中心");

                Student student = new Student();
                student.setStudentNo(27);
                student.setStudentName("颜群");
                student.setAddress(address);

                request.setAttribute("student", student);
                request.getRequestDispatcher("index.jsp").forward(request, response);
        }
}
```

程序清单 7.3

web.xml：

```
…
<welcome-file-list>
```

```
        <welcome-file>InitServlet</welcome-file>
    </welcome-file-list>
    ...
```

根据上述代码，程序会在 InitServlet 中给 student 对象的各个属性赋值，然后跳转到 index.jsp 中。本次先用传统的 Scriptlet 接收对象，并将对象的属性显示到前台，代码如下。

index.jsp：

```
...
<body>
    <%
            Student student = (Student)request.getAttribute("student");
            int studentNo = student.getStudentNo();
            String studentName = student.getStudentName();
            Address address = student.getAddress();
            String homeAddress = address.getHomeAddress();
            String schoolAddress = address.getSchoolAddress();

            out.print("学号："+studentNo +"<br/>");
            out.print("姓名："+studentName +"<br/>");
            out.print("家庭地址："+homeAddress +"<br/>");
            out.print("学校地址："+schoolAddress +"<br/>");
    %>
</body>
...
```

程序清单 7.4

部署并执行此项目，访问 http://localhost:8888/ELAndJSTLDemo/（此项目名为 ELAndJSTLDemo），结果如图 7.1 所示。

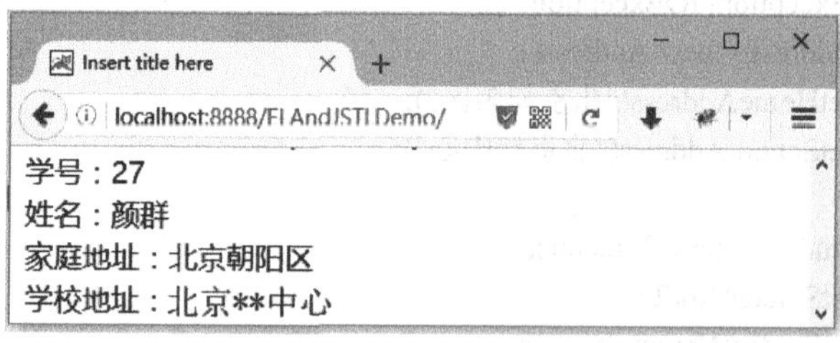

图 7.1　out 输出结果

可以发现，程序的确能够正常显示。但如果将 index.jsp 中的代码用 EL 表达式来实现，就会简单许多。程序清单 7.5 所示是使用 EL 修改后的 index.jsp，功能与之前的 index.jsp 相同。

```
...
<body>
    <%-- 使用 EL 表达式 --%>
    学生对象：${requestScope.student}<br/>
    学号：${requestScope.student.studentNo } <br/>
    姓名：${requestScope.student.studentName } <br/>
    家庭地址：${requestScope.student.address.homeAddress } <br/>
```

```
    学校地址：${requestScope.student.address.schoolAddress } <br/>
</body>
…
```

程序清单 7.5

运行 http://localhost:8888/ELAndJSTLDemo/，输出结果如图 7.2 所示。

图 7.2　EL 输出结果

综上所述，使用 EL 可以将 JSP 中的 Java 代码彻底消除，并且不用再做强制类型转换，整体的 JSP 代码就会简单很多。

7.1.2　EL 表达式操作符

在 EL 表达式中，可以使用点操作符、中括号操作符和 empty 操作符，并支持关系运算符和逻辑运算符等，具体介绍如下。

1．点操作符

点操作符"."的用法和在 Java 中的用法相同，都是直接用来调用对象的属性。例如，${requestScope.student}，表示在 request 作用域内查找 student 对象；${requestScope.student.studentNo }，表示在 request 作用域内查找 student 对象的 studentNo 属性。此外，通过程序清单 7.5 中的${requestScope. student.address.homeAddress }可以发现，EL 表达式能够级联获取对象的属性，即先在 request 作用域内找到 student 对象后，可以再次使用点操作符"."来获取 student 内部的 address 对象……

2．中括号操作符

除了点操作符，还可以使用中括号操作符"[]"来访问某个对象的属性，例如，${requestScope.student.studentNo } 可以等价写成${requestScope.student["studentNo"] } 或${requestScope["student"]["studentNo"] }。除此之外，中括号操作符还有以下一些独有功能：

（1）如果属性名称中包含一些特殊字符，如"."“?”“-”等，就必须使用中括号操作符，而不能用点操作符。例如，如果在之前的 InitServlet 中写了"request.setAttribute("school-name", "LanQiao");"，那么在 index.jsp 中就不能用${requestScope.school-name }，而必须改为${requestScope ["school-name "] }。

（2）如果要动态取值，也必须使用中括号操作符，而不能用点操作符。例如，如果写了"String data="school""，那么${ requestScope [data]}实际获取的是 request 域中键 school 对应的值，即此句相当于${ requestScope ["school"]}；而使用点操作符方式的语句"requestScope.data"就无法将 data 解析为其变量值 school。

需要注意的是，${ requestScope [data]}里面的值 data 是没有加双引号的。如果给中括号里面的值加了双引号，中括号中的值就是一个常量了，如${requestScope ["data"] }表示获取

request 域中的键 data 对应的值。所以，在使用中括号获取属性值时，一定要注意是否加引号。此外，中括号中的值，除了可用双引号，也可以使用单引号，其作用是一样的。

（3）访问数组。例如，如果要访问 request 作用域内的一个对象名为 names 的数组，中括号操作符就可以用于表示数组的索引，如${ requestScope .names[0]}、${ requestScope .names[1]}等；而点操作符则无法表示数组的索引。

点操作符和中括号操作符还可以用来获取 Map 中的属性值，以程序清单 7.6 和程序清单 7.7 所示代码为例。

InitServlet.java：

```
package org.lanqiao.servlet;
//省略 import
public class InitServlet extends HttpServlet{
…
    protected void doPost(HttpServletRequest request, HttpServletResponse response)
    throws ServletException, IOException    {
        …
        Map<String,String> countries = new HashMap<String,String>();
        countries.put("cn", "中国");
        countries.put("us", "美国");
        request.setAttribute("countries", countries);
        request.getRequestDispatcher("index.jsp").forward(request, response);
    }
}
```

程序清单 7.6

index.jsp：

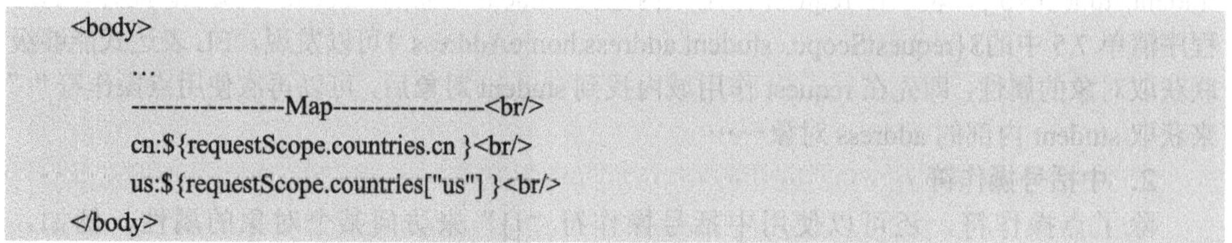

```
<body>
    …
    ------------------Map------------------<br/>
    cn:${requestScope.countries.cn }<br/>
    us:${requestScope.countries["us"] }<br/>
</body>
```

程序清单 7.7

打开浏览器，访问 http://localhost:8888/ELAndJSTLDemo/，运行结果如图 7.3 所示。

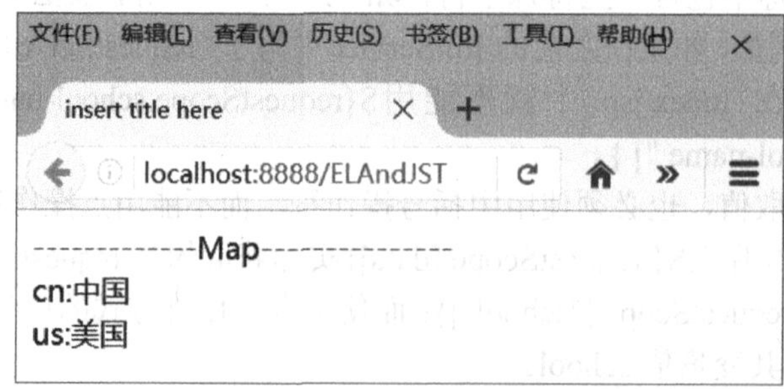

图 7.3　EL 输出 Map 值

3. 关系运算符

EL 表达式还能够进行一些简单的运算，如表 7.1 所示。

表 7.1 关系运算符

	关系运算符	示　例	结　果
大于	>（或 gt）	${2>1}或${2 gt 1}	true
大于或等于	>=（或 ge）	${2>=1}或${2 ge 1}	true
等于	==（或 eq）	${2==1}或${2 eq 1}	false
小于或等于	<=（或 le）	${2<=1}或${2 le 1}	false
小于	<（或 lt）	${2<1}或${2 lt 1}	false
不等于	!=（或 ne）	${2!=1}或${2 ne 1}	true

4. 逻辑运算符

EL 表达式也能够进行逻辑运算，如表 7.2 所示。

表 7.2 逻辑运算符

	关系运算符	示　例	结　果
逻辑或	||（或 or）	2>1||2<1（或 2>1 or 2<1）	true
逻辑与	&&（或 and）	2>1&&2<1（或 2>1 and 2<1）	false
逻辑非	!（或 not）	!(2>1)（或 not 2>1）	false

5. empty 操作符

empty 操作符用来判断一个值是否为 null 或不存在。可在 InitServlet 中给 request 的作用域内增加两个变量，代码如程序清单 7.8 所示。

InitServlet.java：

```
package org.lanqiao.servlet;
//省略 import
public class InitServlet extends HttpServlet{
    …
    protected void doPost(HttpServletRequest request, HttpServletResponse response)
    throws ServletException, IOException   {
        …
        request.setAttribute("test","test");
        request.setAttribute("nullVar",null);
        request.getRequestDispatcher("index.jsp").forward(request, response);
    }
}
```

程序清单 7.8

在 request 作用域内增加了 test 和 nullVar 两个变量，并且 nullVar 的值为 null，然后再在 index.jsp 中获取这两个值，代码如程序清单 7.9 所示。

index.jsp：

```
<body>
    …
    <%-- empty 操作符 --%>
    之前不存在 temp 变量：${empty temp }<br/>
    变量 nullVar 的值为 null：${empty nullVar }<br/>
    变量 test 已被赋值：${empty test }<br/>

</body>
```

程序清单 7.9

程序运行结果如图 7.4 所示。

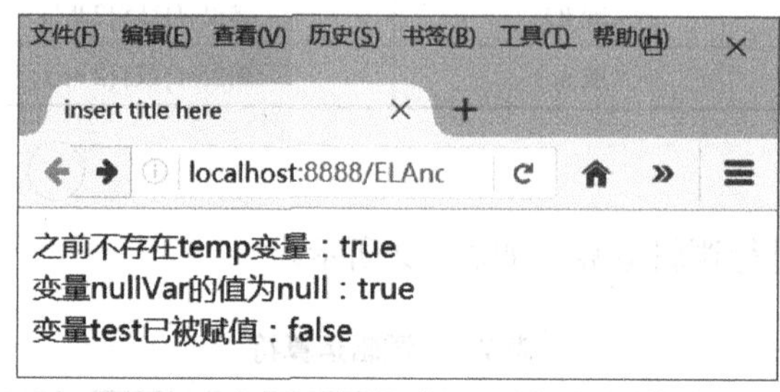

图 7.4 empty 操作符

可以发现，之前不存在的变量 temp 和值为 null 的变量 nullVar，用 empty 操作符运算输出的结果为 true，而之前存在值的变量 test 用 empty 操作符运算输出的结果为 false。

7.1.3 EL 表达式的隐式对象

隐式对象又称内置对象。之前在 JSP 里曾提到过，像 request、session、application 等都是 JSP 的隐式对象，这些隐式对象可以不用实例化就直接使用。同样地，在 EL 表达式中也存在一些隐式对象。按照使用的途径不同，EL 隐式对象分为作用域访问对象、参数访问对象和 JSP 关联对象，如图 7.5 所示。

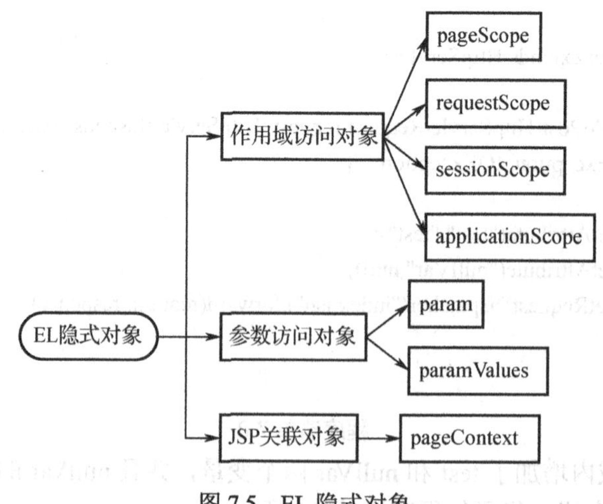

图 7.5 EL 隐式对象

1. 4 个作用域对象

${requestScope.student.studentNo }中的 requestScope 表示 request 作用域，即在使用 EL 表达式获取一个变量的同时，可以指定该变量的作用域。EL 表达式提供了 4 个可选的作用域对象，如表 7.3 所示。

表 7.3　作用域

对　象　名	作　用　域
pageScope	把 pageContext 作用域中的数据映射为一个 Map 类的对象
requestScope	把 request 作用域中的数据映射为一个 Map 类的对象
sessionScope	把 session 作用域中的数据映射为一个 Map 类的对象
applicationScope	把 application 作用域中的数据映射为一个 Map 类的对象

pageScope、requestScope、sessionScope 和 applicationScope 都可以看成 Map 型变量，要获取其中的数据就可以使用点操作符或中括号操作符。例如，${requestScope.student}可以获取 request 作用域中的 student 属性值，${sessionScope["user"]}可以获取 session 作用域中的 user 属性值。另外，如果不指定作用域，EL 表达式就会默认依次从 pageContext→request→session→application 的范围内寻找。例如，EL 表达式在解析${student}时，就会先在 pageContext 作用域中查找是否有 student 属性，如果有则直接获取；如果没有则会再去 request 作用域中查找是否有 student 属性……

2. param 对象

在 JSP 中，可以使用 request.getParameter()和 request.getParameterValues()来获取表单中的值（或地址栏、超链接中附带的值）。对应地，EL 表达式可以通过 param、paramValues 来获取这些值，如表 7.4 所示。

表 7.4　参数访问对象

对　象　名	示　　例	作　　用
param	${param.username}	等价于 request.getParameter("username")
paramValues	${param.hobbies}	等价于 request. getParameterValues ("hobbies")

3. pageContext 对象

pageContext 是 JSP 的一个隐式对象，同时也是 EL 表达式的隐式对象。因此，pageContext 是 EL 表达式与 JSP 之间的一个桥梁，是用于关联二者的对象。

在 EL 表达式中，可以通过 pageContext 来获取 JSP 的内置对象和 ServletContext 对象，如表 7.5 所示。

表 7.5　JSP 隐式对象

EL 表达式	获取的对象
${pageContext.page}	获取 page 对象
${pageContext.request}	获取 request 对象
${pageContext.response}	获取 response 对象
${pageContext.session}	获取 session 对象

续表

EL 表达式	获取的对象
${pageContext.out}	获取 out 对象
${pageContext.exception}	获取 exception 对象
${pageContext.servletContext}	获取 servletContext 对象

还可以获取这些对象的 getXxx()方法，例如，${pageContext.request.serverPort}表示访问 request 对象的 getServerPort()方法。可以发现，在使用时 EL 去掉了方法中的 get 和“()”，并将首字母改成了小写。

7.2 JSTL 标签及核心标签库

JSTL（JSP Standard Tag Library，JSP 标准标签库）是一个不断完善的开源 JSP 标签库，包含了开发 JSP 时经常用到的一组标准标签。使用 JSTL 可以像使用 EL 表达式那样，无须编写 Java 代码就能开发出复杂的 JSP 页面。JSTL 一般要结合 EL 表达式一起使用。

7.2.1 JSTL 使用前准备

使用 JSTL 标签库以前，必须先在 Web 项目的 lib 目录中加入两个 jar 包——jstl.jar 和 standard.jar，然后再在需要使用 JSTL 的 JSP 页面中加入支持 JSTL 的 taglib 指令，代码如下：

```
<%@ taglib uri="http://java.sun.com/jsp/jstl/core"   prefix="c" %>
```

其中，prefix="c"表示在当前页面中，JSTL 标签库是通过标签<c: >使用的。

7.2.2 JSTL 核心标签库

JSTL 核心标签库主要包含 3 类：通用标签库、条件标签库和迭代标签库，如图 7.6 所示。

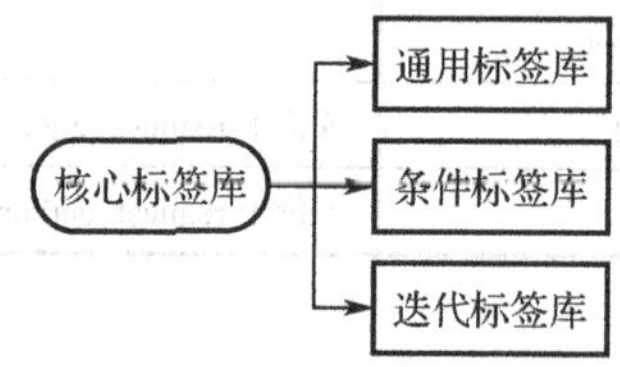

图 7.6　JSTL 核心标签库

1. 通用标签库

通用标签库包含了 3 个标签：赋值标签<c:set>、输出标签<c:out>、移除标签<c:remove>。

（1）赋值标签<c:set>。

<c:set>标签的作用：给变量在某个作用域内赋值，有两个版本——var 版和 target 版。

①var 版：用于给 page、request、session 或 application 作用域内的变量赋值。

其语法如下：

```
<c:set var="elementVar" value=" elementValue"   scope="scope" />
```

各参数的含义如下：

- var：需要赋值的变量名。
- value：被赋予的变量值。
- scope：此变量的作用域，有 4 个可填项，即 page、request、session 和 application。

其示例如下：

```
<c:set var="addError" value="error" scope="request"/>
```

表示在 request 作用域内，设置一个 addError 变量，并将变量值赋值为 error，等价于：

```
request.setAttribute("addError", "error");
```

②target 版：用于给 JavaBean 对象的属性或 Map 对象赋值。

a．给 JavaBean 对象的属性赋值。

其语法如下：

```
<c:set target="objectName"    property="propertyName"
value="propertyValue"    scope="scope"/>
```

各参数的含义如下：

- target：需要操作的 JavaBean 对象，通常使用 EL 表达式来表示。
- property：对象的属性名。
- value：对象的属性值。
- scope：此属性值的作用域，有 4 个可填项，即 page、request、session 和 application。

以下示例，先通过 Servlet 给 JavaBean 对象的属性赋值，代码如程序清单 7.10 和程序清单 7.11 所示。

InitJSTLDataServlet.java：

```
package org.lanqiao.servlet;
//省略 import
public class InitJSTLDataServlet extends HttpServlet{
    …
    protected void doPost(HttpServletRequest request,HttpServletResponse response)
    throws ServletException, IOException    {
        //将一个 Address 对象赋值后，加入 request 作用域，并请求转发到 JSP
        Address address = new Address();
        address.setHomeAddress("北京朝阳区");
        address.setSchoolAddress("北京**中心");
        request.setAttribute("address", address);
        request.getRequestDispatcher("JSTLDemo.jsp").forward(request, response);
    }
}
```

程序清单 7.10

JSTLDemo.jsp：

```
<%@ taglib uri="http://java.sun.com/jsp/jstl/core" prefix="c" %>
…
<body>
    使用 JSTL 赋值之前：${requestScope.address.schoolAddress }
```

```
    <br/>
        <c:set target="${requestScope.address }"
        property="schoolAddress" value="**基地" />
    <br/>
    使用 JSTL 赋值之后：${requestScope.address.schoolAddress }
</body>
```

程序清单 7.11

运行 InitJSTLDataServlet，结果如图 7.7 所示。

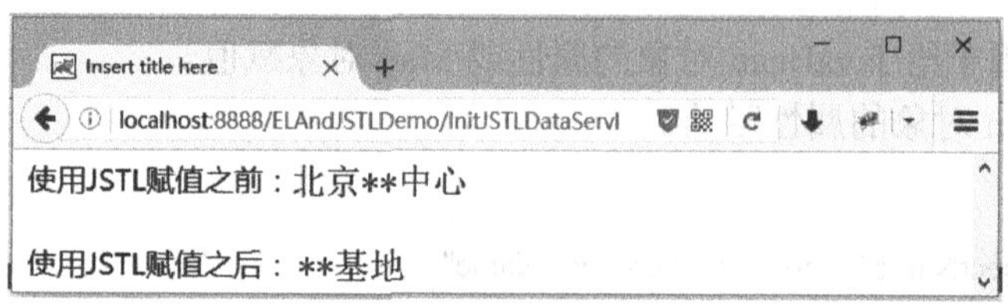

图 7.7　程序运行结果

说明：

由于开发工具的种类或版本存在差异，在使用个别开发工具运行此程序前，需要先将 Tomcat 内的 examples 项目路径下的\WEB-INF\lib 中的 taglibs-standard-impl-1.2.5.jar 和 taglibs-standard-spec-1.2.5.jar 拷贝到当前项目的\WEB-INF\lib 目录下。

b．给 Map 对象赋值。

其语法如下：

```
<c:set target="mapName"  property="mapKey" value="mapValue"  scope="scope"/>
```

各参数的含义如下：

- target：需要操作的 Map 对象，通常使用 EL 表达式来表示。
- property：表示 Map 对象的 key。
- value：表示 Map 对象的 value。
- scope：此 Map 对象的作用域，有 4 个可填项，即 page、request、session 和 application。

以下示例，先通过 Servlet 给 Map 对象的属性赋值，代码如程序清单 7.12 至程序清单 7.14 所示。

InitJSTLDataServlet.java：

```
package org.lanqiao.servlet;
//省略 import
public class InitJSTLDataServlet extends HttpServlet{
    …
    protected void doPost(HttpServletRequest request, HttpServletResponse response)
    throws ServletException, IOException  {
        …
        //将一个 Map 对象赋值后，加入 request 作用域，并请求转发到 JSTLDemo.jsp
        Map<String,String> countries = new HashMap<String,String>();
        countries.put("cn", "中国");
        countries.put("us", "美国");
```

```
            request.setAttribute("countries", countries);
            request.getRequestDispatcher("JSTLDemo.jsp").forward(request, response);
        }
}
```

程序清单 7.12

再使用<c:set.../>对 Map 对象的属性赋值，代码如下。

JSTLDemo.jsp：

```
<%@ taglib uri="http://java.sun.com/jsp/jstl/core" prefix="c" %>
...
<body>
    使用 JSTL 赋值之前：${requestScope.countries.cn }、${requestScope.countries.us }
    <br/>
        <c:set target="${requestScope.countries }" property="cn" value="中华人民共和国" />
    <br/>
    使用 JSTL 赋值之后：${requestScope.countries.cn }、${requestScope.countries.us }<br/>
    <br/>
</body>
```

程序清单 7.13

运行 InitJSTLDataServlet，结果如图 7.8 所示。

图 7.8 程序运行结果

需要注意的是，<c:set>标签不仅能对已有变量赋值；如果需要赋值的变量并不存在，<c:set>也会自动产生该对象，代码如下。

index.jsp：

```
<%@ taglib uri="http://java.sun.com/jsp/jstl/core" prefix="c" %>
<body>
    在 request 作用域内，并不存在 temp 变量：${requestScope.temp } <br/>
    使用<c:set>直接给 temp 赋值为 LanQiao
    <c:set var="temp" value="LanQiao" scope="request"/> <br/>
    再次观察 temp 变量：${requestScope.temp } <br/>
</body>
```

程序清单 7.14

运行结果如图 7.9 所示。

图 7.9 运行结果

（2）输出标签<c:out>。

输出标签<c:out>类似于 JSP 中的<%= %>，但功能更加强大。

其语法如下：

```
<c:out value="value" default="defaultValue" escapeXml="isEscape"/>
```

各参数的含义如下：

- value：输出显示结果，可以使用 EL 表达式。
- default：可选项，当 value 表示的对象不存在或为空时默认的输出值。
- escapeXml：可选项，值为 true 或 false。值为 true 时（默认情况），将 value 中的值以字符串的形式原封不动地显示出来；值为 false 时，会将内容以 HTML 渲染后的结果显示。

以下示例，先在 InitJSTLDataServlet 中创建 address 对象，然后给 address 中的 schoolAddress 属性赋值，再把 address 对象放入 request 作用域，之后请求转发到 index.jsp，代码如程序清单 7.15 和程序清单 7.16 所示。

InitJSTLDataServlet.java：

```
…
protected void doPost(HttpServletRequest request, HttpServletResponse response)
throws ServletException, IOException{
    Address address = new Address();
    addrcss.sctSchoolAddress("北京**中心");
    request.setAttribute("address", address);
    request.getRequestDispatcher("JSTLDemo.jsp").forward(request, response);
}
…
```

程序清单 7.15

index.jsp：

```
<%@ taglib uri="http://java.sun.com/jsp/jstl/core" prefix="c" %>
…
<body>
    request 作用域中，存放了 address 对象及 schoolAddress 属性值：
        <c:out value="${requestScope.address.schoolAddress}" />
        <br/>
    request 作用域中，不存在 student 对象：
        <c:out value="${requestScope.student}" default="student 对象为空"/>
```

```
        <br/>
    当 escapeXml="true"时：
        <c:out value="<a href='https://www.baidu.com/'>百度主页</a>"
              escapeXml="true"/><br/>
    当 escapeXml="false"时：
        <c:out value="<a href='https://www.baidu.com/'>百度主页</a>" escapeXml="false"/>
</body>
```

程序清单 7.16

执行 InitJSTLDataServlet，运行结果如图 7.10 所示。

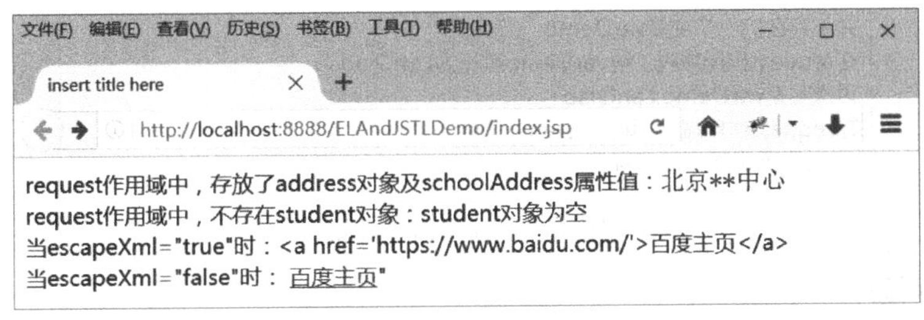

图 7.10 程序运行结果

可以发现，当 value 中输出的对象不存在或为空时，会输出 default 指定的默认值；当 escapeXml 为 false 时，会将 value 中的内容先渲染成 HTML 样式再输出显示。

（3）移除标签<c:remove>。

<c:set>标签的作用是给变量在某个作用域内赋值。与之相反，<c:remove>标签的作用是移除某个作用域内的变量。

其语法如下：

```
<c:remove var="variableName" scope="scope"/>
```

各参数的含义如下：

- var：等待被移除的变量名。
- scope：变量被移除的作用域，有 4 个可填项，即 page、request、session 和 application。

以下是一个示例，代码详见程序清单 7.17。

index.jsp：

```
<%@ taglib uri="http://java.sun.com/jsp/jstl/core" prefix="c" %>
...
<body>
    ...
    并不存在的一个变量 varDemo：
        <c:out value="${varDemo }"   default="不存在"/><br/>
    在 request 作用域内，给 varDemo 赋值为 LanQiao
        <c:set var="varDemo" value="LanQiao" scope="request"/><br/>
    再次观察 varDemo：
        <c:out value="${varDemo }"   default="不存在"/><br/>
    在 request 作用域内，将 varDemo 移除：
        <c:remove var="varDemo" scope="request"/> <br/>
```

```
    再次观察 varDemo:
        <c:out value="${varDemo }"  default="不存在"/><br/>
</body>
```

程序清单 7.17

程序运行结果如图 7.11 所示。

图 7.11　程序运行结果

2. 条件标签库

JSTL 的条件标签库包含单重选择标签<c:if>和多重选择标签<c:choose>…<c:when>…<c:otherwise>。

（1）单重选择标签<c:if>。

<c:if>类似于 Java 中的 if 选择语句。

其语法如下：

```
<c:if test="condition"  var="variableName" scope="scope">
    代码块
</c:if>
```

各参数的含义如下：

- test：判断条件，值为 true 或 false，通常用 EL 表达式表示。当值为 true 时才会执行代码块中的内容。
- var：可选项，保存 test 的判断结果（true 或 false）。
- scope：可选项。设置此变量的作用域，有 4 个可填项，即 page、request、session 和 application。

以下是一个示例，代码详见程序清单 7.18。

JSTLDemo02.jsp：

```
<%@ taglib uri="http://java.sun.com/jsp/jstl/core" prefix="c" %>
…
<body>
    …
    <c:if test="${3>2 }"  var="result" scope="request">
        3>2 结果是:${result }
    </c:if>
</body>
```

程序清单 7.18

程序运行结果如图 7.12 所示。

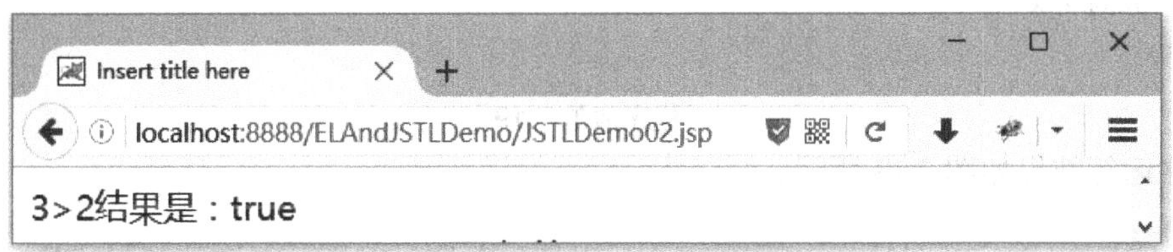

图 7.12 程序运行结果

（2）多重选择标签<c:choose>。

<c:choose>的功能类似于 Java 中的多重 if 语句。

其语法如下：

```
<c:choose>
    <c:when test="">
        代码块 1
    </c:when>
    <c:when test="">
        代码块 2
    </c:when>
    ...
    <c:otherwise>
        代码块 n
    </c:otherwise>
</c:choose>
```

其中，<c:when test="">类似于 Java 中的判断语句 if()和 else if()；<c:otherwise>类似于多重 if 中最后的 else 语句。具体的流程是：当<c:when>中的 test 为 true 时，执行当前<c:when>标签中的代码块；如果所有 when 中的 test 都为 false，则会执行<c:otherwise>中的代码块。

以下是一个示例，代码详见程序清单 7.19。

JSTLDemo02.jsp：

```
<%@ taglib uri="http://java.sun.com/jsp/jstl/core" prefix="c" %>
…
<body>
    …
    <c:set var="role" value="学生" />
    <c:choose>
        <c:when test="${role eq '老师' }">
            老师相关代码
        </c:when>

        <c:when test="${role eq '学生' }">
            学生相关代码
        </c:when>
        <c:otherwise>
            管理员相关代码
```

```
            </c:otherwise>
        </c:choose>
</body>
```

程序清单 7.19

程序运行结果如图 7.13 所示。

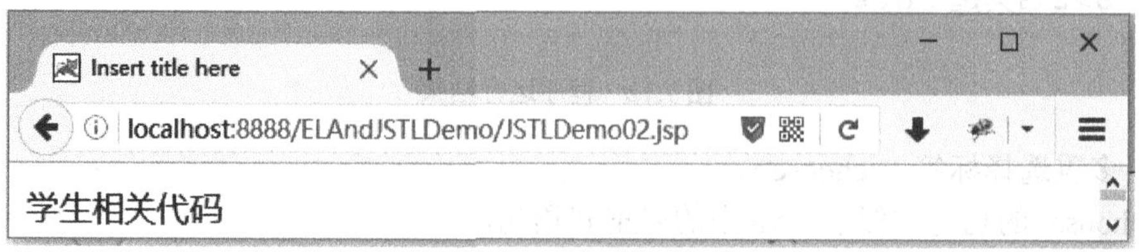

图 7.13　程序运行结果

3．迭代<c:forEach>标签库

在 Java 中有两种 for 循环：一种是传统的 for 循环，形式如 for(int i=0;i<10;i++)；另一种是增强的 for 循环，形式如 for(String name : names)，此处的 names 是字符串数组。类似地，在 JSTL 中也提供了两种<c:forEach>标签与之对应：一种用于遍历集合对象的成员；另一种用于让代码重复地循环执行。

（1）遍历集合对象的成员。

其语法如下：

```
<c:forEach var="variableName" items="collectionName"
            varStatus="variableStatusInfo" begin="beginIndex"
            end="endIndex" step="step">
            迭代集合对象的相关代码
</c:forEach>
```

各参数的含义如下：

- var：当前对象的引用，即表示循环正在遍历的那个对象。例如，当循环遍历到第一个成员时，var 就代表第一个成员；当循环遍历到第二个成员时，var 就代表第二个成员……
- items：当前循环的集合名。
- varStatus：可选项，存放 var 所引用成员的相关信息，如索引号（index）等。
- begin：可选项，遍历集合的开始位置，从 0 开始。
- end：可选项，遍历集合的结束位置。
- step：可选项，默认为 1。遍历集合的步长，例如，当 step 为 1 时，会依次遍历第 0 个、第 1 个、第 2 个……当 step 为 2 时，会依次遍历第 0 个、第 2 个、第 4 个……

以下示例，先通过 Servlet 给集合中加入数据，再用<c:forEach>遍历输出，代码详见程序清单 7.20 和程序清单 7.21。

InitJSTLForeachDataServlet.java：

```
package org.lanqiao.servlet;
//省略 import
public class InitJSTLForeachDataServlet extends HttpServlet {
```

```
…
protected void doPost(HttpServletRequest request, HttpServletResponse response)
throws ServletException, IOException   {
        //Address 类包含家庭地址和学校地址两个属性
        Address add1 =new Address("北京朝阳区","北京大兴区");
        Address add2 =new Address("陕西西安","广东东莞");
        List<Address> addresses = new ArrayList<Address>();
        addresses.add(add1);
        addresses.add(add2);
        //addresses 集合放入 request 作用域内
        request.setAttribute("addresses", addresses);
        request.getRequestDispatcher("JSTLDemo02.jsp").forward(request, response);
    }
}
```

程序清单 7.20

JSTLDemo02.jsp：

```
<%@ taglib uri="http://java.sun.com/jsp/jstl/core" prefix="c" %>
<body>
    …
    <c:forEach var="add" items="${addresses }" varStatus="status" >
        ${status.index}：
        家庭地址：${add.homeAddress } –
        学校地址：${add.schoolAddress }<br/>
    </c:forEach>
</body>
```

程序清单 7.21

执行 http://localhost:8888/ELAndJSTLDemo/InitJSTLForeachDataServlet，运行结果如图 7.14 所示。

图 7.14　程序运行结果

（2）迭代指定的次数。

其语法如下：

```
<c:forEach var="variableName" varStatus="variableStatusInfo"
    begin="beginIndex" end="endIndex" step="step">
    循环体
</c:forEach>
```

其中，var、varStatus、begin、end、step 属性的含义，与“遍历集合对象的成员”中对应的属性含义相同，并且能发现此种方式的<c:forEach>缺少了 items 属性。此种方式的<c:forEach>主要用来让循环体执行固定的次数。

其示例如下，代码详见程序清单 7.22。

JSTLDemo02.jsp：

```
<%@ taglib uri="http://java.sun.com/jsp/jstl/core" prefix="c" %>
<body>
    ...
    <c:forEach  begin="0" end="2"  step="1">
        LanQiao<br>
    </c:forEach>
</body>
```

程序清单 7.22

以上代码中的<c:forEach>类似于 Java 中的 for(int i=0;i<2;i++)，运行结果如图 7.15 所示。

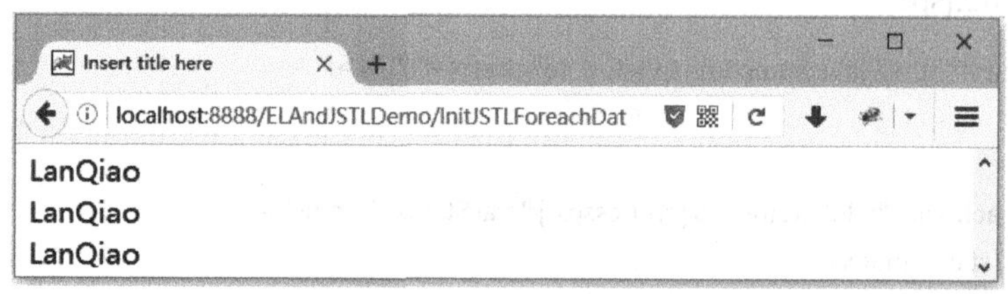

图 7.15　程序运行结果

以上介绍了 EL 表达式和 JSTL 标签库的相关内容，读者可以使用它们来替换以前 JSP 页面中的 Scriptlet。

7.3 本章小结

本章介绍了 EL 表达式和 JSTL 标签库的使用，具体如下：

（1）EL 表达式通常由两部分组成——对象和属性。可以使用点操作符或中括号操作符来操作对象的属性，其语法格式是${EL 表达式}。

（2）在 EL 表达式中，除了点操作符，还可以使用中括号操作符来访问某个对象的属性。如果属性名称中包含一些特殊字符、要访问的对象本身是一个数组或者需要动态取值时，那么必须使用中括号操作符。

（3）EL 表达式的隐式对象有 4 个作用域对象（pageScope、requestScope、sessionScope、sessionScope）、param 对象和 pageContext 对象。

（4）JSTL 包含了开发 JSP 时经常用到的一组标准标签。JSTL 一般结合 EL 表达式一起使用。使用 JSTL 标签库以前，必须先在 Web 项目的 lib 目录中加入两个 jar 包——jstl.jar 和 standard.jar，然后再在需要使用 JSTL 的 JSP 页面中加入支持 JSTL 的 taglib 指令。

（5）JSTL 核心标签库主要包含通用标签库、条件标签库和迭代标签库。通用标签库包括赋值标签<c:set>、输出标签<c:out>和移除标签<c:remove>；条件标签库包括单重选择标签<c:if>和多重选择标签<c:choose>。

7.4 本章练习

单选题

1. 以下选项中，（　　）个是与范围有关的EL隐式对象。

A．cookieScope　　B．pageScope

C．sessionScope　　D．applicationScope

2. 如果session中已经有属性名为user的对象，则EL表达式${not empty sessionScope.user}的值为（　　）。

A．true　　B．false　　C．null　　D．user

3. 已知User类是封装用户信息的JavaBean，其属性包括用户ID（uid）、用户名（uname）。以下代码运行结果是（　　）。

```
<%
    User user = new Use();
    user.setUid(23);
    use.setUname("张三");
%>
    ${user.uname}
```

A．页面输出：null

B．页面输出：张三

C．页面正常运行，但是什么也不输出

D．页面运行错误

4. 以下选项中不属于EL隐式对象的是（　　）。

A．request　　B．requestScope　　C．sessionScope　　D．pageContext

5. 以下可以比较字符串s1和s2关系的是（　　）。

A．${s1==s2}　　B．${s1 es s2 }

C．${s1.equals(s2) }　　D．${s1 等于 s2 }

6. 在JSP中，下列表达式中语法结构正确的是（　　）。

A．$[person.stu-name]　　B．#[person.name]

C．${person.name}　　D．#{requestScope["person.name"] }

7. EL表达式${user.loginName}的执行效果等同于（　　）。

A．<%user.getLoginName();%>　　B. <%=user.getLoginName()%>

C．<%=user.loginName%>　　D．<%user.loginName;%>

8. EL表达式${10 mod 3}的执行结果为（　　）。

A．10 mod 3　　B．null　　C．3　　D．1

第 8 章

自定义标签

本章简介

除了第 7 章介绍的 EL 和 JSTL，开发者还可以根据需求自定义标签。本章将讲解自定义传统标签和自定义简单标签的具体步骤。其中，自定义传统标签需要遵循 JSP 1.1 规范，而自定义简单标签遵循的是 JSP 2.0 规范，因此，两种方式的自定义标签在使用上存在较大的差异。使用自定义标签可以使得前端代码更加模块化，便于代码复用，从而提高前端开发的效率。

8.1 自定义标签简介

除了 EL 和 JSTL 标签库，JSP 还支持用户使用自己开发的标签（自定义标签）。用于开发自定义标签的 API 都位于 javax.servlet.jsp.tagext 包中，其中一些重要的类和接口的继承及实现关系如图 8.1 所示。

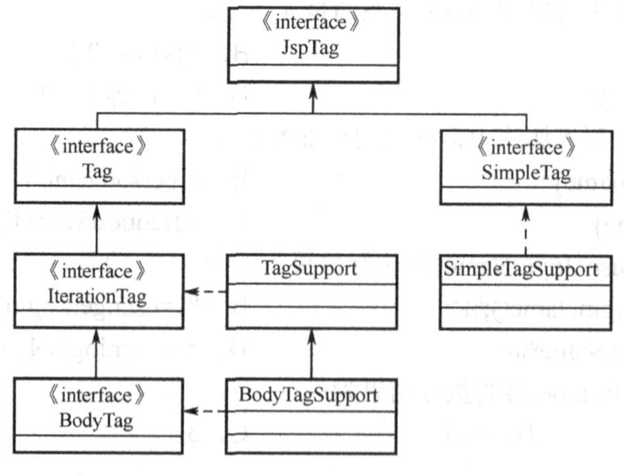

图 8.1 自定义标签结构图

开发一个自定义标签需要经过编写标签处理类、编写标签库描述符、导入并使用标签三个步骤，具体介绍如下。

1. 编写标签处理类

编写标签处理类有两种方式：传统方式和简单方式。

传统方式（JSP 1.1 规范）：需要实现图 8.1 中的 javax.servlet.jsp.tagext.Tag 接口

简单方式（JSP 2.0 规范）：需要实现图 8.1 中的 javax.servlet.jsp.SimpleTag 接口

如果 JSP 在编译阶段发现代码中存在自定义标签，传统方式将会调用标签处理类中的 doStartTag()方法，而简单方式将会调用标签处理类中的 doTag()方法。

2. 编写标签库描述符

JSP 在编译时，可以通过标签库描述符文件（Tag Library Descriptor，TLD）找到对应的标签处理类。一个标签处理类必须先在 TLD 文件中注册，之后才能被 JSP 容器识别并调用。一个 TLD 文件中可以注册多个标签处理类，多个标签处理类就形成了一个自定义标签库。可以发现，标签处理类和 TLD 文件之间的关系类似于 Servlet 和 web.xml 文件之间的关系。TLD 文件实质上是一个 XML 文件，存放在 Web 项目的 WEB-INF 或其子目录下（WEB-INF\lib 和 WEB-INF\classes 除外），如下代码所示是一个 TLD 文件的编写格式。

WEB-INF\文件名.tld：

```
<?xml version="1.0" encoding="UTF-8"?>
<!-- 自定义标签库的头文件 -->
<taglib xmlns="http://java.sun.com/xml/ns/j2ee"
        xmlns:xsi="http://www.w3.org/2001/XMLSchema-instance"
        xsi:schemaLocation="http://java.sun.com/xml/ns/j2ee
                            http://java.sun.com/xml/ns/j2ee/web-jsptaglibrary_2_0.xsd"
        version="2.0">
    <!-- 标签库的相关信息 -->
    <description>标签库的描述信息</description>
    <display-name>标签库名</display-name>
    <!-- 标签库的版本号 -->
    <tlib-version>1.0</tlib-version>
    <short-name>标签库的简称</short-name>
    <uri>标签库的 uri</uri>

    <!-- 自定义标签的相关信息 -->
    <tag>
        <description>标签的描述信息</description>
        <name>标签名</name>
        <tag-class>自定义标签处理类</tag-class>
        <body-content>标签体的类型</body-content>
    </tag>
</taglib>
```

其中，<tag>标签中的<body-content>元素共有 4 个可选值，如表 8.1 所示。

表 8.1　<body-content>元素值

元 素 值	简　　介
empty	表示在使用自定义标签时不能设置标签体

续表

元 素 值	简 介
JSP	表示标签体可以是任意的 JSP 元素。JSP 必须大写
scriptless	表示标签体可以包含除 scriptlet 以外的任意 JSP 元素
tagdependent	表示 JSP 容器对标签体的内容不进行任何解析处理。例如，标签体中的<…>、<%…%>、${…}等，都会被当作普通的字符文本

说明：

问：TLD 文件的头文件、<tag>等标签较多，是否都必须记忆呢？

答：在使用 JSTL 时，曾导入过 JSTL 标签库<%@ taglib uri="http://java.sun.com/jsp/jstl/core" prefix="c" %>。在 Eclipse 等开发工具中，按 Ctrl 键的同时单击该 uri 的超链接，就能打开 JSTL 标签库的源代码 c.tld，c.tld 本身也是一个自定义标签。因此，读者自己在开发 TLD 文件时，可以参考 c.tld 源码。

3．导入并使用标签

在使用自定义标签以前，需要先用 taglib 指令指定导入的 TLD 文件，代码如下：

```
<%@ taglib uri="…" prefix="…" %>
```

其中的属性含义如表 8.2 所示。

表 8.2　taglib 属性

属 性	简 介
uri	指定引用的是哪一个 TLD 文件，必须与要引入 TLD 文件的<uri>值一致。 相当于数据表的 ID 值
prefix	自定义标签的使用前缀。例如，如果设置了 JSTL 的 prefix="c"，那么在使用时，就可以通过<c: …/>的方式使用 JSTL

在 JSP 中导入 TLD 文件后，就可以使用自定义标签了。自定义标签的使用方法有以下几种。

（1）空标签。空标签是指不包含标签体的标签，其语法格式如下：

```
<prefix: tagname/>
```

或

```
<prefix: tagname></prefix: tagname>
```

其中，prefix 表示标签的前缀；tagname 表示标签名，标签名必须与 TLD 文件中<name>定义的标签名一致。

（2）带标签体的标签。其语法格式如下：

```
<prefix: tagname>标签体</prefix: tagname>
```

其中，标签体可以是 JSP 的页面元素（普通文本、scriptlet、EL 表达式等）。

（3）带属性的标签。属性是对标签元素的补充说明，一般定义在开始标签中，其语法格式如下：

```
<prefix: tagname   属性名 1="属性值 1"    属性名 2="属性值 2"   …>
      [标签体]
</prefix: tagname>
```

需要说明的是，空标签和带标签体的标签都可以含有属性，并且一个标签中可以定义多个属性。

（4）嵌套标签。嵌套标签是指在一个标签中嵌套另一个标签，并且可以多重嵌套，其中，外层标签称为父标签，内层标签称为子标签。其语法格式如下：

```
<prefix: tagname1   …>
      <prefix: tagname2   …>
            [标签体]
      </prefix: tagname2>
</prefix: tagname1>
```

8.2　传统标签

8.2.1　Tag 接口

图 8.1 中的 Tag 是所有传统标签的父接口，该接口的源代码如下。

javax.servlet.jsp.tagext.Tag.java：

```
//package、import
public interface Tag extends JspTag {
    public static final int SKIP_BODY = 0;
    public static final int EVAL_BODY_INCLUDE = 1;
    public static final int SKIP_PAGE = 5;
    public static final int EVAL_PAGE = 6;
    void setPageContext(PageContext pc);
    void setParent(Tag t);
    Tag getParent();
    int doStartTag() throws JspException;
    int doEndTag() throws JspException;
    void release();
}
```

接口中，Tag 属性及方法的含义分别如表 8.3 和表 8.4 所示。

表 8.3　Tag 属性

属　性	简　介
SKIP_BODY	doStartTag()方法的返回值，表示标签体不会被执行
EVAL_BODY_INCLUDE	doStartTag()方法的返回值，表示标签体会被执行
SKIP_PAGE	doStartTag()方法的返回值，表示标签后面的 JSP 页面内容不被执行
EVAL_PAGE	doStartTag()方法的返回值，表示标签后面的 JSP 页面内容继续执行

表 8.4 Tag 方法

方　法	简　介
void setPageContext(PageContext pc)	JSP 容器在实例化标签处理类后，会调用 setPageContext()方法将 JSP 的内置对象 PageContext 对象传递给标签处理类。此后，标签处理类就可以通过 PageContext 对象与 JSP 页面进行通信
void setParent(Tag t)	JSP 调用完 setPageContext()方法后，就会调用 setParent()方法将当前标签的父标签处理类对象传递给当前标签处理类；如果当前标签没有父标签，则参数 t 为 null
Tag getParent()	获取当前标签的父标签处理类对象
int doStartTag() throws JspException	当 JSP 容器解析到自定义标签的开始标签时，会自动调用 doStartTag()方法。该方法的返回值是 EVAL_BODY_INCLUDE 和 SKIP_BODY 两个常量。 如果使用的是 Tag 的子接口 BodyTag，则返回值还可以是 BodyTag.EVAL_BODY_BUFFERED
int doEndTag() throws JspException	当 JSP 容器解析到自定义标签的结束标签时，会自动调用 doEndTag()方法。该方法的返回值是 EVAL_PAGE 和 SKIP_PAGE 两个常量
void release()	在标签处理类对象被当作垃圾回收之前，JSP 容器会调用 release()方法，用于释放标签处理类对象所占用的资源

当 JSP 容器将 JSP 文件（.jsp）翻译成 Servlet（.java）时，如果遇到 JSP 标签，就会创建标签处理类的实例对象，然后依次调用该对象的 setPageContext()、setParent()、doStartTag()、doEndTag()和 release()方法。

8.2.2 IterationTag 接口

如果需要对标签体的内容进行重复处理，可以使用 IterationTag 接口，该接口的定义如下。

javax.servlet.jsp.tagext.IterationTag.java：

```
//package、import
public interface IterationTag extends Tag {
    public static final int EVAL_BODY_AGAIN = 2;
    int doAfterBody() throws JspException;
}
```

可以发现，IterationTag 接口继承自 Tag 接口，并且在 Tag 的基础上新增了一个 EVAL_BODY_AGAIN 常量和一个 doAfterBody()方法，二者的含义如表 8.5 所示。

表 8.5 IterationTag 新增常量及方法

常量/方法	简　介
EVAL_BODY_AGAIN 常量	doAfterBody()的一个返回值，表示 JSP 容器会把标签体的内容重复执行一次
int　doAfterBody()方法	JSP 容器在每次执行完标签体后，就会自动调用 doAfterBody()方法。该方法的返回值是 SKIP_BODY 和 EVEL_BODY_AGAIN。 SKIP_BODY：表示 JSP 容器会去执行代表结束标签的 doEndTag()方法； EVEL_BODY_AGAIN：表示 JSP 容器会去重复执行标签体

以下是一个使用 IterationTag 接口实现重复执行标签体的具体案例。

1．编写标签处理类

JSP 容器提供了一个 TagSupport 类，该类实现了 IterationTag 接口。因此，在编写自定义标签处理类时，也可以直接继承 TagSupport 类。具体代码详见程序清单 8.1。

org.lanqiao.tag.MyIterator.java：

```
//package、import
public class MyIterator extends TagSupport{
    //定义 num 变量，用于设置循环次数
    private int num;
    //num 的 setter、getter 方法
    @Override
    public int doStartTag() throws JspException   {
        return Tag.EVAL_BODY_INCLUDE ; //执行一次标签体
    }
    @Override
    public int doAfterBody() throws JspException {
        num-- ;
        //如果没执行完指定的循环次数，则重复执行一次标签体；否则跳过标签体
        return num>0 ? EVAL_BODY_AGAIN:SKIP_BODY;
    }
}
```

程序清单 8.1

在 MyIterator 类中，可以通过 setNum()设置循环次数，然后通过 doStartTag()方法执行一次标签体，最后通过 doAfterBody()方法控制标签体的循环次数。

2．在 TLD 文件中注册标签处理类

在 WEB-INF/myTag.tld 中，注册标签处理类 MyIterator，具体代码详见程序清单 8.2。

WEB-INF/myTag.tld：

```
<?xml version="1.0" encoding="UTF-8"?>
<taglib xmlns="http://java.sun.com/xml/ns/j2ee"
    xmlns:xsi="http://www.w3.org/2001/XMLSchema-instance"
    xsi:schemaLocation="http://java.sun.com/xml/ns/j2ee
    http://java.sun.com/xml/ns/j2ee/web-jsptaglibrary_2_0.xsd"
    version="2.0">
    <!-- 自定义标签库的相关信息 -->
    <description>我的自定义传统标签库</description>
    <display-name>myTagLibrary</display-name>
    <tlib-version>1.0</tlib-version>
    <short-name>myTagLib</short-name>
    <uri>http://www.lanqiao.cn</uri>

    <!-- 自定义标签的相关信息 -->
    <tag>
        <description>自定义迭代器标签</description>
        <name>myIterator</name>
```

```
            <tag-class>org.lanqiao.tag.MyIterator</tag-class>
            <body-content>JSP</body-content>
            <attribute>
                <!-- 设置 MyIterator 的 num 属性为必填项 -->
                <name>num</name>
                <required>true</required>
            </attribute>
        </tag>
</taglib>
```

程序清单 8.2

以上代码，在 myTagLib 标签库中定义了一个 myIterator 标签。

3. 编写 JSP 页面

现在就来使用之前已经创建并注册过的 myIterator 标签，具体代码详见程序清单 8.3。

myIterator.jsp：

```
<!-- 导入自定义标签库 -->
<%@ taglib uri="http://www.lanqiao.cn"   prefix="lanqiao"%>
…
<html>
…
    <body>
        <lanqiao:myIterator num="3">
                蓝桥学院<br/>
        </lanqiao:myIterator>
    </body>
</html>
```

程序清单 8.3

部署项目，启动服务，在浏览器中执行 http://localhost:8888/JspTagProject/myIterator.jsp，运行结果如图 8.2 所示。

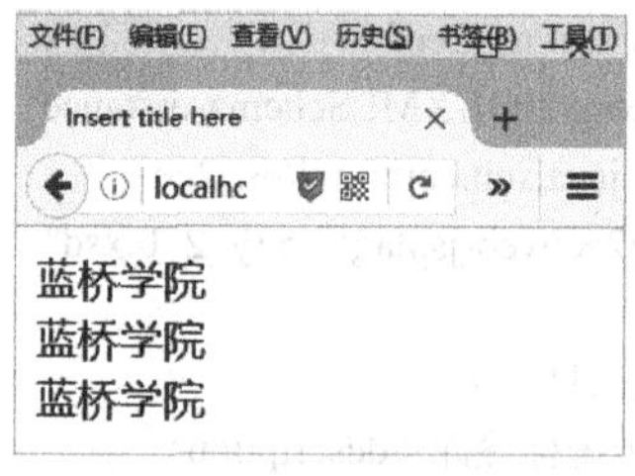

图 8.2 程序运行结果

以上就是使用传统方式开发自定义标签的基本步骤。

8.2.3 BodyTag 接口

除了上面介绍的“基本步骤”，还可以在标签体的内容被显示之前进行一些额外的处理。例如，可以先将要显示的英文字母全部转为小写字母之后再显示。要想实现这样的功能，就可以使用 BodyTag 接口。BodyTag 的源代码如下：

```
//packag、import
public interface BodyTag extends IterationTag {
    @SuppressWarnings("dep-ann")
    public static final int EVAL_BODY_TAG = 2;
    public static final int EVAL_BODY_BUFFERED = 2;
    void setBodyContent(BodyContent b);
    void doInitBody() throws JspException;
}
```

可以发现，BodyTag 接口继承自 IterationTag 接口，并且在 IterationTag 的基础上新增了两个常量和两个静态方法，其具体含义如表 8.6 所示。

表 8.6 BodyTag 新增常量及方法

常量/方法	简　介
EVAL_BODY_TAG	从 JSP 1.2 开始，不再推荐使用此常量。可以使用 BodyTag.EVAL_BODY_BUFFERED 或 IterationTag.EVAL_BODY_AGAIN 替代此常量
EVAL_BODY_BUFFERED	doStartTag()的第三个返回值，其余两个是在传统方式的上级接口 Tag 中定义的 SKIP_BODY 和 EVAL_BODY_INCLUDE。 当返回 EVAL_BODY_BUFFERED 时，JSP 容器就会创建一个 javax.servlet.jsp.tagext.BodyContent 对象，并调用 setBodyContent()方法
BodyContent bodyContent	当前标签的标签体，被当作缓冲区使用。真正的缓冲区实际上是 BodyContent 对象中的数组变量 char[] cb
void setBodyContent(BodyContent b)	当 doStartTag()返回 EVAL_BODY_BUFFERED 时，JSP 容器就会调用此方法将标签体的内容传递给 bodyContent 属性
void doInitBody() throws JspException	当 JSP 容器执行完 setBodyContent()以后，就会调用 doInitBody()方法来进行一些初始化工作，为执行标签体做准备

其中，BodyContent 的完整定义如下：

```
public abstract class BodyContent extends JspWriter
{…}
```

BodyContent 是一个抽象类，它的子类 BodyContentImpl 的部分源代码如下：

```
public class BodyContentImpl extends BodyContent {
    //缓冲变量
    private char[] cb;
    …
    @Override
    public void write(char[] cbuf, …) throws IOException {…}
    …
}
```

可以发现，在 BodyContentImpl 中定义了一个用于存储数据的缓冲变量 cb。当调用 BodyContent 对象的 write()方法写数据时，数据将被写入缓冲变量 cb 中。

综上所述，JSP 容器使用 BodyContent 对象处理标签体的大致流程是：当标签处理类对象的 doStartTag()方法返回 EVAL_BODY_BUFFERED 时，JSP 容器就会创建一个 BodyContent

对象，然后调用该对象的 write()方法将标签体的内容写入 BodyContent 对象的缓冲变量 cb 中。之后，开发者只需要访问 BodyContent 的缓冲变量 cb，就能够对标签体的内容进行处理。BodyContent 类中还定义了如表 8.7 所示的方法，用于访问缓冲变量 cb 中的内容。

表 8.7　BodyContent 常用方法

方　法	简　介
public abstract String getString()	返回 BodyContent 对象在缓冲变量中保存的数据
public abstract Reader getReader()	返回 Reader 对象，用于读取缓冲变量中的数据
public abstract void writeOut(Writer out) throws IOException	将 BodyContent 对象保存在缓冲变量中的数据写入指定的输出流
public void clearBody()	清空 BodyContent 对象在缓冲变量中保存的数据
public JspWriter getEnclosingWriter()	返回 JspWriter 对象。当 JSP 容器创建 BodyContent 对象后，PageContext 对象中的 out 属性就不再指向 JSP 隐式对象，而是指向新创建的 BodyContent 对象；同时，在 BodyContent 对象中会用一个 JspWriter 类型的成员变量 enclosingWriter 记住原来的隐式对象，getEnclosingWriter()就是返回原来的隐式对象

JSP 容器在执行标签处理类时，除了会用到 BodyContent 类，还会涉及很多的方法或属性，具体流程如图 8.3 所示。

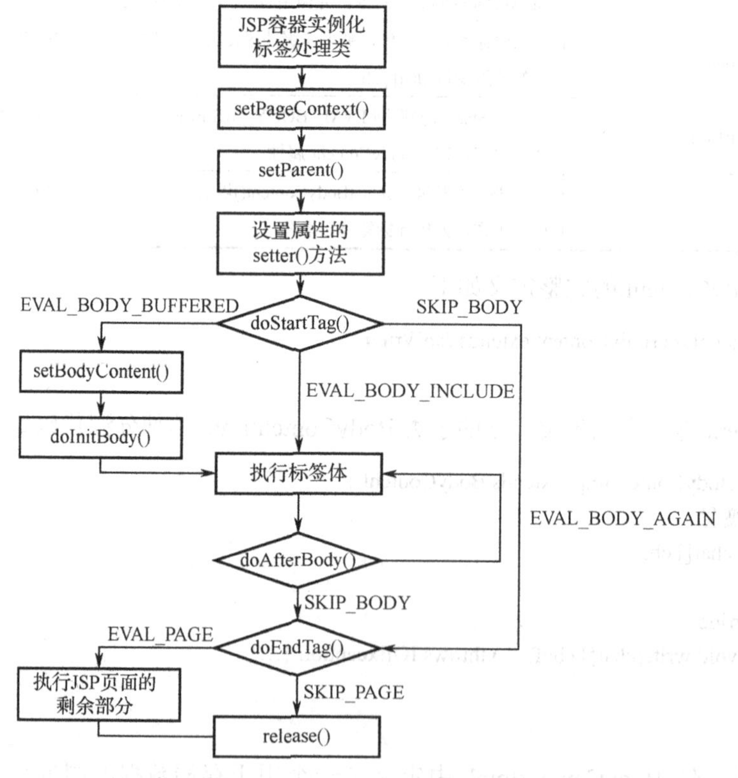

图 8.3　标签处理流程

其中，release()方法只有在标签处理类对象被当作垃圾回收前才被调用。并且，传统方式的标签处理类是单例的，只会被创建和销毁一次。

以下是一个编写<lanqiao:toLowerCase>标签的案例。

1．编写标签处理类

编写 ToLowerCase 类并继承 BodyTagSupport，使之成为一个标签处理类，具体代码详见程序清单 8.4。

org.lanqiao.tagbody.ToLowerCase.java：

```
//packag、import
public class ToLowerCase extends BodyTagSupport{
    /*
    父类 BodyTagSupport 的 doStartTag()方法默认返回 EVAL_BODY_BUFFERED。
    当返回 EVAL_BODY_BUFFERED 时，JSP 容器就会将标签体的内容通过 setBodyContent()方法设
置到父类的 BodyContent 对象（缓冲区对象）。之后就可以在 BodyContent 对象中获取需要的数据
    */
    //当 JSP 容器解析到自定义标签的结束标签时，会自动调用 doEndTag()方法
    @Override
    public int doEndTag() throws JspException {
        //获取缓冲区中的数据
        String content = getBodyContent().getString();
        //将数据转为小写
        content = content.toLowerCase() ;

        try{
            bodyContent.getEnclosingWriter().write(content);
            //或 pageContext.getOut().write(content);
        }catch (...){...}
        return super.doEndTag();
    }
}
```

程序清单 8.4

JSP 容器在调用 doStartTag()方法时，会将标签体的内容赋值到缓冲区 BodyContent 对象中，之后就可以在 doEndTag()方法中通过 getBodyContent().getString()获取 BodyContent 中的缓冲区数据，之后再将缓冲区数据转为小写并输出。

2．注册标签处理类

在 myTag.tld 中注册标签处理类，具体代码详见程序清单 8.5。

WEB-INF\myTag.tld：

```
<taglib ...>
    ...
    <tag>
        <name>toLowerCase</name>
        <tag-class>org.lanqiao.tagbody.ToLowerCase</tag-class>
        <body-content>JSP</body-content>
    </tag>
```

```
</taglib>
```

程序清单 8.5

3. 编写 JSP 页面，使用自定义标签

具体代码详见程序清单 8.6。

myToLowerCase.jsp：

```
<!-- 导入自定义标签库 -->
<%@ taglib uri="http://www.lanqiao.cn"    prefix="lanqiao"%>
…
<html>
…
<body>
        <lanqiao:toLowerCase>
                HELLO LANQIAO<br/>
        </lanqiao:toLowerCase>
</body>
</html>
```

程序清单 8.6

程序运行结果如图 8.4 所示。

图 8.4　程序运行结果

可以发现，<lanqiao:toLowerCase>成功地将 JSP 文件中的“HELLO LANQIAO”转为了小写。

8.3 简单标签

通过 8.2 节的学习不难发现，传统自定义标签开发起来比较烦琐。因此，从 JSP 2.0 开始推出了一个新的标签——简单标签。从图 8.1 可知，简单标签的上级接口是 SimpleTag。

简单标签接口 SimpleTag 与传统标签接口 Tag 的最大区别是：SimpleTag 接口中只定义了一个用于处理标签逻辑的 doTag()方法，该方法统一了 Tag 接口中的 doStartTag()、doEndTag()和 doAfterBody()等方法。doTag()方法会在 JSP 容器执行自定义标签时被调用，并且只会被调用一次。

8.3.1 SimpleTag 接口

SimpleTag 接口中的常用方法如表 8.8 所示。

表 8.8　SimpleTag 常用方法

方　　法	简　　介
public void doTag()　throws JspException,IOException	用于完成所有的逻辑操作：输出、迭代、修改标签体等。除了定义中的两个异常外，此方法还会抛出 SkipPageException 异常。 若抛出 SkipPageException，就等效于传统标签 doEndTag()方法返回 SKIP_PAGE 常量，即通知 JSP 容器不再执行 JSP 页面中位于结束标签以后的内容
public void setParent(JspTag parent)	用于将当前标签的父标签处理类对象传递给当前标签处理类。如果当前标签没有父标签，JSP 容器会忽略执行此方法
public JspTag getParent()	返回当前标签的父标签处理类对象。如果没有，则返回 null
public void setJspContext(JspContext pc)	用于将 JSP 内置对象 PageContext 对象传递给标签处理类。之后，标签处理类就可以通过 PageContext 对象与 JSP 页面进行交互。JspContext 是 PageContext 的父类
public void setJspBody(JspFragment jspBody)	用于把标签体的 JspFragment 对象传递给标签处理类对象

在使用简单标签时，标签处理类的执行流程如图 8.5 所示。

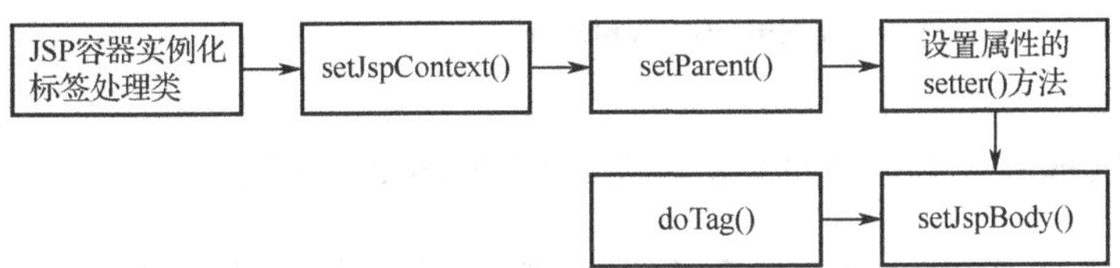

图 8.5　简单方式的流程

JSP 容器会在每次处理 JSP 页面中的简单标签时，创建一个独立的标签处理类对象，而不会像传统标签那样对标签处理类对象进行缓存，因此，简单标签是线程安全的。

8.3.2　JspFragment 类

在使用简单标签时，JspFragment 对象表示 JSP 页面中的一个 JSP 片段，但该片段中不能包含 Scriptlet（JSP 脚本元素）。JSP 容器在处理简单标签的标签体时，会把标签体内容用一个 JspFragment 对象表示，并调用标签处理类对象的 setJspBody()方法将 JspFragment 对象传递给标签处理类对象。之后，就可以调用 JspFragment 对象的方法来决定是否循环、输出标签体等操作。JspFragment 类的源代码如下。

javax.servlet.jsp.tagext.JspFragment.java：

```
//package、import
public abstract class JspFragment
{
    public abstract void invoke( Writer out )throws JspException, IOException;
    public abstract JspContext getJspContext();
}
```

JspFragment 中定义的方法如表 8.9 所示。

表 8.9　JspFragment 中定义的方法

方　法	简　介
void invoke(Writer out)	用于将标签体的内容写入输出流 out 对象中。如果参数 out 的值为 null，JSP 容器会将标签内容写入 JspContext.getOut()方法返回的输出流对象中。 如果 doTag()方法调用一次 invoke()，则会执行一次标签体；如果调用多次 invoke()，就会执行多次标签体
JspContext getJspContext()	用于返回代表页面的 JspContext 对象

值得注意的是，JspFragment 既没有提供像 BodyContent 那样的缓冲区，也没有定义 getString()之类的方法获取标签体的内容。如果要对标签体的内容进行修改，只需要在 invoke()方法中传入一个输出流对象，然后把标签体的执行结果输出到该输出流对象中，再从输出流中获取数据、修改并显示。

8.3.3　SimpleTagSupport 类

简单标签的 SimpleTag 接口有一个实现类 SimpleTagSupport，该接口的定义如下。

javax.servlet.jsp.tagext.SimpleTagSupport.java：

```
public class SimpleTagSupport implements SimpleTag
{…}
```

SimpleTagSupport 类中定义的重要方法及属性如表 8.10 所示。

表 8.10　SimpleTagSupport 类中定义的重要方法及属性

属性/方法	简　介
jspContext 属性	用于保存 JSP 容器传入的 JspContext 对象
jspBody 属性	用于保存 JSP 容器传入的 JspFragment 对象
protected JspContext getJspContext()方法	用于返回代表调用页面的 JspContext 对象
protected JspFragment getJspBody()方法	用于返回代表标签体的 JspFragment 对象

以下通过一个示例来演示使用简单标签的具体步骤（实现循环功能，与之前传统标签方式开发的<lanqiao:myIterator>功能相同）。

1. 编写标签处理类

编写 MySimpleIterator 类并继承 SimpleTagSupport 类，具体代码详见程序清单 8.7。

org.lanqiao.tag.MySimpleIterator.java：

```
//package、import
public class MySimpleIterator extends SimpleTagSupport{
    private int num ;
    //省略 num 的 setter、getter 方法
    //对标签进行逻辑处理
    @Override
    public void doTag() throws JspException, IOException    {
        //获取标签体
        JspFragment jFragment =super.getJspBody();
```

```
            //控制标签体的循环次数
            for(int i=0;i<num;i++) {
                jFragment.invoke(null);
            }
            super.doTag();
        }
}
```

程序清单 8.7

2．在 TLD 文件中注册标签处理类

模仿传统方式的 myTag.tld，编写注册简单标签的 TLD 文件 mySimpleTag.tld，具体代码详见程序清单 8.8。

WEB-INF\mySimpleTag.tld：

```
<?xml version="1.0" encoding="UTF-8"?>
<taglib xmlns="http://java.sun.com/xml/ns/j2ee"
        xmlns:xsi="http://www.w3.org/2001/XMLSchema-instance"
        xsi:schemaLocation="http://java.sun.com/xml/ns/j2ee
                            http://java.sun.com/xml/ns/j2ee/web-jsptaglibrary_2_0.xsd"
        version="2.0">
        <!-- 自定义简单标签库的相关信息 -->
        <description>我的自定义简单标签库</description>
        <display-name>mySimpleTagLibrary</display-name>
        <tlib-version>1.0</tlib-version>
        <short-name>mySimpleTagLib</short-name>
        <uri>lanqiao.org</uri>

        <tag>
                <description>自定义迭代器简单标签</description>
                <name>mySimpleIterator</name>
                <tag-class>org.lanqiao.tag.MySimpleIterator</tag-class>
                <!-- 指定标签体为 scriptless：除 JSP 脚本元素以外的 JSP 元素 -->
                <body-content>scriptless</body-content>
                <attribute>
                        <name>num</name>
                        <required>true</required>
                </attribute>
        </tag>

</taglib>
```

程序清单 8.8

需要注意的是，简单标签的<body-content>元素值只能是 scriptless（默认）、empty 和 tagdependent。

3．编写 JSP 页面

导入自定义简单标签并使用，具体代码详见程序清单 8.9。

mySimpleIterator.jsp：

```
<%@ taglib uri="lanqiao.org" prefix="lq" %>
…
<html>
…
<body>
    <lq:mySimpleIterator num="3">
        hello lanqiao<br/>
    </lq:mySimpleIterator>
</body>
</html>
```

程序清单 8.9

执行 http://localhost:8888/JspTagProject/mySimpleIterator.jsp，运行结果如图 8.6 所示。

图 8.6 程序运行结果

8.3.4 标签体内容的执行条件

有时候需要判断标签体是否会被执行。例如，如果登录成功，则执行某个标签体，否则就不执行。对于传统标签，可以通过 doEndTag()的返回值来判断。而对于简单标签，就需要使用 doTag()方法：如果登录成功，则显示欢迎信息；如果登录失败，doTag()会抛出 SkipPageException 异常，用于通知 JSP 容器不再执行标签体的内容。

以下通过一个示例来演示此登录验证的具体步骤。

1．编写标签处理类

通过 doTag()方法接收 session 域中的 username 属性值，如果属性值不为空就执行标签体的内容，具体代码详见程序清单 8.10。

org.lanqiao.tag.Login.java：

```
//package、import
public class Login extends SimpleTagSupport{
    @Override
    public void doTag() throws JspException, IOException    {
        PageContext pageContext = (PageContext)super.getJspContext();
        HttpSession session = pageContext.getSession() ;
        //获取 session 中的 username 属性
        String name = (String)session.getAttribute("username") ;
        //如果 name 不为空，则执行标签体的内容
        if(name !=null)   {
            this.getJspBody().invoke(null);
```

```
        }
    }
}
```

程序清单 8.10

2．在 TLD 文件中注册标签处理类

具体代码详见程序清单 8.11。

WEB-INF\mySimpleTag.tld：

```
...
    <uri>lanqiao.org</uri>
    ...
    <tag>
        <name>login</name>
        <tag-class>org.lanqiao.tag.Login</tag-class>
        <!-- 简单标签不能包含 JSP 脚本元素，因此不能设置成 JSP -->
        <body-content>scriptless</body-content>
    </tag>
...
```

程序清单 8.11

3．编写 JSP 页面，导入并使用自定义标签

具体代码详见程序清单 8.12。

index.jsp：

```
<%@ taglib uri="lanqiao.org"   prefix="lq"%>
...
<html>
...
<body>
    <lq:login>
        ${username },已登录 <br/>
    </lq:login>
    网站内容
</body>
</html>
```

程序清单 8.12

<lq:login>标签会根据 session 域中是否有 username 属性来判断标签体的内容是否执行。

4．编写 Servlet，接收用户的访问请求

将用户请求中的 uname 属性设置到 session 域的 username 对象中，具体代码详见程序清单 8.13。

org.lanqiao.tag.loginServlet.java：

```
//package、import
public class loginServlet extends HttpServlet{
    protected void doGet(HttpServletRequest request, HttpServletResponse response)
    throws ServletException, IOException   {
```

```
            String uname = request.getParameter("uname") ;
            if(uname !=null) {
                request.getSession().setAttribute("username",uname);
            }
            request.getRequestDispatcher("index.jsp").forward(request, response);

        }

        protected void doPost(...) throws ... {
            this.doGet(request, response);
        }
    }
```

程序清单 8.13

5. 通过 URL 访问 Servlet，测试用户的访问请求

如果访问的 URL 中带有 uname 参数，如 http://localhost:8888/JspTagProject/LoginServlet?uname=zhangsan，运行结果如图 8.7 所示。

图 8.7　URL 中带有 uname 参数时的运行结果

如果访问的 URL 中不带 uname 参数，如 http://localhost:8888/JspTagProject/LoginServlet，运行结果如图 8.8 所示。

图 8.8　URL 中不带 uname 参数时的运行结果

可以发现，如果访问请求中带有 uname 属性，那么 Servlet 会接收 uname 属性值，并将其放入 session 域中的 username 对象中，之后，标签处理类的 doTag()方法再根据 session 域中是否有 username 对象来判断标签体是否执行。

8.4 本 章 小 结

本章讲述了自定义标签的用法，具体如下：

（1）开发一个自定义标签需要经过编写标签处理类、编写标签库描述符、导入并使用标

签三个步骤。

（2）编写标签处理类有两种方式：传统方式和简单方式。传统方式（JSP 1.1 规范）需要实现 javax.servlet.jsp.tagext.Tag 接口，简单方式(JSP 2.0 规范)需要实现 javax.servlet.jsp.SimpleTag 接口。

（3）一个标签处理类必须先在 TLD 文件中注册，之后才能被 JSP 容器识别并调用。一个 TLD 文件中可以注册多个标签处理类，多个标签处理类就形成了一个自定义标签库。

（4）使用自定义标签以前，需要先在 JSP 文件中用 taglib 指令导入相应的 TLD 文件。

（5）使用传统标签，当 JSP 容器将 JSP 文件（.jsp）翻译成 Servlet（.java）时，如果遇到 JSP 标签，就会创建标签处理类的实例对象，然后依次调用该对象的 setPageContext()、setParent()、doStartTag()、doEndTag()和 release()方法。简单标签接口 SimpleTag 与传统标签接口 Tag 的最大区别是：SimpleTag 接口中只定义了一个用于处理标签逻辑的 doTag()方法，该方法替代了 Tag 接口中的 doStartTag()、doEndTag()和 doAfterBody()等方法。doTag()方法会在 JSP 容器执行自定义标签时被调用，并且只会被调用一次。

（6）若使用简单标签，JSP 容器会在每次解析标签时创建一个独立的标签处理类对象，而不会像传统标签那样对标签处理类对象进行缓存，因此，简单标签是线程安全的。

（7）有时候需要判断标签体是否会被执行：传统标签可以通过 doEndTag()的返回值来判断；而对于简单标签，就需要使用 doTag()方法结合 SkipPageException 异常来判断。

8.5 本章练习

单选题

1．以下关于标签库描述符文件的说法中错误的是（　　）。

A．JSP 在编译时需要找到对应的标签处理类。

B．一个 TLD 文件中可以注册多个标签处理类。

C．标签处理类必须先在 TLD 中注册，之后才能使用。

D．每个标签处理类必须单独定义 TLD 文件，形成自定义标签库。

2．以下关于 doStartTag()方法返回值的说法中错误的是（　　）。

A．SKIP_BODY 表示标签体不会被执行。

B．SKIP_PAGE 表示标签后面的 JSP 页面内容会被重复执行。

C．EVAL_PAGE 表示标签后面的 JSP 页面内容继续执行。

D．EVAL_BODY_INCLUDE 表示标签体会被执行。

3．以下关于编写标签处理类的说法中正确的是（　　）。

A．传统方式需要实现 javax.servlet.jsp.Tag 接口。

B．简单方式需要实现 javax.servlet.jsp.SimpleTag 接口。

C．SimpleTag 接口中定义了 doStartTag()、doEndTag()和 doAfterBody()等方法。

D．Tag 接口中 doTag()方法会在 JSP 容器执行自定义标签时被调用，并且只会被调用一次。

4．以下关于简单标签的描述中正确的是（　　）。

A．简单标签可以通过 doTag()的返回值来判断标签体是否会被执行。

B．简单标签是从 JSP 1.0 就有的标签。

C．简单标签是线程安全的。

D．简单标签会对标签处理类对象进行缓存。

5．以下哪一项是使用传统标签的正确流程？（　）

A．当 JSP 容器将 JSP 文件（.jsp）翻译成 Servlet（.java）时，如果遇到 JSP 标签，就会创建标签处理类的实例对象，然后依次调用该对象的 setPageContext()、setParent()、doStartTag()、doEndTag()和 release()方法。

B．当 JSP 容器将 JSP 文件（.jsp）翻译成 Servlet（.java）时，如果遇到 JSP 标签，就会创建标签处理类的实例对象，然后调用该对象的 doTag()方法。

C．当 JSP 容器将 JSP 文件（.jsp）翻译成 Servlet（.java）时，如果遇到 HTML 标签，就会创建标签处理类的实例对象，然后依次调用该对象的 setPageContext()、setParent()、doStartTag()、doEndTag()和 release()方法。

D．当 JSP 容器将 JSP 文件（.jsp）翻译成 Servlet（.java）时，如果遇到 JSP 标签，就会创建 Servlet 实例对象，然后依次调用该对象的 init()、doGet()/doPost()和 destroy()方法。

第 9 章 AJAX

本章简介

本章主要讲解一个重要的异步刷新技术——AJAX（Asynchronous Javascript And XML，异步 JavaScript 和 XML）。AJAX 是一种用于创建快速动态网页的技术。从名字可以发现，AJAX 并不是一种全新的技术，而是整合了 JavaScript 和 XML 等现有技术。

AJAX 在项目中的应用非常普遍，可以提高软件系统的性能及用户体验度。本章将依次介绍 JavaScript 方式以及多种 jQuery 方式的 AJAX 实现。虽然实现方式多种多样，但其原理都大同小异。

9.1 AJAX 简介

AJAX 通过在前台与后台服务之间交换少量数据的方式，实现网页的异步更新。这意味着可以在不重新加载整个网页的情况下，对网页的局部内容进行更新。例如，在某个视频网页中观看电影时，如果有一次单击了左下角的“赞”图标，那么这次“赞”的数量可能会从 5353 增加到 5354（即局部内容进行了更新），但当前网页的电影等其他内容并不会被刷新，如图 9.1 所示。

图 9.1　网页中的视频

如果在传统的网页（不使用 AJAX）里更新内容，就必须重新加载整个网页。试想：如果点一下“赞”，网页就得刷新，视频就得从头开始看，肯定是非常不方便的。因此，AJAX

不但可以提高软件系统的性能（局部刷新，而非全局刷新），还可以提高用户体验度。

AJAX 的应用非常广泛，例如，在百度搜索框输入内容时，搜索框会自动查询并显示列表，但搜索框以外的网页不会发生变化，如图 9.2 所示。

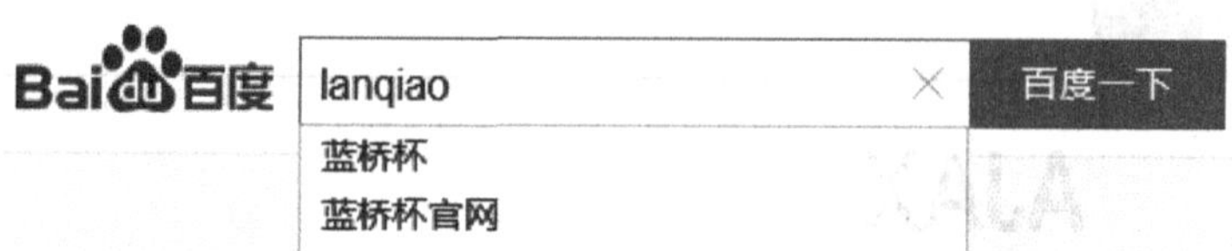

图 9.2 百度搜索框

还有百度地图、微博等应用，都大量使用了 AJAX 技术。

9.2 使用 JavaScript 实现 AJAX

使用 JavaScript 来实现 AJAX，主要是借助 JavaScript 中的 XMLHttpRequest 对象向服务器发送请求，并获取返回结果。

9.2.1 XMLHttpRequest 对象的常用方法

（1）open(methodName,URL,isAsync)：与服务器建立连接。其中，methodName 指定请求的方法名；URL 指定请求地址；isAsync 是一个 boolean 值，代表是否采用异步方式（默认为 true；若无特殊需求，此值一般都填写 true）。

（2）send(content)：发送 HTTP 请求。其中，content 是可选项，用来指定请求参数，将请求参数作为请求体的一部分一起发送给服务器。通常只在 POST 方式下才使用 content 参数（GET 请求方式不携带请求体）。

（3）setRequestHeader(header,value)：在 HTTP 请求头中设置 key/value 对。在 HTTP 请求头中设置 key/value 对时，若为 GET 请求方式则不用设置；若为 POST 方式，则当请求中包含文件上传元素时，设置为：

```
XMLHttpRequest.setRequestHeader("Content-Type", "mulipart/form-data");
```

而当请求中不包含文件上传元素时，设置为：

```
XMLHttpRequest.setRequestHeader("Content-Type", "application/x-www-form-urlencoded");
```

9.2.2 XMLHttpRequest 对象的常用属性

（1）readystate：表示 XMLHttpRequest 对象发送的 HTTP 请求状态，共有 5 种，如表 9.1 所示。

表 9.1 HTTP 请求的 5 种状态

状 态 值	简 介
0	表示 XMLHttpRequest 对象没有初始化
1	表示 XMLHttpRequest 对象开始发送请求：已经执行了 open()方法并完成了相关资源的准备
2	表示 XMLHttpRequest 对象已将请求发送完毕：已经执行了 send()方法来发送请求，但是还没有收到响应

续表

状 态 值	简 介
3	表示 XMLHttpRequest 对象开始读取响应信息：已经接收到 HTTP 响应的头部信息，但是还没有将响应体接收完毕
4	表示 XMLHttpRequest 对象将响应信息全部读取完毕

（2）status：表示 HTTP 响应中的状态码，各状态码的含义如表 9.2 所示。

表 9.2 HTTP 响应状态码

状 态 码	含 义
200	服务器正常响应
400	无法找到请求的资源
403	没有访问权限
404	访问的资源不存在
500	服务器内部错误，很可能是服务器代码有误

可以发现，只有当状态码为 200 时才表示响应成功；否则，说明 HTTP 响应不正常。

（3）onreadystatechange：指定 XMLHttpRequest 对象的回调函数。每当 readyState 的属性值改变时，此回调函数就会被调用一次。

（4）responseText：从服务器端返回的字符串格式的响应内容。

（5）responseXML：从服务器端返回的 XML 格式的数据，可以直接被当成 DOM 对象使用。

9.2.3 使用 AJAX 实现异步请求

使用 JavaScript 实现 AJAX，有 POST 或 GET 两种请求方式，大体的步骤都相同，具体步骤如下：

（1）创建 XMLHttpRequest 对象，即创建一个异步调用对象。

（2）设置并编写回调函数。

（3）初始化 XMLHttpRequest 对象的参数值（若是 POST 方式，还需要设置“请求头”）。

（4）发送 HTTP 请求。

（5）在回调函数中编写获取异步调用返回的数据。

（6）使用 JavaScript 或 jQuery 等实现局部刷新。

示例如下：

很多手机软件、网站都会要求绑定手机号码，并且一个手机号码只能绑定一个账号。因此，在绑定手机号码之前，程序会先检验此号码是否已经被绑定：若已经被绑定，则提示“此号码已经被绑定，请尝试其他号码！”；否则提示“绑定成功！”。现在就用 AJAX 作为前端技术来实现此功能。

1. 采用 POST 方式

服务器端 MobileServlet.java 代码如程序清单 9.1 所示。

```
//省略 import
public class MobileServlet extends HttpServlet {
    protected void doGet(…)…  {
```

```
            this.doPost(request, response);
        }
        protected void doPost(HttpServletRequest request, HttpServletResponse response)
        throws ServletException, IOException    {
            //设置发送到客户端响应的内容类型
            response.setContentType("text/html;charset=UTF-8");
            PrintWriter out = response.getWriter();
            String mobile = request.getParameter("mobile");
            //假设已经存在号码为 18888888888 的电话
            if("18888888888".equals(mobile)) {
                out.print("true"); //注意：参数值是字符串类型
            }else {
                out.print("false"); //注意：参数值是字符串类型
            }
            out.close();
        }
}
```

程序清单 9.1

客户端 index.jsp 代码如程序清单 9.2 所示。

```
...
<head>
    <script type="text/javascript" src="js/jquery-1.8.3.js"></script>
    <script type="text/javascript">
    function isExist() {
        var $mobile = $("#mobile").val();
        if ($mobile == null || $mobile.length != 11)    {
            $("#tip").html("请输入正确的手机号码！");
        } else {
            //1.创建 XMLHttpRequest 对象
             （注意：xmlHttpRequest 前没有 var，所以是一个全局变量）
            xmlHttpRequest = new XMLHttpRequest();
            //2.设置回调函数（注意：回调函数的名字后面没有小括号“()”）
            xmlHttpRequest.onreadystatechange = callBack;
            //3.初始化 XMLHttpRequest 对象的参数值及请求头
            var url = "MobileServlet";
            xmlHttpRequest.open("post", url, true);
            //POST 方式需要设置“请求头”
            xmlHttpRequest.setRequestHeader("Content-Type","application/x-www-form-urlencoded");
            //4.发送 HTTP 请求
            var data = "mobile=" + $mobile;
            xmlHttpRequest.send(data);
        }
    }
    //AJAX 回调函数
    function callBack() {
```

```
            if (xmlHttpRequest.readyState == 4 && xmlHttpRequest.status == 200)    {
                //获取异步调用返回的数据
                var data = xmlHttpRequest.responseText;
                //使用 JavaScript 或 jQuery 等实现局部刷新
                if ($.trim(data) == "true")     {
                    $("#tip").html("此号码已经被绑定，请尝试其他号码!");
                } else        {
                    $("#tip").html("绑定成功!");
                }
            }
        }</script>
    </head>
    <body>
        <form action="">
            <input type="text" id="mobile" />
            <font color="red" id="tip"></font>
            <br />
            <input type="button" value="绑定" onclick="isExist()" />
        </form>
    </body>
    …
```

程序清单 9.2

可以发现，服务器端是通过 PrintWriter 对象 out 将结果以字符串的形式传递给客户端的；而客户端通过 XMLHttpRequest 对象的 responseText 属性来获取该结果；此外，客户端中 responseText 属性的返回值是 string 类型，所以在服务器端也应该传递 String 类型的结果。

（1）输入已存在的号码 18888888888，如图 9.3 所示。

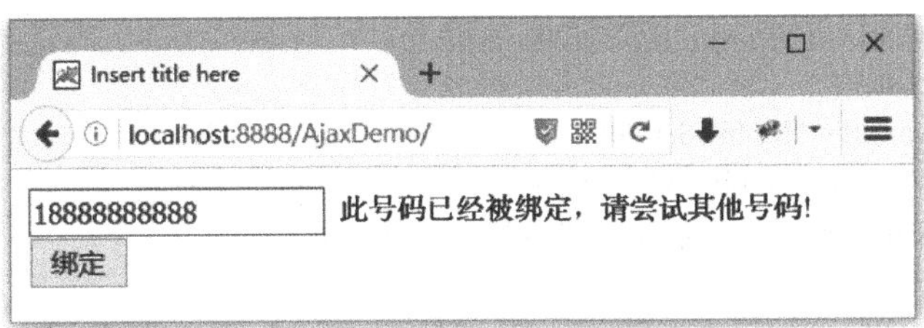

图 9.3　输入已存在的号码

（2）输入暂不存在的号码，如图 9.4 所示。

图 9.4　输入暂不存在的号码

（3）输入格式错误的号码，如图 9.5 所示。

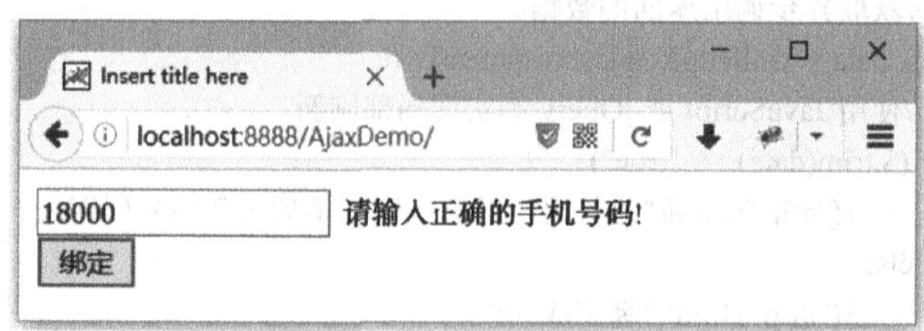

图 9.5 输入格式错误的号码

2. 采用 GET 方式

GET 方式与 POST 方式的 AJAX，在代码层面十分类似。如果将上例改为 GET 方式的 AJAX，则只需要做 4 处更改，具体如下：

（1）将 XMLHttpRequest 对象的 open()方法中的 method 参数值改为“get”。

（2）给 XMLHttpRequest 对象的 send()方法中的 url 参数加上需要传递的参数值（把 url 的值从“请求地址”改为“请求地址?参数名 1=参数值 1&参数名 2=参数值 2&...”）。

（3）注释或删除设置 XMLHttpRequest 对象头信息的代码。

（4）将 XMLHttpRequest 对象的 send(data)方法中的 data 改为 null（将 data 的值转移到了 send()方法的 url 参数中）。

由此发现，将 POST 方式改为 GET 方式后，就需要把发送的参数从 send()方法转移到 open 方法中的 url 参数中，并且不需要再设置头信息。具体代码如下。

服务器端 MobileServlet.java：与 POST 方式完全相同。

客户端（index_get.jsp）与 POST 方式的不同之处如程序清单 9.3 所示。

```
…
<head>
…
    function isExist() {
            var url = "MobileServlet";
            var data = "mobile=" + $mobile;
            xmlHttpRequest.open("get", url+"?"+data, true);

//xmlHttpRequest.setRequestHeader("Content-Type","application/x-www-form-urlencoded");
            xmlHttpRequest.send(null);
    }
    …
    </script>
</head>
…
```

程序清单 9.3

读者可以结合 POST 方式（index.jsp）和 GET 方式（index_get.jsp）中的源代码进行仔细对比。

9.3 使用jQuery实现AJAX

除了使用JavaScript原生XMLHttpRequest对象，还可以使用jQuery来实现AJAX，而且更加简洁、方便。jQuery方式的AJAX主要是通过jQuery提供的$.ajax()、$.get()、$.post()、$(selector).load()等方法来实现的。

9.3.1 $.ajax()方法

语法如下：

```
$.ajax({
    url:请求路径,
    type:请求方式,
    data:请求数据,
    …,
    success:function(result, textStatus) {
        请求成功后执行的函数体
    },
    error:function(xhr,errorMessage,e) {
        请求失败后执行的函数体
    },
    dataType:预期服务器返回的数据类型
});
```

可见，$.ajax()方式的AJAX，所有参数都写在$.ajax({…})中，不同参数之间用逗号隔开，每个参数以“参数名:参数值”的方式书写。这种方式的本质就是将JavaScript中XMLHttpRequest的属性和方法以参数化的形式进行集中管理，如表9.3所示。

表9.3 $.ajax()方法的参数

参　数	简　介
String url	发送请求的地址，默认为当前页地址
String type	请求方式（POST或GET），默认为GET
number timeout	设置请求超时的时间（单位是毫秒）
String data或Object data	发送到服务器的数据。若是GET方式的请求，data值将以地址重写的方式附加在url后；若是POST方式，data值将作为请求体的一部分
String dataType	预期服务器返回的数据类型，可用类型有XML、HTML、JSON、Text等。如果不指定，jQuery会自动根据HTTP中的MIME信息返回responseXML或responseText
function success(Object result, String textStatus)	请求成功后调用的函数 result：可选项，由服务器返回的数据 textStatus：可选项，描述请求类型
function error(XMLHttpRequest xhr, String errorMessage, Exception e)	请求失败后调用的函数 xhr：可选项，XMLHttpRequest对象 errorMessage：可选项，错误信息 e：可选项，引发的异常对象

除了表 9.3 中介绍的内容，还有 cache、async、beforeSend、complete、contentType 等其他参数，读者可以查阅相关资料进行学习。

现在用 jQuery 提供的$.ajax()方法，来实现前面“检测手机号码是否已绑定”的客户端函数（服务器端及客户端其他代码与 9.2.3 小节中的完全一致）。

客户端 jQuery_ajax.jsp 代码如程序清单 9.4 所示。

```
<script type="text/javascript">
    function isExist() {
        var $mobile = $("#mobile").val();
        if ($mobile == null || $mobile.length != 11)    {
            $("#tip").html("请输入正确的手机号码！");
        } else {
            $.ajax({
                url:"MobileServlet",
                type:"get" ,
                data:"mobile=" + $mobile,
                success:function(result){
                    if ($.trim(result) == "true")   {
                        $("#tip").html("此号码已经被绑定，请尝试其他号码!");
                    } else {
                        $("#tip").html("绑定成功!");
                    }
                },
                error:function(){
                    $("#tip").html("检测失败!");
                }
            });
        }
    }
</script>
```

程序清单 9.4

程序运行结果与之前的完全相同。

9.3.2 $.get()方法

$.get(…)方法指定以 GET 方式发送请求，与$.ajax({…})方法在语法上的区别如下：

（1）参数值必须按照一定的顺序书写；

（2）省略了参数名、type 参数及 error()函数；

（3）$.ajax({…})的各个参数是用大括号{}括起来的，而$.get(…)没有大括号。

语法格式如下（各参数顺序不可变）：

```
$.get(
    请求路径,
    请求数据,
    function(result, textStatus,xhr){
        请求成功后执行的函数体
```

```
    },
    预期服务器返回的数据类型
);
```

即等价于：

```
$.ajax({
    url:请求路径,
    data:请求数据,
    type: "GET" ,
    success:function(result, textStatus){
        请求成功后执行的函数体
    },
    error:function(xhr,errorMessage,e){
        请求失败后执行的函数体
    },
    dataType:预期服务器返回的数据类型
});
```

9.3.3 $.post()方法

$.post()方法指定以 POST 方式发送请求，也是将参数值按照一定的顺序书写。

语法格式如下（各参数顺序不可变）：

```
$.post(
    请求路径,
    请求数据,
    function(result, textStatus,xhr){
        请求成功后执行的函数体
    },
    预期服务器返回的数据类型
);
```

可见，在语法上，此方式只是将方法名从“$.get()”变为了“$.post()”，其他内容完全一致。

9.3.4 $(selector).load ()方法

$(selector).load()方法是在$.get()（或$.post()）方法的基础上进一步优化，不但会发送请求，还会将响应的数据放入指定的页面元素。其中，$(selector)是 jQuery 选择器指定的元素。

语法格式如下：

```
$(selector).load(
    请求路径,
    请求数据,
    function(result, textStatus,xhr){
        请求成功后执行的函数体
    },
    预期服务器返回的数据类型
);
```

因为 load()方法会直接将响应结果放入指定元素，所以通常可以省略 load()中的 function()函数。

现在用 load()方法，再次实现“检测手机号码是否已绑定”功能。

MobileLoadServlet.java 代码如程序清单 9.5 所示。

服务器端 jQuery_load.jsp：

```
//省略 import
public class MobileLoadServlet extends HttpServlet {
    protected void doGet(…)…  {
        this.doPost(request, response);
    }
    protected void doPost(HttpServletRequest request, HttpServletResponse response)
    throws ServletException, IOException   {
        //设置发送到客户端的响应的内容类型
        response.setContentType("text/html;charset=UTF-8");
        PrintWriter out = response.getWriter();
        String mobile = request.getParameter("mobile");
        //假设已经存在号码为 18888888888 的电话
        if("18888888888".equals(mobile)) {
            out.print("此号码已经被绑定，请尝试其他号码!");
        }else {
            out.print("绑定成功!");
        }
        out.close();
    }
}
```

程序清单 9.5

仔细观察，客户端用 load()方法时，服务器端直接将结果字符串返回。

客户端 jQuery_load.jsp 代码如程序清单 9.6 所示。

```
…
<script type="text/javascript">
    function isExist() {
        var $mobile = $("#mobile").val();
        if ($mobile == null || $mobile.length != 11)    {
            $("#tip").html("请输入正确的手机号码！");
        } else {
            $("#tip").load(
                "MobileLoadServlet","mobile=" + $mobile
            );
        }
    }
</script>
…
<body>
    <form action="">
        <input type="text" id="mobile" />
```

```
        <font color="red" id="tip"></font>
        <br />
        <input type="button" value="绑定" onclick="isExist()" />
    </form>
</body>
```

程序清单 9.6

程序运行结果仍然与之前的完全一样。

9.4 JSON

JSON（JavaScript Object Notation）是一种轻量级的数据交换格式。在使用 AJAX 时，经常会使用 JSON 来传递数据。本节将重点学习 JSON 对象、JSON 数组以及如何在 AJAX 中传递 JSON 数据。

9.4.1 JSON 简介

1. JSON 对象

（1）定义 JSON 对象。在 JavaScript 中，JSON 对象是用大括号括起来的，包含了多组属性。每个属性名和属性值之间用冒号隔开，多个属性之间用逗号隔开，并且属性名必须是字符串，语法如下：

```
var JSON 对象名 = {key:value , key:value , ... , key:value};
```

以下代码定义了两个 JSON 对象：

```
var student = {"name":"张三","age":23};
var stu = {"name":"张三"};
```

（2）使用 JSON 对象。可以通过“JSON 对象名.key”获取对应的 value 值。

客户端 json.jsp 代码如程序清单 9.7 所示。

```
...
    var student = {"name":"张三","age":23};
    var name = student.name;
    var age = student.age ;
    alert("姓名："+name+",年龄："+age    );
...
```

程序清单 9.7

程序运行结果如图 9.6 所示。

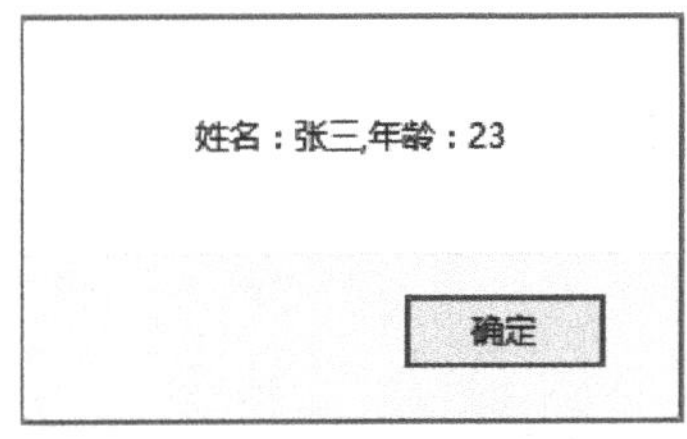

图 9.6 程序运行结果

2．JSON 数组

（1)定义 JSON 数组。在 JavaScript 中，JSON 数组是用中括号括起来的，包含了多个 JSON 对象，多个对象之间用逗号隔开，语法如下：

```
var JSON 数组名 =[JSON 对象, JSON 对象,..., JSON 对象] ;
```

以下定义了一个 JSON 数组：

```
var students = [{"name":"张三","age":23}, {"name":"李四","age":24}];
```

（2）使用 JSON 数组。可以通过“JSON 对象名[索引].key”获取 JSON 数组中某个 JSON 对象的 value 值。程序清单 9.8 所示代码用于获取 students 中第一个 JSON 对象的 value 值。

```
...
    var students = [{"name":"张三","age":23}, {"name":"李四","age":24}];
    alert(students[1].name+","+students[1].age);
...
```

程序清单 9.8

程序运行结果如图 9.7 所示。

图 9.7　程序运行结果

9.4.2　AJAX 使用 JSON 传递数据

使用 jQuery 实现 AJAX 时，客户端可以使用$.getJSON()向服务器端发送 JSON 格式的数据，服务器端也可以向客户端返回 JSON 格式的数据。

语法格式如下：

```
$.getJSON (
    请求路径,
    JSON 格式的请求数据
    function(result, textStatus,xhr){
        请求成功后执行的函数体
    }
);
```

示例如下。

客户端 json.jsp 代码如程序清单 9.9 所示。

```
...
<script type="text/javascript">
    function isExist() {
        var $mobile = $("#mobile").val();
```

```
        if ($mobile == null || $mobile.length != 11)    {
            $("#tip").html("请输入正确的手机号码！");
        } else {
            $.getJSON('MobileJSONServlet',
                    {mobileNum: $mobile},
                    function(result)    {
                        $("#tip").html(result.msg);
                    });
        }
    }
    …
</head>
<body>
    <form action="">
        <input type="text" id="mobile" />
        <font color="red" id="tip"></font><br />
        <input type="button" value="绑定" onclick="isExist()" />
    </form>
</body>
…
```

程序清单 9.9

服务器端 MobileJSONServlet.java 代码如程序清单 9.10 所示。

```
//import…
public class MobileJSONServlet extends HttpServlet{
    protected void doGet(…) throws ServletException, IOException{
        this.doPost(request, response);
    }

    protected void doPost(…) throws ServletException, IOException{
        response.setContentType("text/html;charset=UTF-8");
        PrintWriter out = response.getWriter();
        String mobile = request.getParameter("mobileNum");
        //假设已经存在号码为 18888888888 的电话
        if ("18888888888".equals(mobile)){
            //返回 JSON 格式的数据： {"msg":"此号码已经被绑定，请尝试其他号码!"}
            out.print("{\"msg\":\"此号码已经被绑定，请尝试其他号码!\"}");
        }else {
            //返回 JSON 格式的数据：{"msg":"绑定成功！"}
            out.print("{\"msg\":\"绑定成功！\"}");
        }
        out.close();
    }

}
```

程序清单 9.10

客户端使用$.getJSON 向服务器端 MobileJSONServlet 发送 JSON 数据{mobileNum: $mobile}，服务器端接收到 mobileNum 的值后再以 JSON 对象的格式返回给客户端，如{"msg":"绑定成功！"}。最后，客户端再解析服务器端返回的 JSON 值，如 result.msg。

上述的服务器端代码 MobileJSONServlet 中，通过字符串拼接的形式向客户端返回了 JSON 形式的结果，如{"msg":"绑定成功！"}。除此之外，还可以在服务器端使用 JSONObject 类来产生 JSON 对象并返回客户端，代码如下。

客户端 json.jsp 代码如程序清单 9.11 所示。

```
…
<script type="text/javascript">
        function jsonObjectTest() {
                var stuName = $("#stuName").val();
                var stuAge = $("#stuAge").val();
                $.getJSON('JSONObjectServlet',
                                {name:stuName,age:stuAge},
                                function(result)   {
                                        var student = eval(result.stu);
                                        alert(student.name+","+student.age);
                                }
                );
        }
        </script>
</head>
<body>
        <form action="">
        姓名：<input type="text" name="stuName" id="stuName"><br/>
        年龄：<input type="text" name="stuAge" id="stuAge"><br/>
                <input type="button" value="绑定" onclick="jsonObjectTest()" />
        </form>
</body>
…
```

程序清单 9.11

服务器端：在使用 JSONObject 之前，需要给项目导入如表 9.4 所示的 JAR 文件。

表 9.4 JSONObject 所需 JAR 文件

commons-beanutils.jar	commons-collections-3.2.1.jar	commons-lang-2.6.jar
commons-logging-1.1.1.jar	ezmorph-1.0.6.jar	json-lib-2.3-jdk15.jar

JSONObjectServlet.java 代码如程序清单 9.12 所示。

```
…
import net.sf.json.JSONObject;
public class JSONObjectServlet extends HttpServlet {
        protected void doGet(…) throws ServletException, IOException{
                this.doPost(request, response);
```

```
	}
	protected void doPost(...) throws ServletException, IOException{
		response.setContentType("text/html; charset=UTF-8");
		PrintWriter out = response.getWriter();

		String name = request.getParameter("name");
		int age =Integer.parseInt( request.getParameter("age"));
		Student student = new Student();
		student.setName(name);
		student.setAge(age);

		JSONObject json = new JSONObject();
		//将 student 对象放入 JSON 对象中
		json.put("stu", student); //类似于{"stu":student}
		out.print(json);
	}
}
```

程序清单 9.12

客户端通过$.getJSON()向服务器端 JSONObjectServlet 发送请求，并传递 JSON 格式的数据{name:stuName,age:stuAge}。服务器端将客户端的数据接收后封装到 student 对象，之后再将 student 对象加入 JSONObject 对象，并把 JSONObject 对象返回客户端。最后，客户端通过回调函数的参数 result 接收 JSONObject 对象，并通过 eval(result.stu)将 JSONObject 对象中的 stu 转义成 JSON 对象，再用 student.name 等得到需要使用的值。

9.5 AJAX 应用——验证码校验

为了防止恶意软件对“登录”等功能进行暴力破解，网站通常会使用验证码来增加安全性。验证码通常由一些不规则的数字、字母及线条组成，其中，线条是为了防止机器人解析验证码的真实内容。

本节通过 AJAX+AWT+Servlet 讲解开发验证码的具体步骤。

1．绘制验证码

MIME（Multipurpose Internet Mail Extensions）是描述消息内容类型的因特网标准，用于设置文本、图像、音频、视频以及其他应用程序专用的数据类型。开发者可以通过 JSP 中 page 指令的 contentType 属性设置页面的 MIME 类型，例如，contentType="image/jpeg"表示页面会被渲染成 JPEG 等图片格式。完整的 MIME 类型与文件格式对应关系，大家可以自行查阅相关资料进行学习。

以下通过设置 MIME 将一个 JSP 文件渲染成 JPEG 图片，用于生成验证码。

img.jsp 代码如程序清单 9.13 所示。

```
<%@ page language="java" pageEncoding="UTF-8"%>
<%@ page contentType="image/jpeg"
	import="java.awt.*,java.awt.image.*,java.util.*,javax.imageio.*" %>
<%!
```

```
        //随机生成颜色值
        public Color getColor(){
                Random random = new Random();
                int r = random.nextInt(256);
                int g = random.nextInt(256);
                int b = random.nextInt(256);
                return new Color(r,g,b);
        }
        //生成验证码（4 位随机数字）
        public String getNum() {
                int ran = (int)(Math.random()*9000) +1000 ;
                return String.valueOf(ran);
        }
    %>
    <%
        //禁用浏览器缓存，防止验证码不及时被加载
        response.setHeader("pragma", "mo-cache");
        response.setHeader("cache-control", "no-cache");
        response.setDateHeader("expires", 0);
        //设置验证码图片：宽 80px，高 30px，颜色类型 RGB
        BufferedImage image = new BufferedImage(80,30,BufferedImage.TYPE_INT_RGB);

        //创建画笔对象 graphics
        Graphics graphics = image.getGraphics();
        //填充验证码图片的背景色：从(0,0)点开始填充，填充宽度 80px，填充高度 30px
        graphics.fillRect(0,0,80,30);

        /*
        在验证码图片上随机生成 60 条干扰线段
        线段的起始位置是(xBegin,yBegin)，终止位置是(xEnd,yEnd)
        */
        for (int i = 0; i < 60; i++) {
                Random random = new Random();
                int xBegin = random.nextInt(80);
                int yBegin = random.nextInt(30);
                int xEnd = random.nextInt(xBegin +10);
                int yEnd = random.nextInt(yBegin +10);
                //设置线条颜色
                graphics.setColor(getColor());
                //绘制线条
                graphics.drawLine(xBegin, yBegin, xBegin + xEnd, yEnd + yBegin);
        }
        //设置验证码的字体格式：字体为 serif，粗体，20 像素
        graphics.setFont(new Font("serif", Font.BOLD,18));
        //设置验证码的字体颜色为黑色
        graphics.setColor(Color.BLACK);
        //获取验证码（4 位随机数）
```

```
        String checkCode = getNum();
        //在验证码的各个数字之间增加一些间隔（空格）
        StringBuffer sb = new StringBuffer();
        for(int i=0;i<checkCode.length();i++){
            sb.append(checkCode.charAt(i)+" ");
        }
        //从坐标(15,20)开始绘制验证码
        graphics.drawString(sb.toString(),15,20);
        //将验证码的值放入 session，供后续使用
        session.setAttribute("CHECKCODE",checkCode);
        //将验证码绘制成 JPEG 格式
        ImageIO.write(image,"jpeg",response.getOutputStream());
        out.clear();
        //表示验证码会被其他页面所引用：
        //JPEG 格式的验证码生成以后，会作为<img/>元素的 src 属性被其他页面引用
        out = pageContext.pushBody();
%>
```

程序清单 9.13

2. 编写登录页

本步骤主要完成以下功能：

（1）编写登录页面基本元素，并用“<img src="img.jsp"/>”获取 img.jsp 绘制的验证码图片。

（2）编写 JS 程序监听 blur 事件，使得输入框失去焦点时触发校验函数。

（3）在校验函数（匿名函数形式）中用 AJAX 将用户输入的校验码传递给负责比对校验的 Servlet（即下文的 CheckCodeServlet）。

（4）Servlet 比对后台生成的校验码和前端传来的校验码，如果正确，则会返回的图片路径“imgs/right.png”；如果校验失败，则返回的图片路径“imgs/wrong.png”。

（5）在 AJAX 回调函数中显示校验的结果。

login.jsp 代码如程序清单 9.14 所示。

```
…
<html>
  <head>
    …
    <script type="text/javascript">
      $(document).ready(function(){
        //通过验证码输入框的 blur 事件触发此函数
        $("#checkcodeId").blur(function(){
            var checkcode = $("#checkcodeId").val();
            //在服务器端对验证码进行校验
            $.post(
                "CheckCodeServlet",
                "checkcode=" + checkcode,
                 //根据返回的图片路径显示不同的提示图片
                 function(result){
```

```
                        var resultHtml = $("<img src='"+result+"' height='15px' width='15px'/>");
                        $("#resultTip").html(resultHtml);
                    }
                );
            });
        });
        //刷新验证码
        function reloadCheckImg($img){
            $img.attr("src","img.jsp?t="+(new Date().getTime()));
        }
    </script>
</head>
<body>
    …
        <table border="0" >
            …
            <tr>
                <td>验证码：</td>
                <td><input  type="text" name="checkcode" id="checkcodeId" size="4"/></td>
                <!-- 点击图片，重新加载验证码 -->
                <td><a href = "javascript:reloadCheckImg($('img'))">
                    <!-- 验证码图片 -->
                    <img src="img.jsp"/>
                </a>
                <!-- 验证码的校验结果提示图片 -->
                <td id="resultTip"></td>
                <td>看不清？点击图片更换验证码</td>
            </tr>
    …
</body>
</html>
```

程序清单 9.14

其中，在 reloadCheckImg()中变更图片的 src 属性时，img.jsp 后面追加的 t="+(new Date().getTime())的作用是：确保在单击图片时，验证码能及时更换。因为如果没有 t 参数，即只有$img.attr("src","img.jsp")时，JS 会认为 src 的属性值始终是 img.jsp，进而认为 src 属性值始终保持不变，就不会再重新请求 img.jsp。

3. 编写 Servlet

在服务器端校验用户输入的验证码。

CheckCodeServlet.java 代码如程序清单 9.15 所示。

```
//import…
public class CheckCodeServlet extends HttpServlet {
    protected void doPost(…) throws ServletException, IOException {
                //获取客户端输入的验证码
                String checkCodeClient = request.getParameter("checkcode") ;
```

```
            String resultTip = "imgs/wrong.png";
            //获取服务器端 session 中的验证码
            String checkcodeServer = (String)(request.getSession().getAttribute("CHECKCODE"));
            //比较客户端与服务器端中的验证码
            if(checkCodeClient.equals(checkcodeServer)) {
                resultTip = "imgs/right.png";
            }
            //以 IO 流的方式，返回 resultTip 值（提示图片的路径）
            response.setContentType("text/html;charset=UTF-8");
            PrintWriter pw = response.getWriter();
            pw.write(resultTip);
            pw.flush();
            pw.close();
    }
  ...
}
```

程序清单 9.15

执行 http://localhost:8888/ServletProject25/login.jsp，运行结果如下。

（1）输入错误的验证码并将焦点移出输入框（如图 9.8 所示）。

图 9.8　输入错误的验证码

（2）输入正确的验证码并将焦点移出输入框（如图 9.9 所示）。

图 9.9　输入正确的验证码

9.6　本章小结

本章讲解了 AJAX 技术的用途，以及 JavaScript 和 jQuery 两种实现 AJAX 的方式，并讲解了如何使用 AJAX 传输 JSON 数据，具体如下：

（1）使用 JavaScript 来实现 AJAX，主要是借助 XMLHttpRequest 对象向服务器发送请求，并获取返回结果。XMLHttpRequest 的常用方法包括 open、send、setRequestHeader 等；XMLHttpRequest 的常用属性包括 readystate、status、onreadystatechange、responseText、responseXML。

（2）使用 JavaScript 来实现 AJAX，可以分为 POST 或 GET 两种方式，基本步骤如下：

①创建 XMLHttpRequest 对象，即创建一个异步调用对象。

②设置并编写回调函数。

③初始化 XMLHttpRequest 对象的参数值（若为 POST 方式，还需要设置“请求头”）。

④发送 HTTP 请求。

⑤在回调函数中处理服务端返回的数据。

⑥使用 JavaScript 或 jQuery 修改局部内容。

（3）jQuery 方式的 AJAX 主要是通过 jQuery 提供的$.ajax()、$.get()、$.post()、$(selector).load()等方法来实现的。

（4）JSON 是一种轻量级的数据交换格式。在使用 AJAX 时，经常会使用 JSON 来传递数据。JSON 对象用大括号括起来，包含了多组属性。每个属性名和属性值之间用冒号隔开，多个属性之间用逗号隔开，并且属性名必须是字符串。

（5）JSON 数组用中括号，包含了多个 JSON 对象，多个对象之间用逗号隔开。

9.7 本章练习

单选题

1．（　　）是 JavaScript 操作 AJAX 的核心对象。

A．XMLHttpRequest　　B．status

C．statusText　　D．responseText

2．XMLHttpRequest 对象的 onreadystatechange 属性的含义是（　　）。

A．表示 XMLHttpRequest 对象的状态。

B．服务器返回的 HTTP 协议状态码。

C．指定异步请求回调函数。每当 readyState 的属性值改变，此回调函数就会被调用。

D．服务器响应的文本内容。

3．以下 HTTP 响应的状态码中，哪一个代表服务端是正常响应的？（　　）

A．500　　B．404　　C．403　　D．200

4．以下哪一项不是 jQuery 方式实现 AJAX 的方法？（　　）

A．$.ajax()　　B．$.get()

C．$.find()　　D．$(selector).load()

5．在使用 jQuery 方式定义$.get()方法时，以下哪一项的格式是正确的？（　　）

A．

```
$.get(
    请求数据,
    请求路径,
```

```
        function(result, textStatus,xhr){
                请求成功后执行的函数体
        },
        预期服务器返回的数据类型
);
```

B.

```
$.get(
        请求路径,
        请求数据,
        function(result, textStatus,xhr){
                请求成功后执行的函数体
        },
        error(result, textStatus,xhr){
                请求失败后执行的函数体
        },
        预期服务器返回的数据类型
);
```

C.

```
$.get(
        请求路径
        请求数据
        function(result, textStatus,xhr){
                请求成功后执行的函数体
        }
        预期服务器返回的数据类型
);
```

D.

```
$.get(
        请求路径,
        请求数据,
        function(result, textStatus,xhr){
                请求成功后执行的函数体
        },
        预期服务器返回的数据类型
);
```

6．在 JavaScript 中，以下哪一项是语法正确的 JSON 对象？（　　）

A．var stu = {"name":"张三";"age":23};

B．var stu = {"name":"张三","age":23};

C．var stu =[{"name":"张三"};{"name":"张五"}];

D．var stu = ["name":"张三","name":"张五"];

第 10 章 过滤器与监听器

本章简介

本章讲解过滤器与监听器。过滤器可以动态地拦截请求和响应，可以对请求或响应中的信息做额外处理。开发者可以使用过滤器为多个功能进行统一的预操作或收尾操作。监听器是 Servlet 规范中定义的一种特殊类，用于监听 ServletContext、HttpSession 和 ServletRequest 等域中对象的创建、销毁事件，还可以监听域对象的属性变化事件，在事件发生前或者发生后做一些必要的处理。

10.1 过 滤 器

10.1.1 过滤器原理

过滤器（Filter）的基本功能是对 Servlet 的调用过程进行干预，在 Servlet 处理请求及响应的过程中增加一些特定的功能。可以使用过滤器实现的功能有：URL 级别的权限访问控制，过滤敏感词汇，压缩响应信息，统一编码方式等。

程序中的过滤器就好比生活中的自来水过滤器，例如，自来水过滤器可以将水中的杂质、有害物质等进行过滤，从而使水质更好。过滤器原理如图 10.1 所示，当客户端向服务器中的资源发出请求时，会先被过滤器 Filter 拦截处理，之后再将处理后的请求转发给真正的服务器资源（JSP 或 Servlet 等）。此外，服务器做出响应前，响应结果也会先被过滤器拦截处理，之后再将处理后的响应转发给客户端。

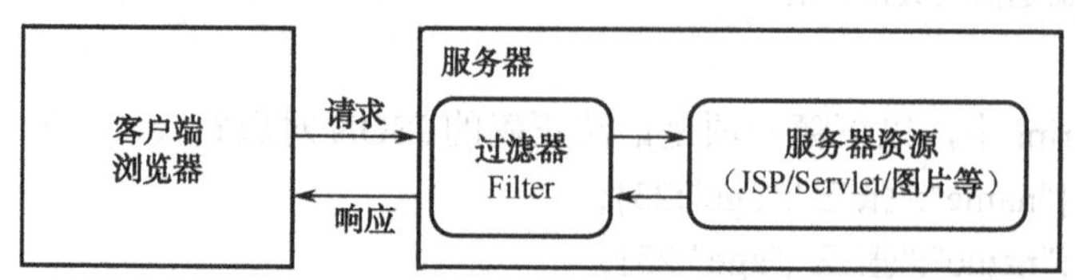

图 10.1 过滤器原理

程序中的过滤器，在语法上是实现了 javax.servlet.Filter 接口的类。javax.servlet.Filter 接口中定义了如表 10.1 所示的 3 个方法。

表 10.1　Filter 常用方法

方　　法	简　　介
void init(FilterConfig conf)	用于执行过滤器的初始化工作。Web 容器会在 Web 项目启动前自动调用该方法。该方法类似于 Servlet 的 init()方法
void doFilter(ServletRequest request, ServletResponse response, FilterChain chain)	当请求和响应被过滤器拦截后，就会交给 doFilter()方法来处理：参数 request 就是拦截的请求对象，参数 response 就是拦截的响应对象，可以使用参数 chain 的 doFilter()方法来将拦截的请求和响应放行。 该方法类似于 Servlet 的 doGet()、doPost()等方法
void destroy()	用于释放或关闭被 Filter 对象打开的资源，如关闭数据库、关闭 IO 流等操作。在 Web 项目关闭时，由 Web 容器自动调用该方法。该方法类似于 Servlet 的 destroy()方法

与 Servlet 类似，Filter 的 init()和 destroy()方法都只会被调用一次，而 doFilter()方法会在每次客户端发出请求时被调用。init()方法里的 FilterConfig 参数主要为过滤器提供初始化参数。FilterConfig 是一个接口，提供了如表 10.2 所示的常用方法。

表 10.2　FilterConfig 常用方法

方　　法	简　　介
String getFilterName()	获取 web.xml 中的过滤器的名称
String getInitParameter(String param)	获取 web.xml 中参数名对应的参数值
ServletContext getServletContext()	获取 Web 应用程序的 ServletContext

10.1.2　开发第一个 Filter 程序

现在通过编码实现第一个过滤器程序，此处采用的是 Servlet 2.5 版本，具体步骤如下。

（1）新建 Web 项目（项目名为 FilterProject）；在 WebContext 下新建 JSP，在/src 目录下新建 Servlet。

①新建用于发送请求的客户端 JSP——index.jsp，代码详见程序清单 10.1。

```
…
    <a href="MyServlet">访问 MyServlet…</a>
…
```

程序清单 10.1

②新建用于处理请求的控制器 Servlet——MyServlet.java，代码详见程序清单 10.2。

```
…
public class MyServlet extends HttpServlet {
    protected void doGet(HttpServletRequest request, HttpServletResponse response)
    throws ServletException, IOException {
        System.out.println("doGet…");
    }
    …
}
```

程序清单 10.2

③在 web.xml 中配置此 Servlet，代码如下：

```
<servlet>
    <servlet-name>MyServlet</servlet-name>
    <servlet-class>
        org.lanqiao.servlet.MyServlet
    </servlet-class>
</servlet>
<servlet-mapping>
    <servlet-name>MyServlet</servlet-name>
    <url-pattern>/MyServlet</url-pattern>
</servlet-mapping>
```

（2）开发过滤器，拦截 Servlet 程序。

新建一个过滤器（实现了 javax.servlet.Filter 接口的类），MyFirstFilter.java 代码详见程序清单 10.3。

```
package org.lanqiao.servlet;

import java.io.IOException;
import javax.servlet.*;

public class MyFirstFilter implements Filter{
    @Override
    public void init(FilterConfig arg0) throws ServletException{
        System.out.println("过滤器 01 的初始化 init()方法…");
    }

    @Override
    public void doFilter(ServletRequest request, ServletResponse response, FilterChain chain)
    throws IOException, ServletException{
        System.out.println("过滤器 01 的执行方法:doFilter()方法…");
    }

    @Override
    public void destroy(){
        System.out.println("过滤器 01 的销毁 destroy()方法…");
    }
}
```

程序清单 10.3

在 web.xml 中配置此 Filter（省略了 web.xml 的基础配置），代码如下：

```
<filter>
    <filter-name>MyFirstFilter</filter-name>
    <filter-class>
        org.lanqiao.filter. MyFirstFilter
    </filter-class>
```

```
    </filter>
    <filter-mapping>
        <filter-name>MyFirstFilter</filter-name>
        <url-pattern>/MyServlet</url-pattern>
    </filter-mapping>
```

Filter 的配置流程和 Servlet 类似：先通过<url-pattern>匹配需要拦截的请求，再根据<filter-name>找到对应的过滤器处理类<filter-class>，最后执行过滤器处理类中的 init()、doFilter()、destroy()等方法。

（3）部署并启动项目，访问 index.jsp 中的超链接，就可以在控制台看到如图 10.2 所示的结果。

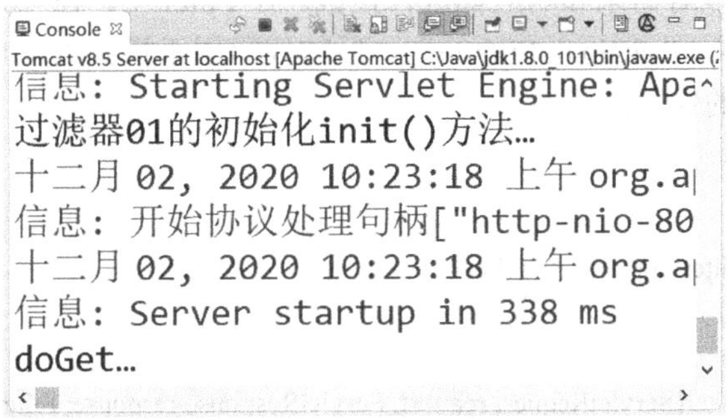

图 10.2　控制台输出结果

可以发现，index.jsp 通过超链接向 Servlet 发出的请求确实被 Filter 拦截了，并且在 Tomcat 服务启动的过程中 init()方法就已经自动执行了（如图 10.2 所示，Tomcat 启动完成前过滤器的 init()方法被执行了）。另外，本次只执行了 Filter 中的 doFilter()方法，而没有执行 Servlet 中的 doGet()方法。如果想让被 Filter 拦截的请求能传递给最初所请求的 Servlet，就需要在 Filter 的 doFilter()方法里加上"chain.doFilter();"这句代码，表示本次拦截结束，释放本次的请求及响应。具体代码如程序清单 10.4 所示。

MyFirstFilter.java：

```
…
public class MyFirstFilter implements Filter{

    @Override
    public void doFilter(ServletRequest request, ServletResponse response, FilterChain chain)
    throws IOException, ServletException{
        System.out.println("过滤器 01 的执行方法:doFilter()方法…");
        chain.doFilter(request, response);
    }
}
```

程序清单 10.4

修改过滤器 MyFirstFilter.java 并重启服务，再次运行并点击 index.jsp 中的超链接，可在控制台看到如图 10.3 所示的结果。

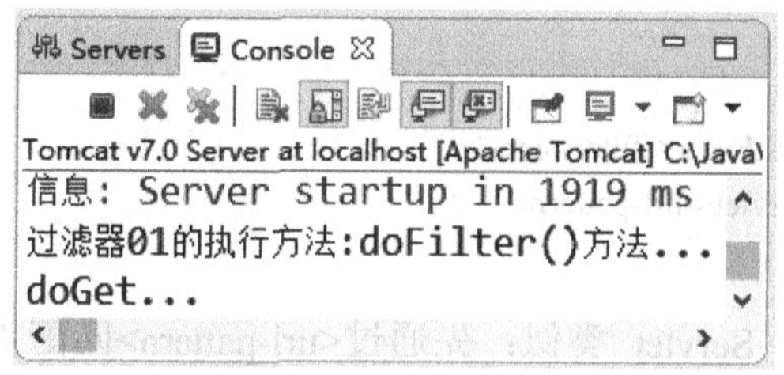

图 10.3　控制台输出结果

从输出结果可以得知，index.jsp 发出的请求确实先被过滤器进行了拦截处理，然后又执行了 Servlet 中的 doGet()方法。

如前所述，Filter 能对请求和响应都进行拦截。在 Filter 中，在“chain.doFilter()”之前的代码用于拦截处理请求，“chain.doFilter()”之后的代码用于拦截处理响应。现将过滤器修改为程序清单 10.5 所示的代码。

MyFirstFilter.java：

```
…
public class MyFirstFilter implements Filter{
    …
    @Override
    public void doFilter(ServletRequest request, ServletResponse response, FilterChain chain)
            throws IOException, ServletException{
        System.out.println("拦截请求 01…");
        chain.doFilter(request, response);
        System.out.println("拦截响应 01…");
    }
}
```

程序清单 10.5

再次重启服务并执行 index.jsp 中的超链接，可在控制台看到如图 10.4 所示的结果。

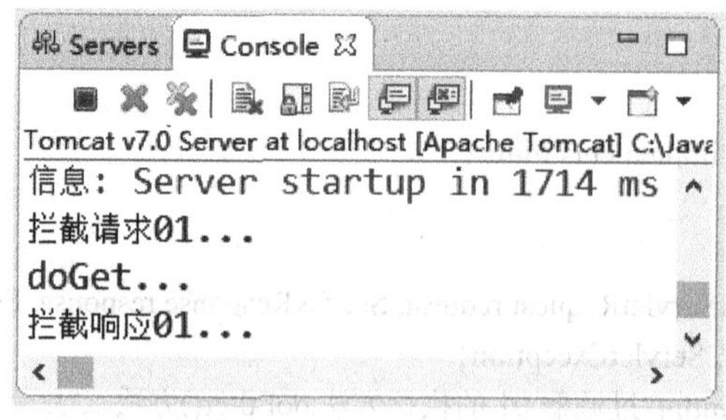

图 10.4　控制台输出结果

即 Filter 首先拦截请求（执行“chain.doFilter()”之前的代码），然后通过 chain.doFilter()释放请求（继续执行 Servlet 中的 doGet()/doPost()），最后再拦截响应（执行“chain.doFilter()”之后的代码）。

10.1.3　Filter 映射

Filter 通过 web.xml 中的<url-pattern>元素来配置需要拦截的请求路径。例如，之前编写配置的代码如下：

```
<url-pattern>/MyServlet</url-pattern>
```

表示会拦截请求路径为“/MyServlet”的请求。而如果想拦截项目中的所有请求，就可以使用通配符“*”，代码如下：

```
<url-pattern>/*</url-pattern>
```

其中，“/”表示当前项目的根路径，相当于“http://localhost:8888/FilterProject/”。

还可以给通配符加上自定义后缀，代码如下：

```
<url-pattern>/*.do</url-pattern>
```

表示拦截所有以“.do”结尾的请求，如“http://localhost:8888/ProjectName/ServletName.do”。

此外，还可以通过<filter-mapping>的子元素<dispatcher>拦截特定方式的请求，代码如下：

```
<filter-mapping>
    …
    <dispatcher>拦截方式 1</dispatcher>
    <dispatcher>拦截方式 2</dispatcher>
    <dispatcher>…</dispatcher>
</filter-mapping>
```

常见拦截方式的值有 4 个，如表 10.3 所示。

表 10.3　拦截方式的值

拦截方式的值	简　　介
REQUEST	只会拦截通过地址栏直接访问方式发出的请求
INCLUDE	只会拦截通过 RequestDispatcher 的 include()方式发出的请求
FORWARD	只会拦截通过 RequestDispatcher 的 forward()方式发出的请求（请求转发方式）
ERROR	只会拦截通过<error-page>方式发出的请求，此方式使用较少

例如，下面的配置就表示过滤器会拦截所有满足以下两点要求的请求：

（1）通过地址栏访问方式的请求；

（2）通过请求转发方式的请求。

```
<filter-mapping>
    …
    <dispatcher> REQUEST</dispatcher>
    <dispatcher> FORWARD</dispatcher>
</filter-mapping>
```

10.1.4 Filter 链

1. 原理

可以为 Web 应用程序注册多个过滤器，用于对某一请求/响应进行多次拦截。拦截的过程如图 10.5 所示。

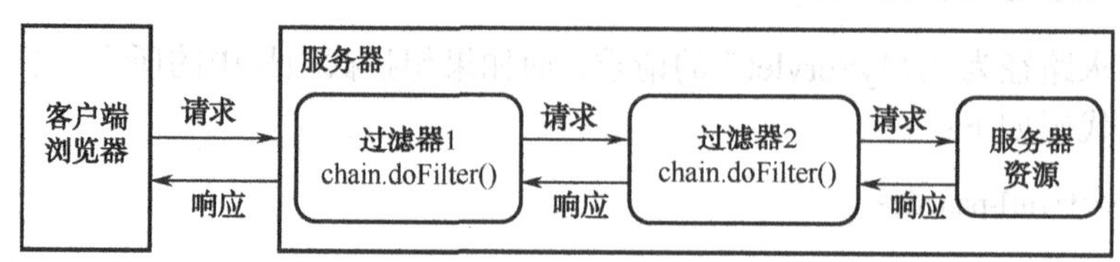

图 10.5 Filter 链

如果对某个请求配置了多个过滤器，则每个过滤器都会对该请求及响应进行拦截。拦截的顺序是过滤器<filter-mapping>在 web.xml 中的配置顺序。当多个过滤器拦截同一个请求时，这些过滤器就会组成一个 Filter 链，其中的每个过滤器都是通过 FilterChain 的 doFilter()方法将当前过滤器拦截的请求放行，使请求继续进入下一个过滤器中再次被拦截处理。

如图 10.5 所示，客户端发出的请求会先被过滤器 1 所拦截，过滤器 1 处理完请求后可以通过调用 doFilter()方法将请求放行；随后请求会被过滤器 2 拦截，过滤器 2 处理完请求后同样可以调用 doFilter()方法将请求放行，最终请求到达服务器资源。同理，当服务器向客户端发出响应时，也会依次被过滤器拦截，只是拦截响应的顺序与拦截请求的顺序完全相反。

2. 示例

此处在之前的 FilterProject 项目基础上，开发一个使用 Filter 链的程序。

之前创建的过滤器 MyFirstFilter 拦截的是 MyServlet 资源，此处再新建第二个过滤器 MySecondFilter，两个过滤器都用于拦截 MyServlet。具体代码详见程序清单 10.6。

MySecondFilter.java：

```
...
public class MySecondFilter implements Filter{
    @Override
    public void init(FilterConfig arg0) throws ServletException{
        System.out.println("过滤器 02 的初始化 init()方法...");
    }

    @Override
    public void doFilter(ServletRequest request, ServletResponse response, FilterChain chain)
    throws IOException, ServletException{
        System.out.println("拦截请求 02...");
        chain.doFilter(request, response);
        System.out.println("拦截响应 02...");
    }

    @Override
    public void destroy(){
        System.out.println("过滤器 02 的销毁 destroy()方法...");
```

```
    }
}
```

程序清单 10.6

下面对过滤器 MySecondFilter 进行配置，使其和 MyFirstFilter 一样都拦截 MyServlet 资源，代码如下。

web.xml：

```
<filter>
    <filter-name>MyFirstFilter</filter-name>
    <filter-class>
        org.lanqiao.filter.MyFirstFilter
    </filter-class>
</filter>
<filter-mapping>
    <filter-name>MyFirstFilter</filter-name>
    <url-pattern>/MyServlet</url-pattern>
</filter-mapping>

<filter>
    <filter-name>MySecondFilter</filter-name>
    <filter-class>
        org.lanqiao.filter.MySecondFilter
    </filter-class>
</filter>
<filter-mapping>
    <filter-name>MySecondFilter</filter-name>
    <url-pattern>/MyServlet</url-pattern>
</filter-mapping>
```

以上将 MyFirstFilter 的< filter-mapping >写在 MySecondFilter 的< filter-mapping >前面，因此拦截的顺序如下：

（1）拦截请求：请求先被 MyFirstFilter 拦截，再被 MySecondFilter 拦截。

（2）拦截响应：与拦截请求的顺序正好相反，响应先被 MySecondFilter 拦截，再被 MyFirstFilter 拦截。

重启服务，再次通过 index.jsp 中的超链接向服务器的 MyServlet 资源发出请求，运行结果如图 10.6 所示。

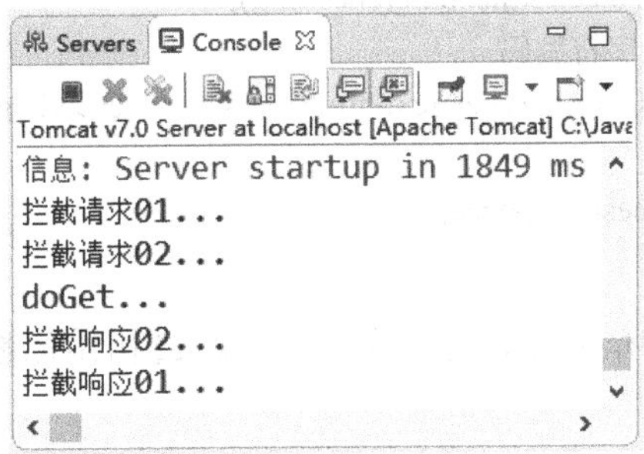

图 10.6　控制台输出结果

10.1.5 使用 Filter 解决乱码问题

本小节使用 Filter 实现一个“统一编码”的功能。在开发 Java Web 项目时，会涉及前台（如 JSP）、后台（如 Servlet）和数据库等不同的技术体系，如果不同的技术体系使用的字符编码不一致，就会造成数据乱码等问题。如何解决乱码呢？我们在本书第 2 章中已经详细介绍过，乱码问题首先要区分请求方式是 GET 还是 POST，然后对于不同请求方式进行不同的处理：如果请求方式是 GET，那么可以通过修改 Tomcat 配置，一次性地对所有请求数据的编码类型进行设置；但如果请求方式是 POST，在学习过滤器以前，就只能在每个 Servlet 中都编写一次“request.setCharacterEncoding("编码类型");”。显然，这种在 POST 方式中解决乱码的方法会让代码变得有冗余，优化的方法就是使用过滤器。过滤器在把<url-pattern>配置为“/*”之后，就可以在请求抵达项目中任何一个 Servlet 之前执行，因此，如果请求方式是 POST，就可以将“request.setCharacterEncoding("编码类型");”在过滤器中只编写一次，从而避免了之前在各个 Servlet 中都要设置编码的烦琐操作。

假设某个项目中的后台代码和数据库采用的字符编码是 UTF-8，前台使用的是 GBK，此时就可以在 Filter 中将前台发来的请求数据统一设置为 UTF-8 编码类型，之后所有的 Servlet 也都将接收到过滤器设置好的 UTF-8 类型的数据，即：前台（GBK）→使用 Filter 将前台请求的数据从 GBK 转为 UTF-8→Servlet 等后台（UTF-8）→数据库（UTF-8）。

以下是使用 Filter 解决乱码问题的具体代码。

（1）创建过滤器，并在过滤器中将请求和响应编码都设置为 UTF-8 类型。代码如下：

```
public class EncodingFilter implements Filter {
    //encoding 是过滤后的编码类型，会在 web.xml 中通过过滤器的<init-param>标签设置为 UTF-8
    String encoding = null;

    @Override
    public void init(FilterConfig filterconfig) throws ServletException {
        encoding = filterconfig.getInitParameter("encoding");
    }

    @Override
    public void doFilter(ServletRequest request, ServletResponse response, FilterChain chain)
            throws IOException, ServletException {
        if (encoding != null) {
            // 设置请求字符编码
            request.setCharacterEncoding(encoding);
            // 设置响应字符编码
            response.setContentType("text/html;charset=" + encoding);
        }
        chain.doFilter(request, response);
    }
```

（2）配置过滤器，拦截所有的请求及响应，并通过初始化参数将编码类型（encoding）设置为 UTF-8。代码如下：

```
<filter>
    <description>设置编码</description>
    <filter-name>EncodingFilter</filter-name>
    <filter-class>EncodingFilter</filter-class>
    <init-param>
        <param-name>encoding</param-name>
        <param-value>utf-8</param-value>
    </init-param>
</filter>
<filter-mapping>
    <filter-name>EncodingFilter</filter-name>
    <url-pattern>/*</url-pattern>
</filter-mapping>
```

至此，我们已经介绍了过滤器的基本原理，并且完整地演示了过滤器的实现步骤和 Filter 配置。现在请大家尝试使用过滤器完成以下两个功能：

（1）完善本小节“统一编码”的功能：创建 JSP 页面，并将编码类型设置为 GBK，然后在页面中编写两个 FORM 表单（请求方式均为 POST），其中，一个表单用于“注册用户”，当表单被提交后，注册信息传入自定义的 RegisterServlet 中，再由 RegisterServlet 依次调用业务逻辑层和数据访问层，最终向编码类型为 UTF-8 的数据库中插入一条用户数据；另一个表单用于“修改用户”，当表单被提交后，修改信息传入自定义的 UpdateServlet 中，再由 UpdateServlet 依次调用业务逻辑层和数据访问层，最终在编码类型为 UTF-8 的数据库中修改一条用户数据。最后，再创建一个 Filter，统一将 JSP 页面中 GBK 类型的数据转为 UTF-8 类型后再传入自定义的 Servlet 中（即 RegisterServlet 和 UpdateServlet）。需要注意的是，为了体现 Filter 的统一编码功能，需要在 JSP 及数据库中使用中文数据，例如，可以使用中文作为用户名。

（2）完成“敏感词过滤”功能：用户通过 JSP 页面发布一篇文章，为了避免文章内容出现一些不文明的词语，现在要求在文章内容存入数据库以前，先对文章内容进行过滤。过滤的方法是：先在一个文本文件中存储一些不文明词语，然后通过自定义过滤器类解析该文本文件，并将文本文件中的所有不文明词语存储到一个集合中，之后判断用户提交的文章内容中是否有文本文件中定义的不文明词语，如果有，就将文章中的不文明词语替换为“**”。

10.2 监 听 器

Web 应用程序在运行期间会创建和销毁以下 4 个对象：ServletContext、HttpSession、ServletRequest 和 PageContext。这些对象也被称为域对象。除了 PageContext，Servlet API 为其他 3 个域对象都提供了各自的监听器，用来监听它们的行为。

10.2.1 监听域对象的创建与销毁

1．原理

Servlet API 提供了 ServletContextListener、HttpSessionListener、ServletRequestListener 这 3 个监听器接口，用来分别监听 ServletContext、HttpSession、ServletRequest 这 3 个域对象。当这 3 个域对象创建或销毁时，就会自动触发相应的监听器接口。

例如，ServletContextListener 接口可以用来监听 ServletContext 域对象的创建、销毁过程。当在 Web 应用程序中注册了一个或多个实现了 ServletContextListener 接口的事件监听器时，Web 容器就会在创建、销毁每个 ServletContext 对象时产生一个相应的事件对象 sce（类型为 ServletContextEvent），然后依次调用每个 ServletContext 事件监听器中的监听方法，并将产生的事件对象 sce 传递给这些监听方法来完成事件的处理工作。

ServletContextListener 接口定义了如表 10.4 所示的 2 个事件监听方法。

表 10.4　ServletContextListener 接口的事件监听方法

方　法	简　介
public void contextInitialized(ServletContextEvent sce)	当 ServletContext 对象被创建时，Web 容器会自动触发此方法，并且可以通过参数 ServletContextEvent 获取创建的 ServletContext 对象
public void contextDestroyed(ServletContextEvent sce)	当 ServletContext 对象被销毁时， Web 容器会自动触发此方法，并且会将之前的 ServletContextEvent 对象传递到此方法的参数中

类似地，HttpSessionListener 和 ServletRequestListener 接口也都提供了各自的事件监听方法。

（1）HttpSessionListener 接口定义的事件监听方法如表 10.5 所示。

表 10.5　HttpSessionListener 接口的事件监听方法

方　法	简　介
public void sessionCreated(HttpSessionEvent se)	当 HttpSession 对象被创建时，Web 容器会自动触发此方法，并且可以通过参数 HttpSessionEvent 获取创建的 HttpSession 对象
public void sessionDestroyed(HttpSessionEvent se)	当 HttpSession 对象被销毁时，Web 容器会自动触发此方法，并且会将之前的 HttpSessionEvent 对象传递到此方法的参数中

（2）ServletRequestListener 接口定义的事件监听方法如表 10.6 所示。

表 10.6　ServletRequestListener 接口的事件监听方法

方　法	简　介
public void requestInitialized(ServletRequestEvent sre)	当 ServletRequest 对象被创建时，Web 容器会自动触发此方法，并且可以通过参数 ServletRequestEvent 获取创建的 ServletRequest 对象
public void requestDestroyed(ServletRequestEvent sre)	当 ServletRequest 对象被销毁时，Web 容器会自动触发此方法，并且会将之前的 ServletRequestEvent 对象传递到此方法的参数中

2．示例

下面用一个类来同时实现 ServletContextListener、HttpSessionListener、ServletRequestListener 这 3 个接口，即该类同时具有 3 个监听器的功能。具体代码详见程序清单 10.7。

ContextSessionRequestListener.java：

```
package org.lanqiao.listener;
import javax.servlet.*;
import javax.servlet.http.*;

public class ContextSessionRequestListener
```

```
        implements ServletContextListener, HttpSessionListener,ServletRequestListener{
    @Override
    public void requestInitialized(ServletRequestEvent sre){
        System.out.println("监听 ServletRequest：[ServletRequest]对象[创建]完成");
    }
    @Override
    public void requestDestroyed(ServletRequestEvent sre){
        System.out.println("监听 ServletRequest：[ServletRequest]对象[销毁]完成");
    }
    @Override
    public void sessionCreated(HttpSessionEvent se){
        System.out.println("监听 HttpSession：[HttpSession]对象[创建]完成");
    }
    @Override
    public void sessionDestroyed(HttpSessionEvent se) {
        System.out.println("监听 HttpSession：[HttpSession]对象[销毁]完成");
    }
    @Override
    public void contextInitialized(ServletContextEvent sce){
        System.out.println("监听 ServletContext：[ServletContext]对象[创建]完成");
    }
    @Override
    public void contextDestroyed(ServletContextEvent sce){
        System.out.println("监听 ServletContext：[ServletContext]对象[销毁]完成");
    }
}
```

程序清单 10.7

在 web.xml 中部署 ContextSessionRequestListener 监听器，代码如下。

web.xml：

```
…
<listener>
    <listener-class>
        org.lanqiao.listener.ContextSessionRequestListener
    </listener-class>
</listener>
…
```

一个完整的监听器需要编写监听器类和配置<listener>元素。如果 Web 应用程序有多个监听器，就会按照<listener>在 web.xml 中的配置顺序依次触发。

最后新建 index.jsp 和 sessionInvalidate.jsp 来测试监听器，具体代码详见程序清单 10.8 和程序清单 10.9。

index.jsp：

```
…
<body>
    index.jsp 页面<br>
```

```
    <a href="sessionInvalidate.jsp">销毁 session</a>
</body>
...
```

程序清单 10.8

sessionInvalidate.jsp：

```
<%@ page language="java" contentType="text/html; charset=UTF-8" pageEncoding="UTF-8"%>
<%
    System.out.println("========sessionInvalidate.jsp 页面========");
    session.invalidate();
%>
```

程序清单 10.9

部署并启动项目，发现在启动时就执行了监听器实现类 ContextSessionRequestListener 中的 contextInitialized()方法，如图 10.7 所示。

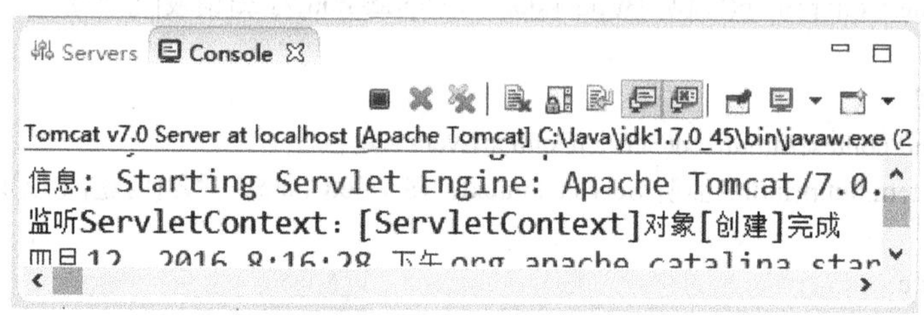

图 10.7　控制台输出结果

这是因为 Web 容器在启动时会自动加载部署过的项目，并为该项目创建对应的 ServletContext 对象。而 web.xml 中配置了用于监听 ServletContext 对象创建、销毁的监听器 ContextSessionRequestListener，所以会调用监听器中的 contextInitialized()方法，从而输出相应的语句。

访问 index.jsp，又会得到如图 10.8 所示结果。

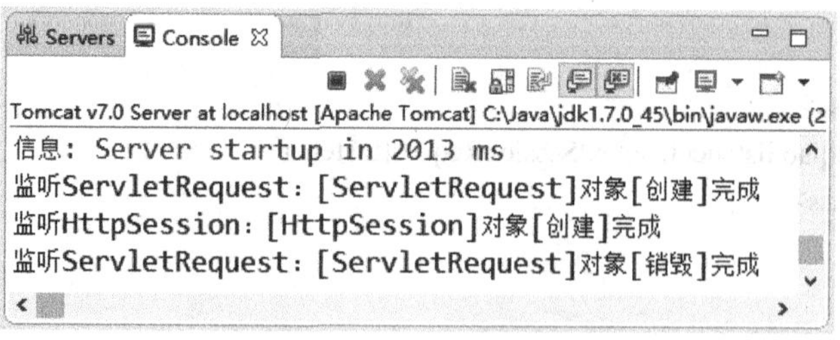

图 10.8　控制台输出结果

这是因为访问 index.jsp 时，就会向 Web 容器发送一次请求（创建了一个请求），所以执行了用于监听 ServletRequest 被创建的 requestInitialized()方法，即输出“监听 ServletRequest：[ServletRequest]对象[创建]完成”。

同时，第一次访问 index.jsp 时，Web 容器还为浏览器创建了对应的 HttpSession 对象，所以还会执行用于监听 HttpSession 被创建的 sessionCreated()方法，即输出“监听 HttpSession：[HttpSession]对象[创建]完成”。

当请求发送完毕，ServletRequest 对象随之被销毁，所以又会执行用于监听 ServletRequest 被销毁的 requestDestroyed()方法，即输出“监听 ServletRequest：[ServletRequest]对象[销毁]完成”。

单击 index.jsp 中的超链接“销毁 session”，如图 10.9 所示。

图 10.9　JSP 运行结果

控制台又会输出如图 10.10 所示黑色方框中的内容。

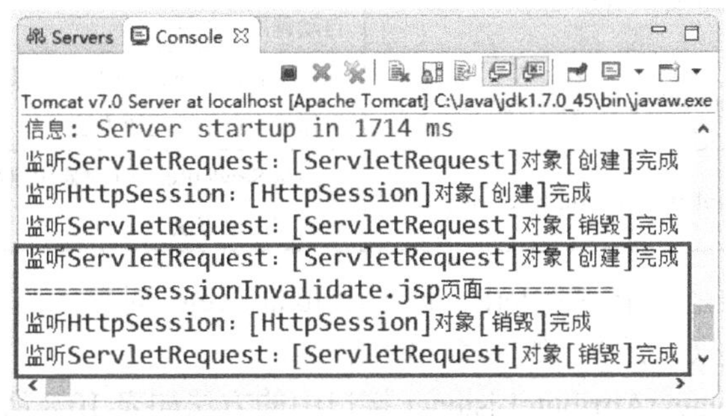

图 10.10　JSP 运行结果

这是因为单击超链接后，会跳转到一个新的页面，即发送了一个新的请求，所以会再次触发用于监听 ServletRequest 被创建的 requestInitialized()方法；随后，进入 sessionInvalidate.jsp 页面，执行该 JSP 里面的输出语句，并执行 session.invalidate()销毁 session，所以会触发用于监听 HttpSession 被销毁的 sessionDestroyed()方法，即输出“监听 HttpSession：[HttpSession]对象[销毁]完成”。之后，请求执行完毕，从而被销毁，再次触发用于监听 ServletRequest 被销毁的 requestDestroyed()方法。

最后，手动停止 Web 服务，又会触发用于监听 ServletContext 对象被销毁的 contextDestroyed()方法，从而输出“监听 ServletContext：[ServletContext]对象[销毁]完成”，如图 10.11 所示。

图 10.11　控制台输出结果

10.2.2 监听域对象中属性的变更

1. 原理

ServletContext、HttpSession、ServletRequest 这 3 个域对象都可以通过 setAttribute()和 removeAttribute()等方法进行属性的增加、替换（修改）、删除。Servlet API 也提供了 ServletContextAttributeListener、HttpSessionAttributeListener、ServletRequestAttributeListener 这 3 个监听器接口，用来分别监测这 3 个域对象中属性的变更。

例如，当向 ServletRequest 对象中增加、替换（修改）、删除某个属性时，Web 容器就会自动触发 ServletRequestAttributeListener 监听器接口中的相应方法，如表 10.7 所示。

表 10.7 ServletRequestAttributeListener 常用方法

方　法	简　介
public void attributeAdded(ServletRequestAttributeEvent srae)	当向 ServletRequest 对象中增加一个属性时，Web 容器就会自动调用该方法
public void attributeRemoved(ServletRequestAttributeEvent srae)	当 ServletRequest 对象中的某个属性被替换（修改）时，Web 容器就会自动调用该方法
public void attributeReplaced(ServletRequestAttributeEvent srae)	当从 ServletRequest 对象中删除一个属性时，Web 容器就会自动调用该方法

其中，方法的参数是一个 ServletRequestAttributeEvent 对象，监听器可以通过这个参数来获取正在增加、替换（修改）、删除属性的域对象。

类似地，ServletContextAttributeListener 接口中的方法如表 10.8 所示。

表 10.8 ServletContextAttributeListener 常用方法

方　法	简　介
public void attributeAdded(ServletContextAttributeEvent srae)	当向 ServletContext 对象中增加一个属性时，Web 容器就会自动调用该方法
public void attributeRemoved(ServletContextAttributeEvent srae)	当 ServletContext 对象中的某个属性被替换（修改）时，Web 容器就会自动调用该方法
public void attributeReplaced(ServletContextAttributeEvent srae)	当从 ServletContext 对象中删除一个属性时，Web 容器就会自动调用该方法

HttpSessionAttributeListener 接口中的方法如表 10.9 所示。

表 10.9 HttpSessionAttributeListener 常用方法

方　法	简　介
public void attributeAdded(HttpSessionBindingEvent srae)	当向 HttpSession 对象中增加一个属性时，Web 容器就会自动调用该方法
public void attributeRemoved(HttpSessionBindingEvent srae)	当 HttpSession 对象中的某个属性被替换（修改）时，Web 容器就会自动调用该方法
public void attributeReplaced(HttpSessionBindingEvent srae)	当从 HttpSession 对象中删除一个属性时，Web 容器就会自动调用该方法

可以发现，ServletContextAttributeListener、HttpSessionAttributeListener、ServletRequestAttributeListener 这 3 个监听器接口中的方法名完全一致，只有方法的参数类型不同。

2．示例

现在通过一个监听器，监听域对象中属性的变更，具体步骤如下。

（1）新建 attributeListener.jsp，用于增加、替换、删除属性，从而触发域对象的属性监听器。具体代码详见程序清单 10.10。

```
...
<body>
    <%
        getServletContext().setAttribute("school","北京蓝桥");
        getServletContext().setAttribute("school","东莞蓝桥");
        getServletContext().removeAttribute("school");

        session.setAttribute("school","北京蓝桥");
        session.setAttribute("school","东莞蓝桥");
        session.removeAttribute("school");

        request.setAttribute("school","北京蓝桥");
        request.setAttribute("school","东莞蓝桥");
        request.removeAttribute("school");
    %>
</body>
...
```

程序清单 10.10

（2）创建用于监听域对象属性变更的监听器，即创建一个类并实现 ServletContextAttributeListener、HttpSessionAttributeListener、ServletRequestAttributeListener 这 3 个监听器接口。具体代码详见程序清单 10.11。

AttributeListener.java：

```
package org.lanqiao.listener;

import javax.servlet.*;
import javax.servlet.http.*;
public class AttributeListener implements ServletContextAttributeListener,HttpSessionAttributeListener,
ServletRequestAttributeListener{

    @Override
    public void attributeAdded(ServletRequestAttributeEvent srae) {
        String attributeName = srae.getName();
        Object attributeValue = srae.getServletRequest().getAttribute(attributeName);
        System.out.println("[ServletRequest][增加]属性,"+attributeName+":"+attributeValue);
    }
    @Override
    public void attributeRemoved(ServletRequestAttributeEvent srae){
        String attributeName = srae.getName();
```

```
            System.out.println("[ServletRequest][删除]属性,"+attributeName);
        }

        @Override
        public void attributeReplaced(ServletRequestAttributeEvent srae){
            String attributeName = srae.getName();
            Object attributeValue = srae.getServletRequest().getAttribute(attributeName);
            System.out.println("[ServletRequest][替换]属性,"+attributeName+":"+attributeValue);
        }
        @Override
        public void attributeAdded(HttpSessionBindingEvent sbe){
            String attributeName = sbe.getName();
            Object attributeValue = sbe.getSession().getAttribute(attributeName);
            System.out.println("[HttpSession][增加]属性," +attributeName+":"+attributeValue);
        }
        @Override
        public void attributeRemoved(HttpSessionBindingEvent sbe){
            String attributeName   = sbe.getName();
            System.out.println("[HttpSession][删除]属性," +attributeName);
        }
        @Override
        public void attributeReplaced(HttpSessionBindingEvent sbe){
            String attributeName = sbe.getName();
            Object attributeValue = sbe.getSession().getAttribute(attributeName) ;
            System.out.println("[HttpSession][替换]属性," +attributeName+":"+attributeValue);
        }
        @Override
        public void attributeAdded(ServletContextAttributeEvent scae){
            String attributeName = scae.getName();
            Object attributeValue = scae.getServletContext().getAttribute(attributeName);
            System.out.println( "[ServletContext][增加]属性," +attributeName+":"+attributeValue);
        }
        @Override
        public void attributeRemoved(ServletContextAttributeEvent scae){
            String attributeName = scae.getName();
            System.out.println("[ServletContext][删除]属性,"+attributeName);
        }
        @Override
        public void attributeReplaced(ServletContextAttributeEvent scae){
            String attributeName = scae.getName();
            Object attributeValue = scae.getServletContext().getAttribute(attributeName);
            System.out.println("[ServletContext][替换]属性," +attributeName+":"+attributeValue);
        }
    }
```

程序清单 10.11

（3）配置监听器。

web.xml：

```
...
  <listener>
      <listener-class>
            org.lanqiao.listener.AttributeListener
      </listener-class>
  </listener>
...
```

部署并启动项目，通过浏览器地址栏访问 http://localhost:8888/ListenerProject/attributeListener.jsp，在控制台可以看到如图 10.12 所示的结果。

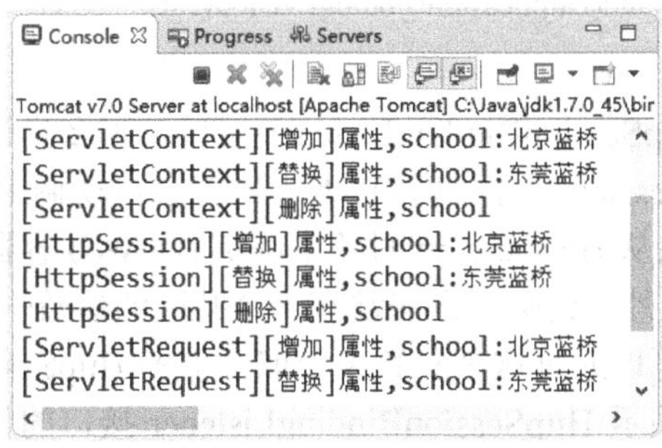

图 10.12 控制台输出结果

可见，当 3 个域对象进行增加、替换、删除属性时，都会触发相应的监听方法。

10.2.3 监听 HttpSession 中对象的四个阶段

从对象生命周期的角度看，在 session 域中保存的对象可能会经历以下 4 个阶段。

（1）将对象保存（绑定）到 session 域中。

（2）从 session 域中删除（解除绑定）该对象。

（3）对象随着 session 持久化到硬盘等存储设备中，即把对象和 session 一起从内存写入硬盘等存储设备（钝化）。

（4）对象随着 session 从存储设备中恢复到内存中（活化）。

为此，Servlet API 提供了 HttpSessionBindingListener 监听器（接口），专门用于监听 session 域中对象在前两个阶段时的状态；提供了 HttpSessionActivationListener 监听器（接口），专门用于监听 session 域中对象在后两个阶段时的状态。

值得注意的是，10.2.1 小节介绍的“监听域对象的创建与销毁”和 10.2.2 小节介绍的“监听域对象中属性的变更”都是一种全局性策略，即只需要编写一个监听器（如 ContextSessionRequestListener、AttributeListener），就可以监听域对象中的所有属性。例如，一个 ContextSessionRequestListener 监听器就能监听所有 ServletContext、HttpSession 和 ServletRequest 类型对象的创建与销毁。但本小节介绍的 HttpSessionBindingListener 和 HttpSessionActivationListener 两个监听器，是一种只针对具体类型才会生效的监听器。举例来说，如果要监听某个 session 域对象的 4 个阶段，就必须用这个对象专门去实现 HttpSessionBindingListener 和 HttpSessionActivationListener 接口；如果要监听另一个 session

域对象的 4 个阶段，就必须再用另一个域对象去实现 HttpSessionBindingListener 和 HttpSessionActivationListener 接口……而不能像 10.2.1 和 10.2.2 小节那样只编写一次全局范围的监听器就可以了。

1．HttpSessionBindingListener 接口

HttpSessionBindingListener 接口提供了 valueBound()和 valueUnbound()两个方法，分别用于将 Java 对象绑定到 HttpSession，以及从 HttpSession 中解绑 Java 对象这两个事件。

HttpSessionBindingListener 接口的完整定义如下：

```
package javax.servlet.http;
import java.util.EventListener;
public interface HttpSessionBindingListener extends EventListener {
        public void valueBound(HttpSessionBindingEvent event);
        public void valueUnbound(HttpSessionBindingEvent event);
}
```

如果一个类实现了 HttpSessionBindingListener 接口，那么当该类产生的对象（记为“被监听对象”）被绑定到 HttpSession 对象中时，Web 容器就会自动调用被监听对象的 valueBound()方法；而当该类产生的对象从 HttpSession 对象中解绑时，Web 容器就会自动调用被监听对象的 valueUnbound()方法。此外，这两个方法都有一个共同的参数——HttpSessionBindingEvent 类型的事件对象，开发者可以通过这个参数来获取当前的 HttpSession 对象。

下面通过一个示例来演示 HttpSessionBindingListener 接口的使用。具体代码详见程序清单 10.12 和程序清单 10.13。

org.lanqiao.listener.BeanDemo.java：

```
package org.lanqiao.listener;
import javax.servlet.http.HttpSessionBindingEvent;
import javax.servlet.http.HttpSessionBindingListener;
public class BeanDemo implements HttpSessionBindingListener{
        //BeanDemo 对象被绑定到 HttpSession 对象中时，Web 容器会自动调用此方法
        @Override
        public void valueBound(HttpSessionBindingEvent event){
                System.out.println("绑定：\nBeanDemo 对象被增加到了 session 域中\n 当前的 BeanDemo 对象：
"+this+"\n"+event.getSession().getId());
        }
        //BeanDemo 对象从 HttpSession 对象中解绑时，调用此方法
        @Override
        public void valueUnbound(HttpSessionBindingEvent event){
                System.out.println("移除：\nBeanDemo 对象从 session 域中被移除\n 当前的 BeanDemo 对象：
" +this+"\n"+event.getSession().getId());
        }
}
```

程序清单 10.12

httpSessionBindingListener.jsp：

```
...
<body>
```

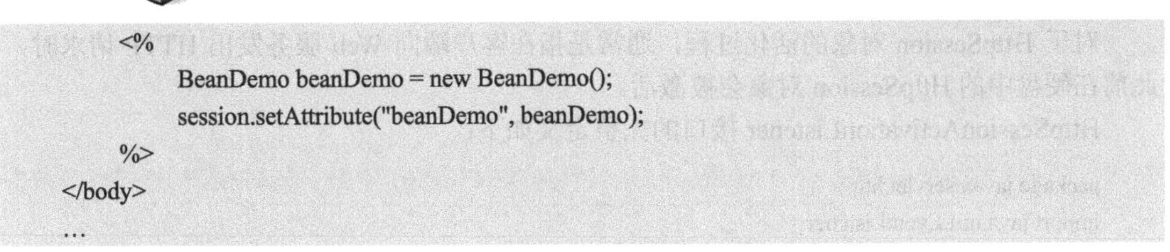

```
    <%
        BeanDemo beanDemo = new BeanDemo();
        session.setAttribute("beanDemo", beanDemo);
    %>
</body>
...
```

程序清单 10.13

执行 http://localhost:8888/ListenerProject/httpSessionBindingListener.jsp，运行结果如图 10.13 所示。

图 10.13　控制台输出结果

刷新页面，运行结果如图 10.14 所示。

图 10.14　刷新页面后控制台输出结果

从如图 10.13 和图 10.14 所示的运行结果可以发现：第一次访问 httpSessionBindingListener.jsp 时，BeanDemo 对象会被增加到 session 域中；刷新浏览器，另一个 BeanDemo 对象被增加到了 session 域中，与此同时，第一个 BeanDemo 对象被从 session 域中移除了，也就是说，第二个 BeanDemo 对象覆盖了第一个对象。此外，因为是同一次会话，因此 sessionId 都是相同的。

2．HttpSessionActivationListener 接口

如果要把 HttpSession 对象从内存转移到硬盘等存储设备（钝化），或者相反，从存储设备中恢复到内存中（活化），就需要使用 HttpSessionActivationListener 接口的 sessionWillPassivate()和 sessionDidActivate()方法。

需要注意的是，HttpSession 对象的钝化（也称为持久化）过程是由 Servlet 容器完成的。在此过程中，为了确保 session 域内的所有共享数据不会丢失，Servlet 容器不仅会持久化 HttpSession 对象，还会对该对象的所有可序列化的属性进行持久化。其中，可序列化的属性是指属性所属的类实现了 Serializable 接口。例如，String 继承了 Serializable 接口，因此，session 对象中 String 类型的属性也会被持久化。

对于 HttpSession 对象的活化过程，通常是指在客户端向 Web 服务发出 HTTP 请求时，此前在硬盘中的 HttpSession 对象会被激活。

HttpSessionActivationListener 接口的完整定义如下：

```
package javax.servlet.http;
import java.util.EventListener;
public interface HttpSessionActivationListener extends EventListener {
    //钝化之前
    public void sessionWillPassivate(HttpSessionEvent se);
    //活化之后
    public void sessionDidActivate(HttpSessionEvent se);
}
```

当绑定到 HttpSession 对象中的对象即将随 HttpSession 对象被钝化之前，Web 容器会调用 sessionWillPassivate()方法，并传递一个 HttpSessionEvent 类型的事件对象作为参数；当绑定到 HttpSession 对象中的对象刚刚随 HttpSession 对象被活化之后，Web 容器会调用 sessionDidActivate ()方法，并传递一个 HttpSessionEvent 类型的事件对象作为参数。

下面通过一个示例来演示 HttpSessionActivationListener 接口的使用。

（1）配置会话管理器。在执行 session 的持久化（钝化）时，需要用到 PersistentManager（会话管理器），PersistentManager 的作用是当某个 Web 应用被终止（或整个 Web 服务器被终止）时，会对被终止的 Web 应用的 HttpSession 对象进行持久化。PersistentManager 需要在 Tomcat 的 context.xml 文件中配置<Manager>元素，代码如下。

“Tomcat 安装目录”/conf/context.xml：

```
<Context>
    <Manager className="org.apache.catalina.session.PersistentManager"
             maxIdleSwap="1" >
        <Store className="org.apache.catalina.session.FileStore"
               directory="lanqiao" />
    </Manager>
    <!-- 其他配置 ... -->
</Context>
```

Manager 及其子元素如表 10.10 所示。

表 10.10　Manager 与 Store 元素

元素/属性	简　介
Manager 元素	用于配置会话管理器。 className 属性：指定负责创建、销毁、持久化 session 对象的类。 maxIdleSwap 属性：指定 session 对象被钝化前的最大空闲时间（单位是秒）。如果超过这个时间，管理 Session 对象的类就会把 session 对象持久化到存储设备中（硬盘等）
Store 元素	用于指定负责完成具体持久化任务的类。 directory 属性：指定保存持久化文件的目录，可以使用相对目录或绝对目录。如果使用相对目录（如 lanqiao），是指相对于以下目录：<Tomcat 安装目录>\work\Catalina\localhost\项目名\lanqiao

（2）编写类并实现 HttpSessionActivationListener 接口。具体代码详见程序清单 10.14。

org.lanqiao.listener.BeanDemo2.java：

```
package org.lanqiao.listener;
import javax.servlet.http.HttpSessionActivationListener;
import javax.servlet.http.HttpSessionEvent;
public class BeanDemo2 implements HttpSessionActivationListener{
    private String name ;
    private int age ;
    //setter、getter
    //钝化之前
    @Override
    public void sessionWillPassivate(HttpSessionEvent se){
        System.out.println("即将钝化之前：BeanDemo2 对象即将随着 HttpSession 对象被钝化…");
    }
    //活化之后
    @Override
    public void sessionDidActivate(HttpSessionEvent se){
        System.out.println("活化之后：BeanDemo2 对象刚刚随着 HttpSession 对象被活化了…");
    }
}
```

程序清单 10.14

（3）编写 JSP，实现钝化与活化。

①实现钝化：将对象增加到 HttpSession 对象中，并随着 HttpSession 对象一起钝化。具体代码详见程序清单 10.15。

write.jsp：

```
…
<body>
    <%
        BeanDemo2 beanDemo = new BeanDemo2();
        beanDemo.setName("张三");
        beanDemo.setAge(23);
        session.setAttribute("beanDemo", beanDemo) ;
    %>
</body>
…
```

程序清单 10.15

启动服务，执行 http://localhost:8888/ListenerProject/write.jsp，此时 BeanDemo2 对象就会被加入 session 域中。

一段时间后（时间长短可以通过会话管理器中 Manager 元素的 maxIdleSwap 属性设置），控制台将显示如图 10.15 所示结果。

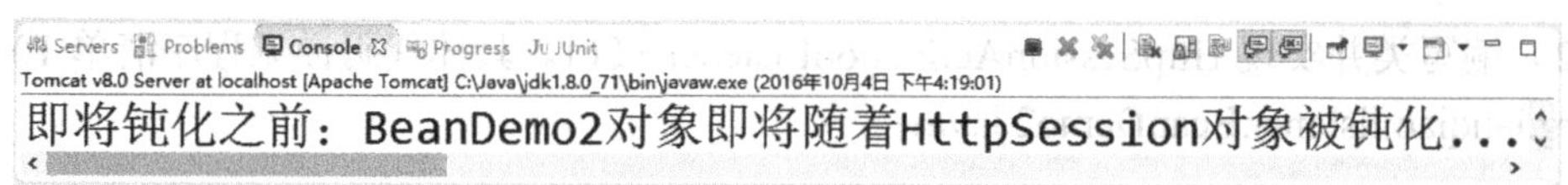

图 10.15　控制台输出结果

因此可以得知，BeanDemo2 对象会随着 HttpSession 对象被钝化。根据会话管理器中 Store 元素的 directory 属性，可以找到钝化后的文件，如图 10.16 所示。

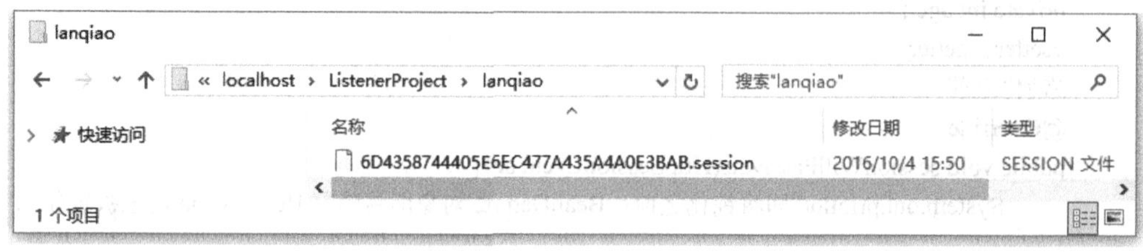

图 10.16　钝化后的文件

② 实现活化：钝化以后，将对象随 HttpSession 对象一起活化。

编写 read.jsp，从 session 域中读取对象。具体代码详见程序清单 10.16。

read.jsp：

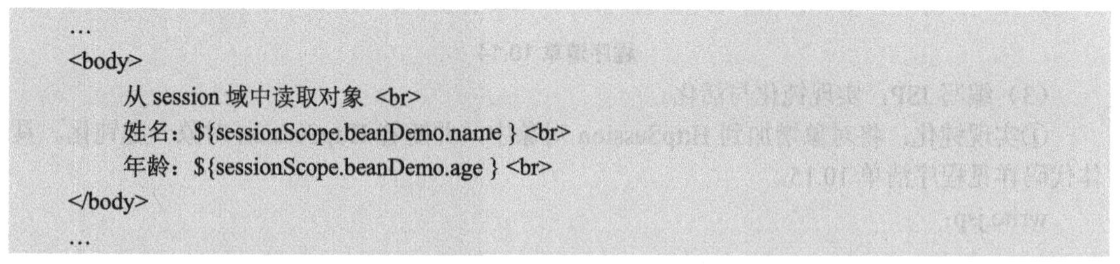

```
…
<body>
    从 session 域中读取对象 <br>
    姓名：${sessionScope.beanDemo.name } <br>
    年龄：${sessionScope.beanDemo.age } <br>
</body>
…
```

程序清单 10.16

重启 Tomcat 服务，先执行 http://localhost:8888/ListenerProject/write.jsp，立即执行 http://localhost:8888/ListenerProject/read.jsp，可得如图 10.17 所示运行结果。

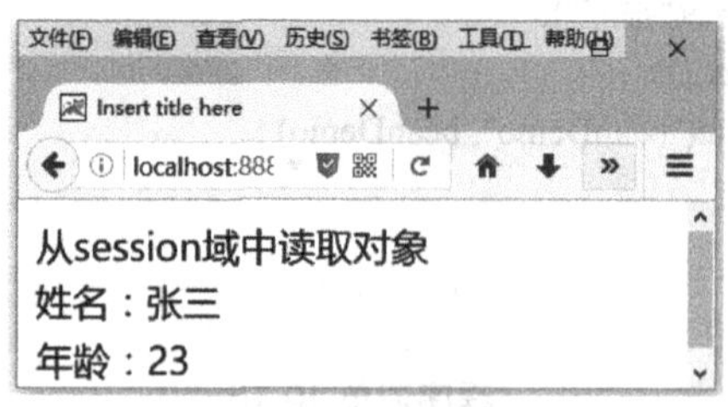

图 10.17　打印“即将钝化之前…”前 JSP 运行结果

可以发现，在钝化前可以从 session 域中读取对象的数据（从内存中的 session 域中读取）。之后，等一段时间，控制台打印完“即将钝化之前…”后（说明此时 HttpSession 对象已经被钝化，并被保存在了硬盘中），再次执行 http://localhost:8888/ListenerProject/read.jsp，运行结果如图 10.18 所示。

图 10.18　打印“即将钝化之前…”后 JSP 运行结果

图 10.18 中数据显示为空的，原因是本次持久化（钝化）的对象所属类没有实现 Serializable 接口。如果一个类没有实现 Serializable 接口，那么当 Servlet 容器持久化 HttpSession 对象时，是不会持久化该类的对象的。本例中，BeanDemo2 类没有实现 Serializable 接口，因此 BeanDemo2 的对象不会随 HttpSession 一起被持久化，就会在 HttpSession 被持久化时丢失。

修改 BeanDemo2 类，让其实现 Serializable 接口。

org.lanqiao.listener.BeanDemo2.java：

```
package org.lanqiao.listener;
import javax.servlet.http.HttpSessionActivationListener;
import javax.servlet.http.HttpSessionEvent;
public class BeanDemo2 implements HttpSessionActivationListener, Serializable{
    …
}
```

重启服务，执行 http://localhost:8888/ListenerProject/write.jsp，等待 Console 控制台输出“即将钝化之前…”，如图 10.19 所示。

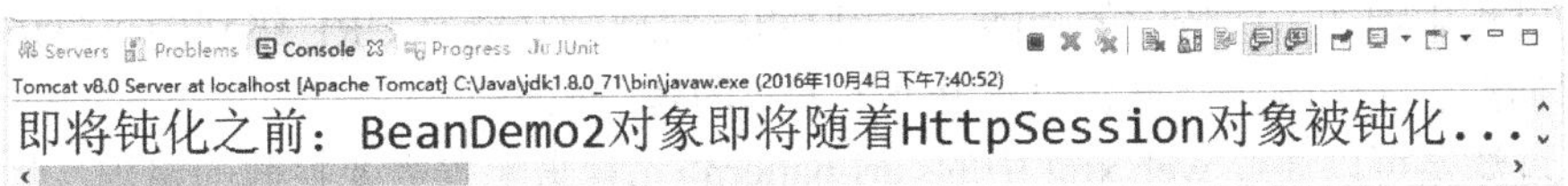

图 10.19　输出结果

再执行 read.jsp，得到 read.jsp 的运行结果如图 10.20 所示。

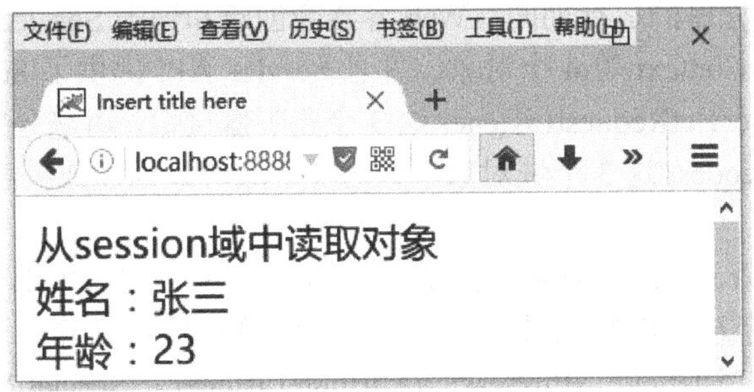

图 10.20　JSP 运行结果

此时控制台的运行结果如图 10.21 所示。

```
Servers  Problems  Console  Progress  JUnit
Tomcat v8.0 Server at localhost [Apache Tomcat] C:\Java\jdk1.8.0_71\bin\javaw.exe (2016年10月4日 下午7:40:52)
即将钝化之前：BeanDemo2对象即将随着HttpSession对象被钝化...
活化之后：BeanDemo2对象刚刚随着HttpSession对象被活化了...
```

图 10.21　Console 控制台输出结果

可以得知，BeanDemo2 对象在随 HttpSession 对象被钝化以后，又会在程序访问 HttpSession 对象时随 HttpSession 对象一起被活化。需要再次强调的是，对象所属的类必须先实现 Serializable 接口，之后才能被持久化到硬盘上。

稍等片刻后，控制台会在 HttpSession 被钝化前再次显示“即将钝化之前…”，如图 10.22 所示。

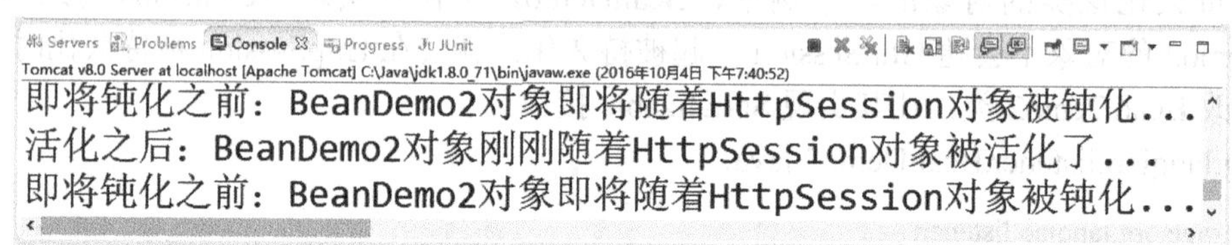

图 10.22　控制台输出结果

10.3　本章小结

本章讲解了 Web 技术中的过滤器与监听器，具体如下：

（1）过滤器（Filter）的基本功能是对 Servlet 的调用过程进行拦截，在 Servlet 处理请求及响应的过程中增加一些特定的功能。常用 Filter 实现的功能有 URL 级别的权限访问控制、过滤敏感词汇、压缩响应信息、设置 POST 方式的统一编码等。

（2）过滤器可以通过 web.xml 中的<url-pattern>元素来配置需要拦截的请求。此外，还可以通过<filter-mapping>的子元素<dispatcher>来指定被拦截的请求方式。并且可以为 Web 应用程序注册多个 Filter，对某一请求/响应进行多次拦截。拦截的顺序是按照过滤器的<filter-mapping>在 web.xml 中的配置顺序。

（3）在 Web 应用程序的运行期间，Web 容器会创建和销毁 ServletContext、HttpSession、ServletRequest 和 PageContext 等 4 个对象。并且 Servlet API 提供了 ServletContextListener、HttpSessionListener、ServletRequestListener 这 3 个监听器接口，用来分别监听 ServletContext、HttpSession、ServletRequest 这 3 个域对象。当这 3 个域对象创建或销毁时，就会自动触发相应的监听器接口。

（4）ServletContext、HttpSession、ServletRequest 这 3 个域对象都可以通过 setAttribute()和 removeAttribute()等方法进行属性的增加、替换（修改）、删除。Servlet API 也提供了 ServletContextAttributeListener、HttpSessionAttributeListener、ServletRequestAttributeListener 这 3 个监听器接口，用来监测这 3 个域对象中属性的变更。

（5）在 session 域中保存的对象，可能会经历以下 4 种阶段：

①将对象保存（绑定）到 session 域中。

②从 session 域中删除（解除绑定）该对象。

③对象随着 session 持久化到硬盘等存储设备中，即将对象和 session 一起从内存写入硬盘等存储设备（钝化）。

④对象随着 session 从存储设备恢复到内存中（活化）。

Servlet API 提供了 HttpSessionBindingListener 和 HttpSessionActivationListener 两个监听器（接口），专门用于监听 session 域中对象的变化。

10.4　本章练习

单选题

1．在 Java Web 中编写一个过滤器，需要实现以下哪个接口或继承哪个类？（　　）

A．继承 Filter 类　　B．实现 Filter 接口

C．继承 HttpFilter 类　　D．实现 HttpFilter 接口

2．以下哪一项不是 Servlet API 提供的监听器？（　　）

A．ServletContextListener　　B．HttpSessionListener

C．HttpApplicationListener　　D．ServletRequestListener

3．在通过<filter-mapping>的子元素<dispatcher>设置拦截方式时，以下哪个属性值表示拦截“请求转发”方式的请求？（　　）

A．REQUEST　　B．INCLUDE　　C．FORWARD　　D．ERROR

4．当过滤器拦截了请求时，使用 FilterChain 类的哪个方法释放该请求？（　　）

A．service()　　B．filter()　　C．doFilter()　　D．doGet()

5．如果配置了多个过滤器或监听器，那么这些过滤器或监听器的执行顺序是如何设置的？（　　）

A．多个监听器的执行顺序同<listener>标签在 web.xml 中的配置顺序；多个过滤器的执行顺序同<filter-mapping>标签在 web.xml 中的配置顺序。

B．多个监听器的执行顺序同<listener-name>标签在 web.xml 中的配置顺序；多个过滤器的执行顺序同<filter-mapping>标签在 web.xml 中的配置顺序。

C．多个监听器的执行顺序同<listener>在 web.xml 中的配置顺序；多个过滤器的执行顺序同<filter-name>标签在 web.xml 中的配置顺序。

D．多个监听器的执行顺序同<listener-name>标签在 web.xml 中的配置顺序；多个过滤器的执行顺序同<filter-name>标签在 web.xml 中的配置顺序。

6．下列选项中，属于 HttpSessionListener 接口定义的事件处理方法是（　　）。

A．public void sessionDestroyed(SessionEvent se)

B．public void requestDestroyed(ServletRequestEvent sre)

C．public void requestInitialized(ServletRequestEvent sre)

D．public void sessionCreated(HttpSessionEvent se)

7．以下哪一项表示过滤器拦截的是所有以“.do”结尾的请求？（　　）

A．<url-pattern>*.do</url-pattern>　　B．<url-pattern>/*.do</url-pattern>

C．<url-pattern>*.do</url-pattern>　　D．<url-pattern>**.do</url-pattern>

第 11 章

调　　试

本章简介

在编写代码的时候，经常出现各种各样的问题，有的是语法错误，有的是逻辑错误。如果是语法错误，可以根据 Eclipse 等开发工具给出的错误提示，快速定位出错的地方。但是，如果语法正确，而逻辑错误，通常是由于开发者的预期与实际运行情况不符造成的，这里面又有两种情况需要分类处理：一种是程序在运行时出现了异常，此时可以根据异常提示修改程序，或者使用“try…catch”“throws”等异常处理机制解决；另一种是程序正常执行，但最终的直接结果却与预期的不同，解决这种问题的办法就是使用本章介绍的“调试”功能。

在调试的时候，后台代码和前台代码使用的调试工具稍有差异。本章将先介绍如何使用 Eclipse 调试后台程序，再讲解使用 Chrome 浏览器自带的开发工具调试前台代码。

11.1　使用 Eclipse 调试

调试可以让原本一次性就能运行完毕的程序，根据调试人员的需求逐行或者阶段性地执行，其主要目的是观察内存中数据的变化，是一种更为细致的对程序运行过程进行观察以发现程序错误的手段。

如果是在 Eclipse 中编写的 Java 程序，就可以直接使用 Eclipse 的调试功能进行调试。

11.1.1　使用 Eclipse 调试 Java 程序

使用 Eclipse 调试 Java 程序的步骤如下。

1. 打断点

用鼠标双击需要观察的代码行左侧边框，双击后会出现一个小圆点。假设本次要观察 method()方法的入参值，就可以在 method()方法的实参位置（第 17 行）的左边打一个断点，如图 11.1 所示。

2. 进入调试状态

打了断点以后，就可以启动调试：用鼠标右击代码编辑界面→Debug As→Java Application，如图 11.2 所示。

```
DebugTest.java
3 public class DebugTest {
4     public static void method(int num1,int num2){
5         int result = num1 << num2 ;
6         if(result > num1){
7             System.out.println("result...");
8         }else{
9             System.out.println("num1...");
10        }
11    }
12
13    public static void main(String[] args) {
14        int num1 = 10 ;
15        int num2 = 2 ;
16        num1 = num1 * num2 + 10 ;
17        method(num1,num2) ;
18        num1 = num1 | num2 ;
19        num2 = num1 & num1 ;
20    }
21 }
```

图 11.1　打断点

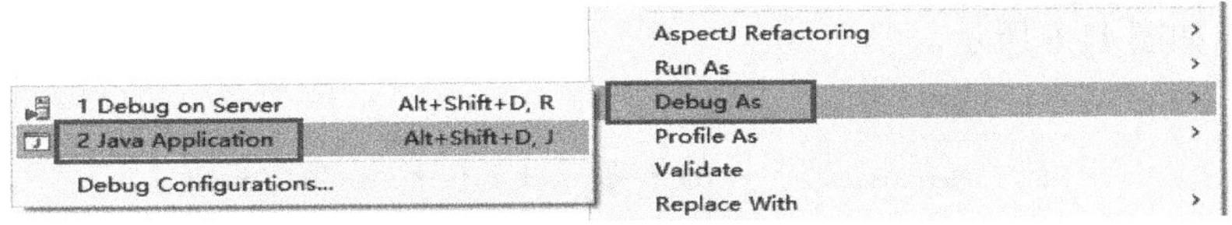

图 11.2　进入调试状态

之后会弹出调试界面，如图 11.3 所示。

```
DebugTest.java
14        int num1 = 10 ;
15        int num2 = 2 ;
16        num1 = num1 * num2 + 10 ;
17        method(num1,num2) ;
18        num1 = num1 | num2 ;
19        num2 = num1 & num1 ;
20    }
21 }
22
```

图 11.3　调试界面

Debug As 和 Run As 的相同点是，二者都会编译并执行当前程序；不同点是，Debug As 会使程序进入调试状态，如图 11.3 所示的程序就停滞在了 DebugTest 的第 17 行（断点处），等待调试者的下一步操作，而 Run As 会一次性地执行完所有程序（Scanner 等输入功能除外）。

调试界面的右上角有 Variables 和 Breakpoints 两个功能面板，其中，Breakpoints 面板中会显示之前所打断点的位置，如图 11.4 所示表示在 DebugTest 类的第 17 行（main()方法中）有一个断点。

而 Variables 面板存放了编译器在执行到当前行时能访问到的变量值，如图 11.5 所示表示程序在运行到当前行（此时是在第 17 行）时，编译器共能访问到 args、num1 和 num2 这 3 个变量，并且显示了这 3 个变量在此时的值。

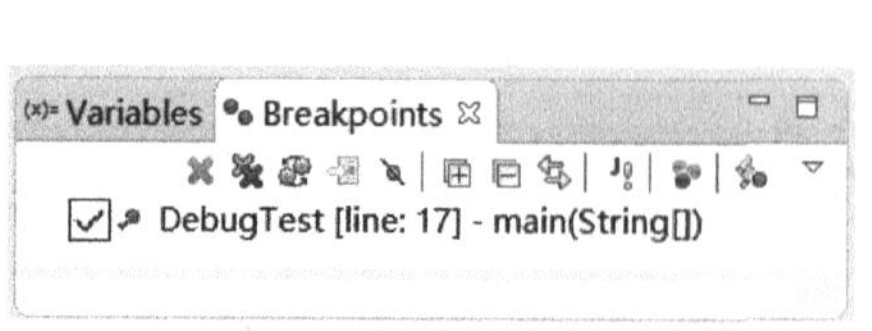

图 11.4　Breakpoints 面板

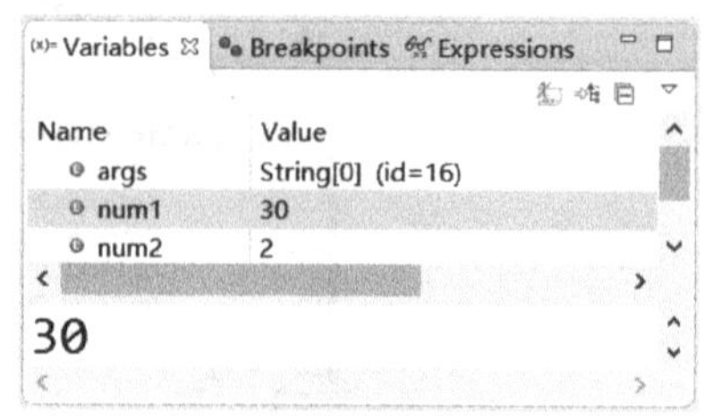

图 11.5　Variables 面板

此外，还可以新增加一个 Expressions 面板，方法是依次单击 Window→Show View→Expressions，如图 11.6 所示。

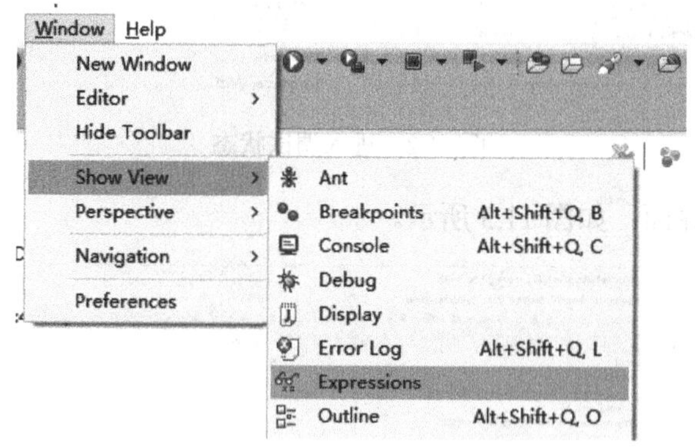

图 11.6　显示 Expressions 面板

观察调试界面，会发现多了一个 Expressions 面板，如图 11.7 所示。

在此可以将变量或自定义表达式（如 num1*num2）输入 Expressions 面板进行观察，如图 11.8 所示。

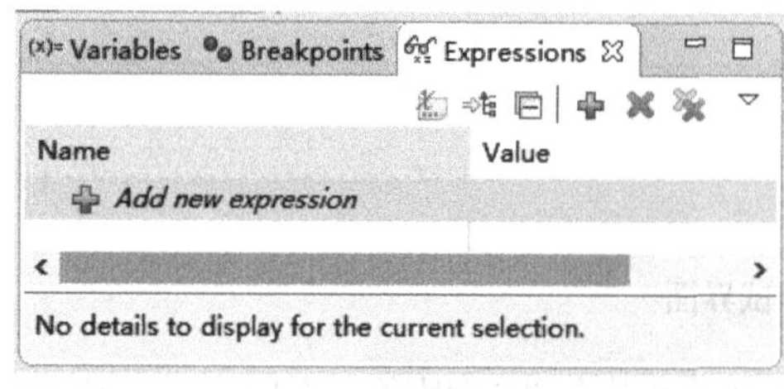

图 11.7　Expressions 面板

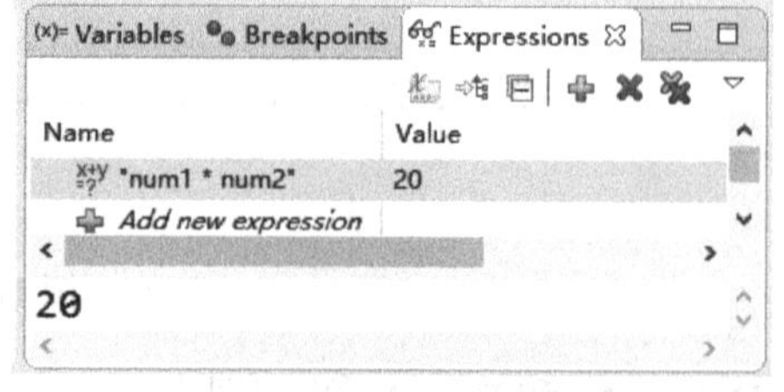

图 11.8　自定义表达式

提示：如果开发者不小心关闭了 Variables、Breakpoints 等面板窗口，也可以在上述 Window 下拉菜单中的 Show View 选项组中重新打开。

3. 执行调试

（1）单行调试（单步调试）。

经过了“打断点”和“进入调试状态”后，就可以开始调试程序了：按 F6 功能键进行

单行调试，就可以让程序一行一行地执行，即每按一次 F6 功能键，程序就只执行一行。例如，目前程序停留在第 17 行，按 F6 功能键后就会执行到第 18 行，如图 11.9 所示。

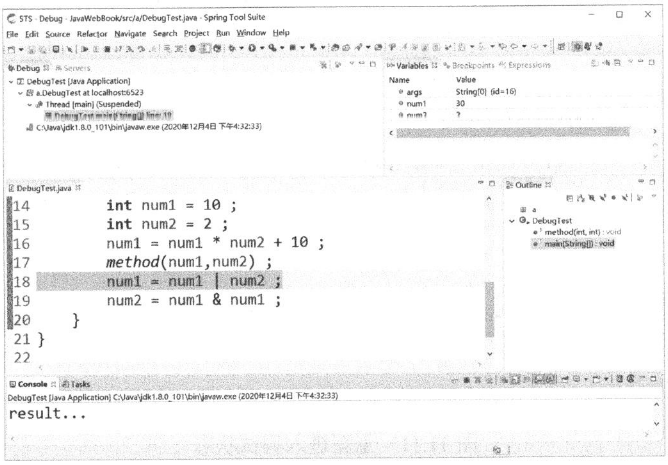

```
14        int num1 = 10 ;
15        int num2 = 2 ;
16        num1 = num1 * num2 + 10 ;
17        method(num1,num2) ;
18        num1 = num1 | num2 ;
19        num2 = num1 & num1 ;
20    }
21 }
22

result...
```

图 11.9 单行调试

并且，可以随时在 Expressions 面板中观察自定义表达式或变量在运行时的值。

值得注意的是，执行单行调试时，绿色背景条所在的那一行表示的是“即将”执行的行，而不是已经执行过的行。

（2）进入方法。

在上面的步骤中，发现单行调试键（F6）的确可以让程序一行一行地执行。但是，如果即将执行的当前行是一个方法，并且我们要进入这个方法的内部进行观察，就可以按 F5 功能键。

单击终止调试按钮（如图 11.10 所示），然后重新在代码编辑区单击鼠标右键，并依次选择 Debug As→Java Application，再次进入调试界面（如图 11.11 所示）。

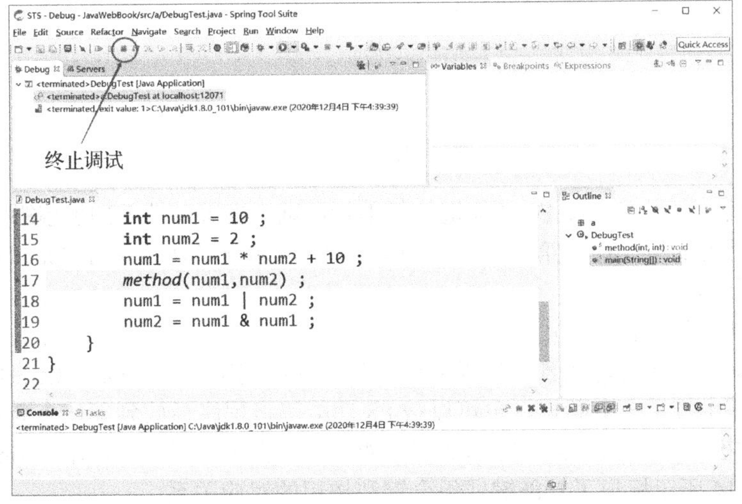

图 11.10 终止调试

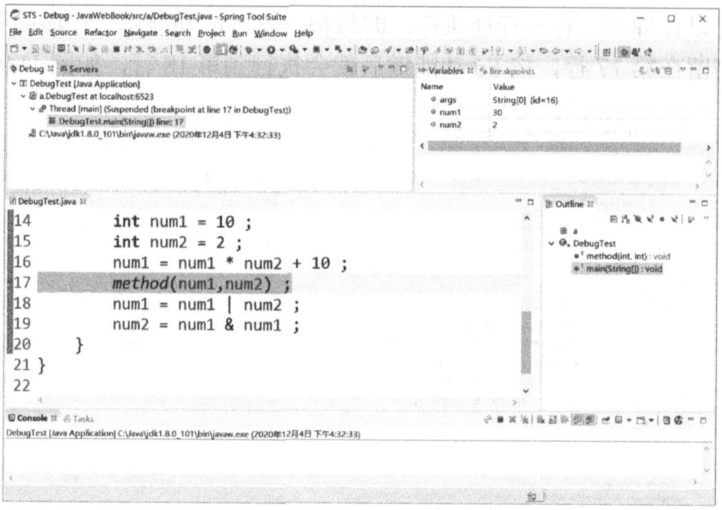

图 11.11　重新进入调试状态

此时，如果想进入当前行（第 17 行）method()方法的内部，就可以按 F5 功能键。如图 11.12 所示就是在第 22 行按 F5 功能键后进入 method()方法的效果。

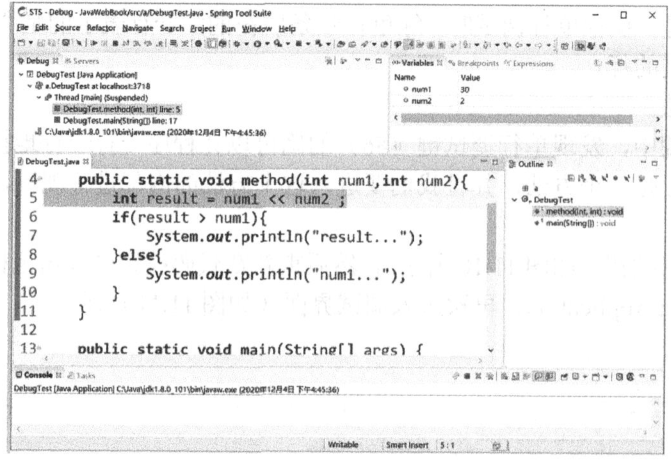

图 11.12　进入方法

进入方法后，可以继续按 F6 功能键执行单行调试，也可以按 F7 功能键跳出该方法，恢复到该方法调用处的下一行（第 18 行）。如图 11.13 所示就是在第 7 行（method()方法内部）按 F7 功能键后的效果。

（3）释放断点和停止调试。

如果通过调试，成功地找到了错误或已将问题分析完毕，就可以按 Ctrl+F2 组合键终止调试。如果程序中打了多个断点，也可以按 F8 功能键将程序释放到下一个断点所在处。

除了使用 F5、F6、F7、F8、Ctrl+F2 等功能键或组合键，还可以使用 Eclipse 提供的调试按钮，如图 11.14 所示标记了功能键或组合键和按钮的对应关系。

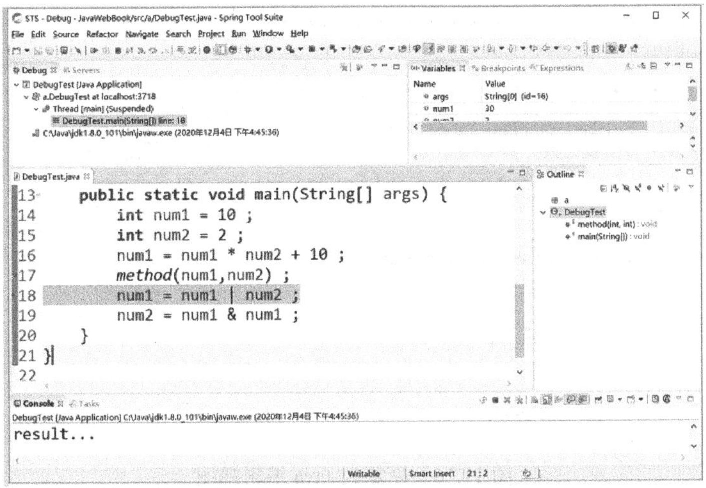

```
13    public static void main(String[] args) {
14        int num1 = 10 ;
15        int num2 = 2 ;
16        num1 = num1 * num2 + 10 ;
17        method(num1,num2) ;
18        num1 = num1 | num2 ;
19        num2 = num1 & num1 ;
20    }
21 }
22
```

```
result...
```

图 11.13 跳出方法

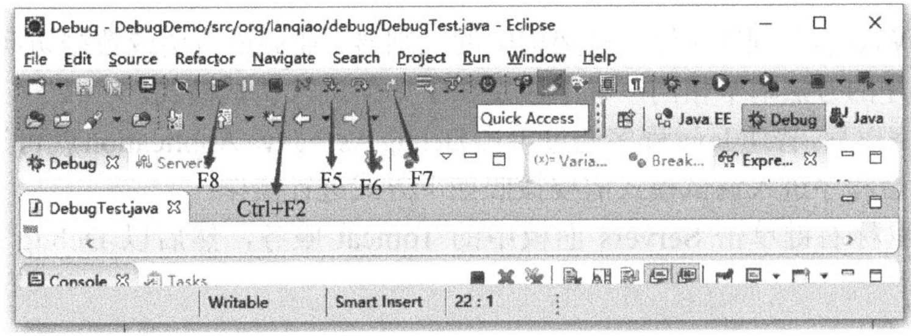

图 11.14 调试功能键或组合键

如果在调试模式下，想暂时忽略所有断点，可以单击“Skip All Breakpoints”按钮，如图 11.15 所示。

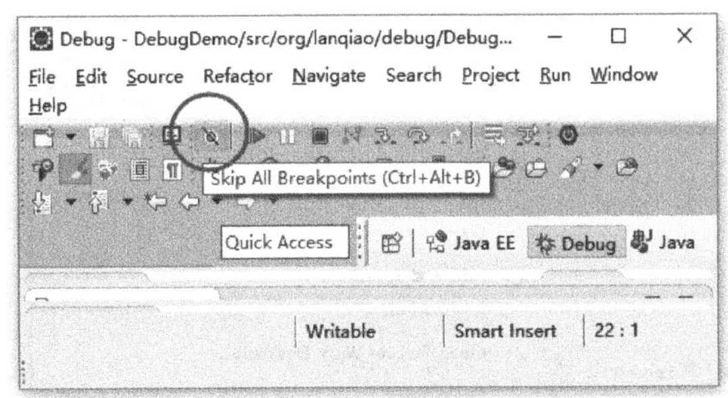

图 11.15 忽略断点

如果想恢复被忽略的断点，只需再次单击“Skip All Breakpoints”按钮。

（4）恢复编辑视图。

调试完毕，单击 Eclipse 界面右上角的“Java EE”按钮就可以恢复到普通的 Java 编辑视图，如图 11.16 所示。

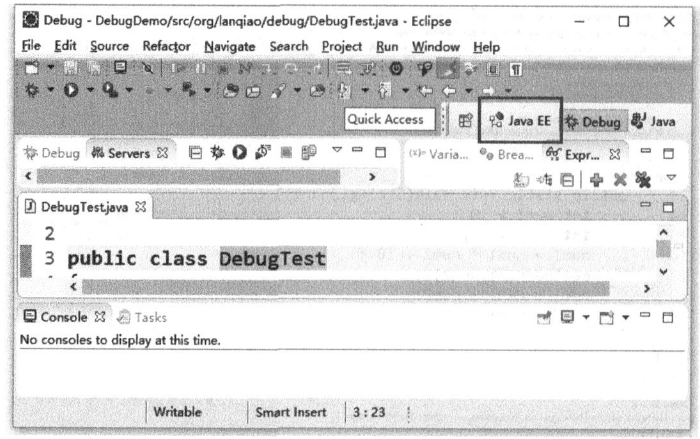

图 11.16　恢复到 Java 编辑视图

11.1.2　使用 Eclipse 调试本地 Java Web 后台程序

调试 Java Web 后台程序（如三层架构中的控制器、业务逻辑层或数据访问层代码）与调试普通 Java 程序的方法基本相同，唯一区别在于如何进入调试模式。

在打了断点以后，普通 Java 程序通过单击 Debug As→Java Application 就可进入调试模式；而 Java Web 后台程序进入调试模式需要按照如下方式进行操作：

（1）先用鼠标右键单击 Servers 面板中的 Tomcat 服务，然后以 Debug 模式启动，如图 11.17 所示。

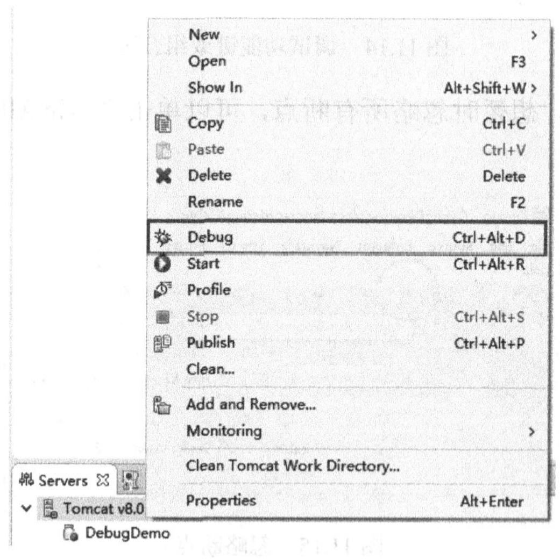

图 11.17　启动调试

（2）在运行 Java Web 应用时，如果本次执行的代码中存在断点，则 Eclipse 会自动进入调试模式，并将程序停留在该断点处。

例如，有一个前端页面，代码如下。

index.jsp：

```
…
<a href="DebugServlet">测试 Java Web 调试</a>
…
```

该页面中超链接所访问的 Servlet 中存在断点，如图 11.18 所示。

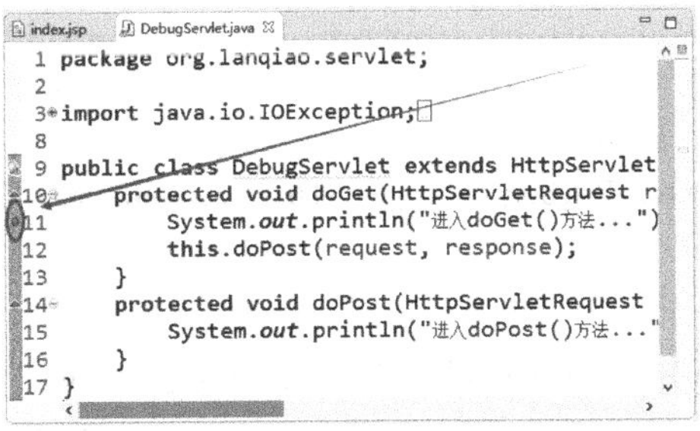

```
package org.lanqiao.servlet;

import java.io.IOException;
public class DebugServlet extends HttpServlet
    protected void doGet(HttpServletRequest r
        System.out.println("进入doGet()方法...")
        this.doPost(request, response);
    }
    protected void doPost(HttpServletRequest
        System.out.println("进入doPost()方法..."
    }
}
```

图 11.18　打断点

在以 Debug 模式启动本项目后，如果执行 index.jsp 中的超链接，程序将在执行时自动停留在 Servlet 中的断点处，如图 11.19 所示。

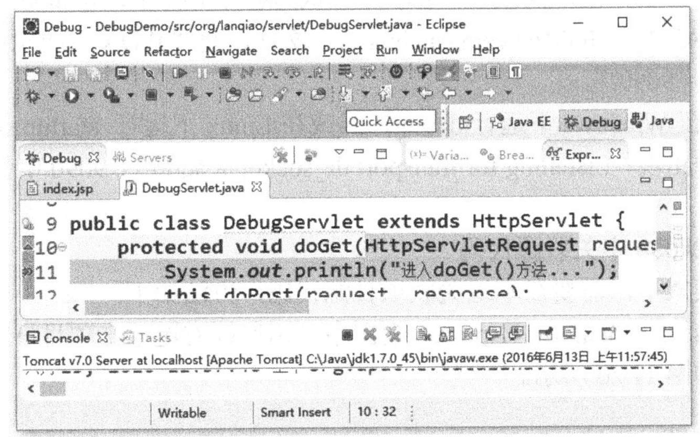

图 11.19　进入调试模式

调试 Java Web 程序的其他步骤与调试普通 Java 程序的步骤完全一致。

11.1.3　使用 Eclipse 远程调试 Java Web 程序

在实际的项目开发中，开发人员是在自己的计算机上完成项目开发，然后再将最终的项目交付到测试服务器上以供测试的。在此过程中，经常会遇到这样一个问题：项目代码在开发人员的计算机上能够成功运行，但在测试服务器上运行时却有异常出现。此时，开发人员可采用远程调试的方式对程序进行调试。

使用 Eclipse 远程调试程序的具体步骤如下。

1．调试准备

（1）远程的 Tomcat 服务器上部署了 Java Web 程序，并且本机的 Eclipse 中有该程序的源代码。

（2）在本机的环境变量中，配置 CATALINA_HOME 和 JRE_HOME。

其中，CATALINA_HOME 是 Tomcat 的根目录；JRE_HOME 是 JRE 的根目录。

2. 在远程服务器上配置 Tomcat

（1）如果远程服务器是 Windows 环境，在“%CATALINE_HOME%\bin”目录下建立 debug.bat 文件，并编写以下内容。

debug.bat：

```
set JPDA_ADDRESS=9090
set JPDA_TRANSPORT=dt_socket
set CATALINA_OPTS=-server -Xdebug -Xnoagent -Djava.compiler=NONE -Xrunjdwp:transport=dt_socket,
server=y,suspend=n,address=9090
startup
```

其中，9090 表示将要开启的远程端口号（也可以修改成任何一个未被占用的端口）；JPDA_TRANSPORT 表示连接方式，可以设置为 dt_shmem 或 dt_socket，分别表示本机调试和远程调试。

（2）如果远程服务器是 Linux/UNIX 环境，打开“%CATALINE_HOME%/bin/startup.sh”，找到其中最后一行，将“exec "$PRGDIR"/ "$EXECUTABLE" start "$@"”改为“exec "$PRGDIR"/"$EXECUTABLE" jpda start "$@"”，默认的远程调试端口是 8000；如果 8000 被占用，可以打开“%CATALINE_HOME%/bin/catalina.sh”文件，将“JPDA_ADDRESS="8000"”改为“JPDA_ADDRESS="9090"”。

配置完成后，在 Windows 下运行 debug.bat（或在 Linux 下运行 startup.sh）以启动 Tomcat。如果在启动日志中出现“Listening for transport dt_socket at address: 9090”，则说明远程调试端口监听成功。

3. 在本地 Eclipse 中关联源代码

在远程调试模式下，需要在本地关联项目源代码，方法如下：

（1）在 Eclipse 的 Package Explorer 视图中，用鼠标右键单击项目→Debug As→Debug Configurations，如图 11.20 所示。

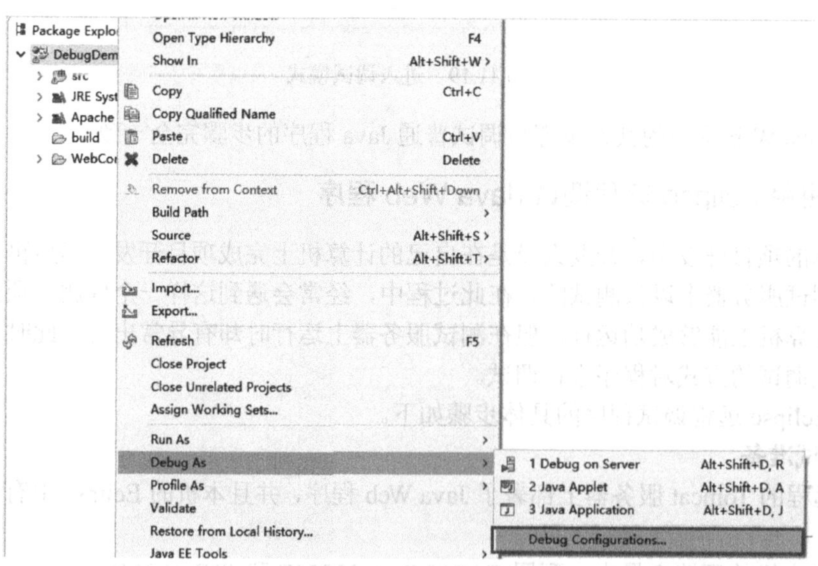

图 11.20 配置调试信息

（2）在弹出的对话框中，用鼠标右键单击 Remote Java Application→New，如图 11.21 所示。

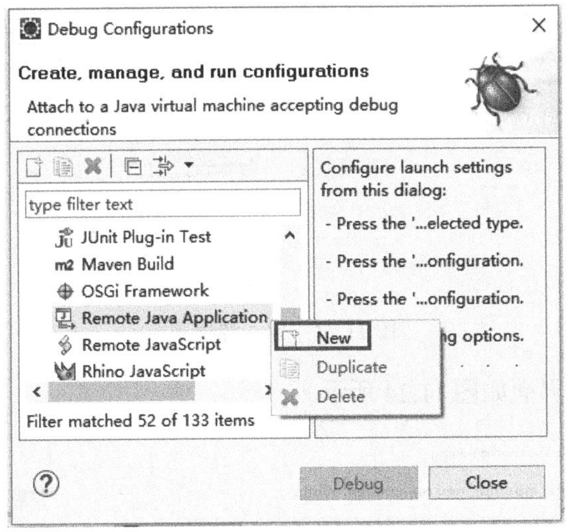

图 11.21　新建配置信息

在打开窗口右侧的 Connect 面板中，输入项目名称、远程调试的端口号等，如图 11.22 所示。

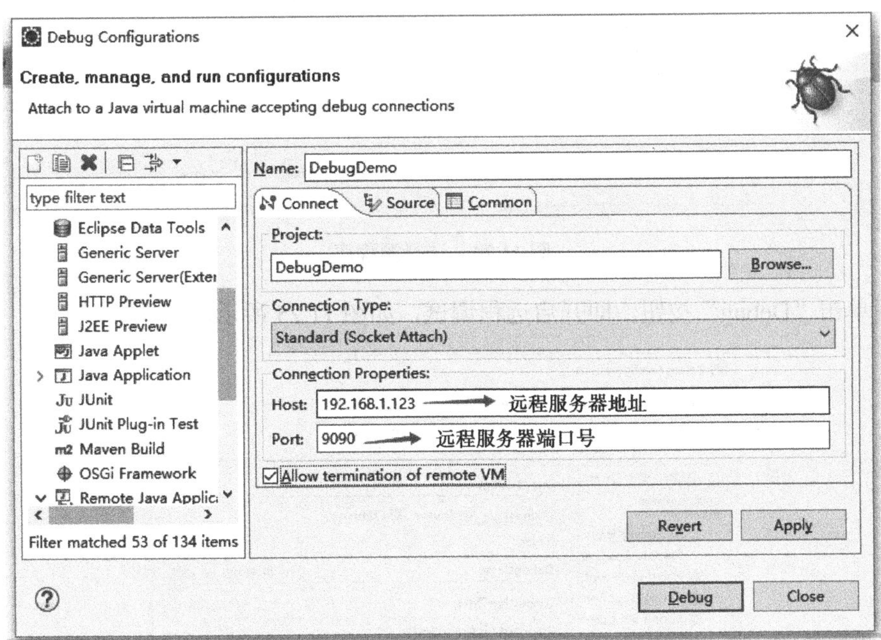

图 11.22　配置远程信息

在 Source 面板中增加项目代码，便于 Eclipse 在远程调试阶段查找代码，如图 11.23 所示。

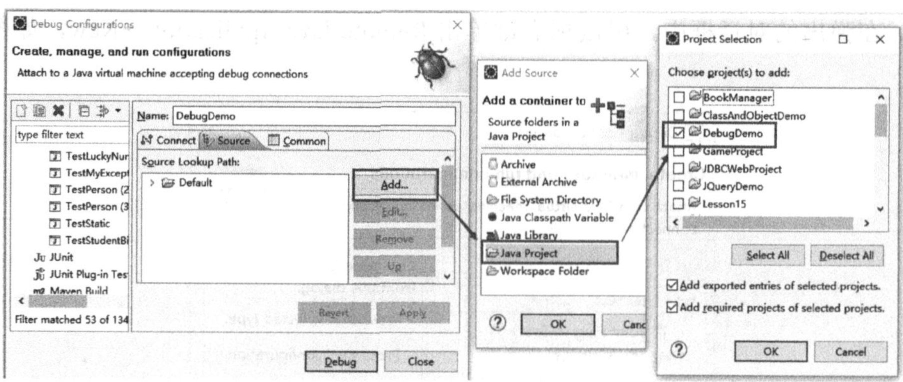

图 11.23　导入源程序

经过上述配置后的界面如图 11.24 所示。

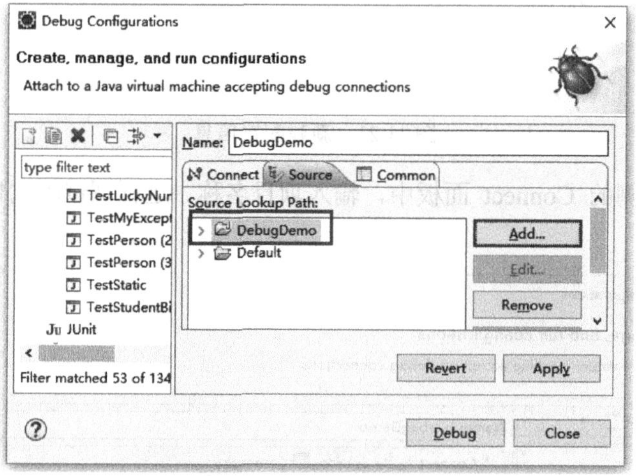

图 11.24　选择源程序

最后单击“Debug”按钮，即开启远程调试，如图 11.25 所示。

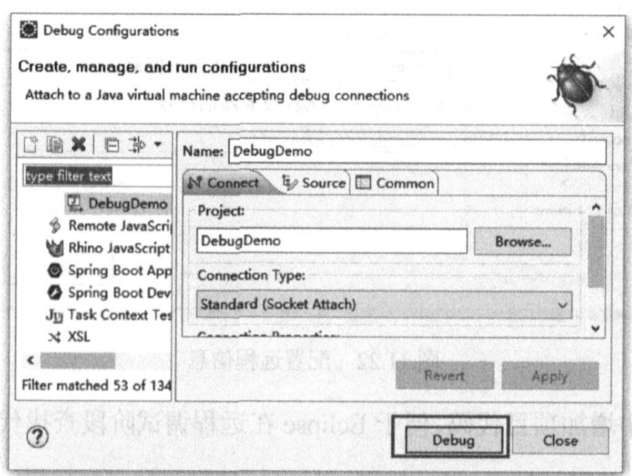

图 11.25　启动远程调试

4．执行远程调试

在本地的项目中打上断点，再通过浏览器远程访问服务器部署的项目，如 http://192.168.1.123:9090/DebugDemo。此时，就会在本地的 Eclipse 中进入调试模式，而调试的就是远程服务器中的项目代码。调试的方法与本地调试完全相同。

至此，我们介绍了如何使用 Eclipse 调试 Java 及 Java Web 程序。除了基础的配置操作，调试的核心就是先在需要观察的代码行前打上断点，然后通过单步调试逐行观察数据的变化细节，从而寻找程序中逻辑出错的地方。除了 Eclipse，目前主流的编译器也都支持调试功能，并且调试的思路和方法也都与 Eclipse 十分类似。

11.2 使用 Chrome 调试前台程序

11.1 节介绍了如何调试 Java 编写的后台程序，但对于 HTML、CSS、JavaScript 和 AJAX 等前台代码，通常需要使用浏览器自带的调试工具进行调试。本节使用的是 Chrome 浏览器，Chrome 可以从各个不同的角度剖析 Web 页面内部的细节，是 Web 开发人员的必备利器之一。

打开 Chrome 浏览器，按 F12 功能键，就可以在浏览器下方看到调试窗口，如图 11.26 所示。

图 11.26 打开调试窗口控制台

可以使用 Chrome 调试前端 HTML、CSS、JavaScript、网络、Cookies 等代码或组件。现在以调试 CSS 和 JavaScript 为例进行讲解。

1．调试 CSS

先准备以下 CSS 和 HTML 源文件。

ul.css：

```
ul li:first-child
{
    background-color:yellow;
    font-size:20px;
}
```

index.html：

```
<html>
<head>
    <link rel="stylesheet" type="text/css" href="ul.css" />
    …
```

```
    </head>
    <body>
        <ul>
            <li>橘子...</li>
            <li>苹果...</li>
            <li>香蕉...</li>
        </ul>
    </body>
</html>
```

通过 Chrome 的调试窗口可以直接查看 HTML 页面的各种 CSS 样式，具体操作步骤如下：

（1）单击 Chrome 调试窗口中的选择按钮，如图 11.27 所示。

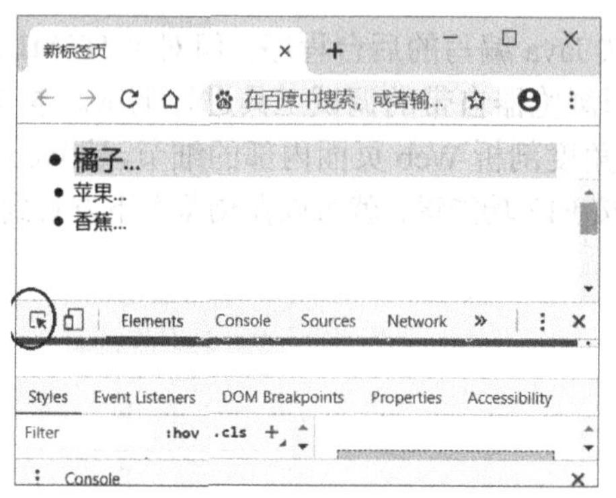

图 11.27　单击选择按钮

（2）单击需要观察的网页元素。例如，现在想要观察网页中“橘子”的相关样式，就用鼠标单击“橘子”，如图 11.28 所示。

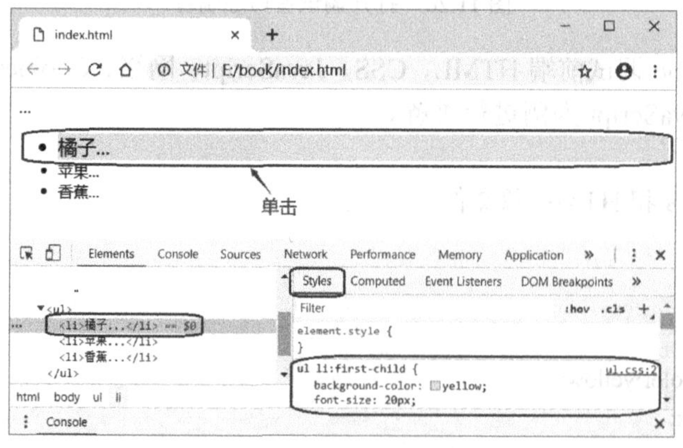

图 11.28　观察网页中的相关样式

单击以后，“橘子”的相关样式就会显示在 Chrome 调试窗口右下角的“Styles”标签中：“橘子”的样式定义在 ul.css 的第 2 行，具体为“ul li:first-child{ background-color:yellow;…}”。

（3）调试 CSS 样式。还可以直接在 Chrome 的调试窗口中对网页的样式进行模拟修改、新增、删除等调试操作。

①模拟修改样式。直接单击 CSS 样式的属性值，修改即可，如图 11.29 所示。

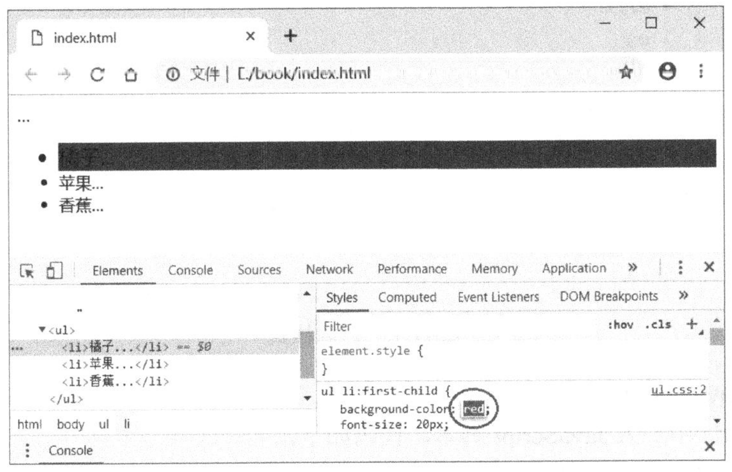

图 11.29　修改样式

②模拟新增样式。选中样式的最后一个属性值（选中 font-size 的属性值 20px），然后按下回车键，之后依次输入新的样式属性名和属性值，如图 11.30 所示。

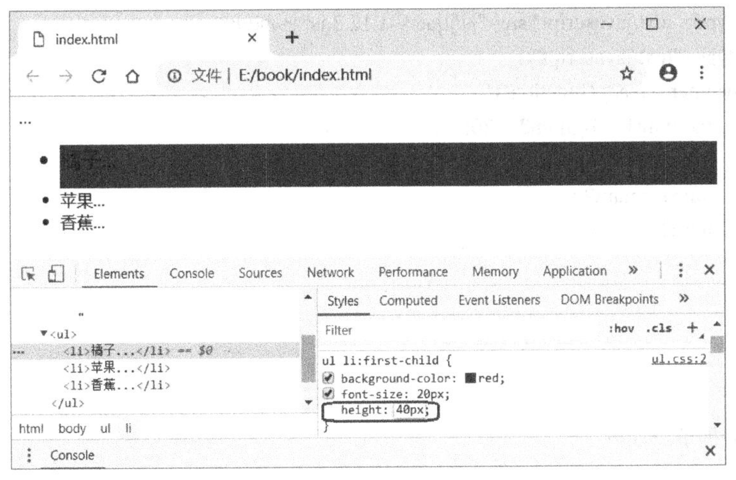

图 11.30　新增样式

③模拟删除样式。如果要模拟删除某个样式，只需取消样式前面的对钩（√），如图 11.31 所示。

值得注意的是，在 Chrome 的调试窗口中增、删、改的样式，会立刻反映到当前的网页中，但这些修改只是“临时”的，一旦刷新页面就会恢复到原来的样式。因此，如果在 Chrome 的调试窗口中修改完样式并决定采用新样式，一定要将修改后的代码复制到真实的源代码文件中。这实际也正是“调试”的作用。

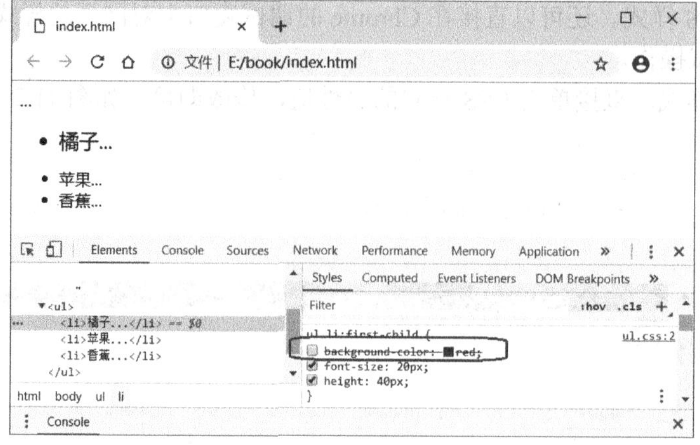

图 11.31　删除样式

2. 调试 JavaScript

在 index.html 中加入 JavaScript 脚本，代码如下。

index.html：

```
<html>
<head>
    <link rel="stylesheet" type="text/css" href="ul.css" />
    …
    <script type="text/javascript" src="js/jquery-1.12.3.js"></script>
    <script type="text/javascript">
        $(document).ready(function(){
                var num1 = 10,num2 = 20;
                var temp = num1 ;
                num1 = num2 ;
                num2 = temp ;
        });
    </script>
</head>
<body>
    <ul>
        <li>橘子...</li>
        …
    </ul>
</body>
</html>
```

使用 Chrome 调试 JavaScript 的步骤如下：

（1）单击“Sources”标签，并在左侧树形菜单中选择 JavaScript 代码所在的文件，如图 11.32 所示。

（2）在 JavaScript 代码中打断点。找到需要观察的 JavaScript 代码并打断点，如图 11.33 所示。

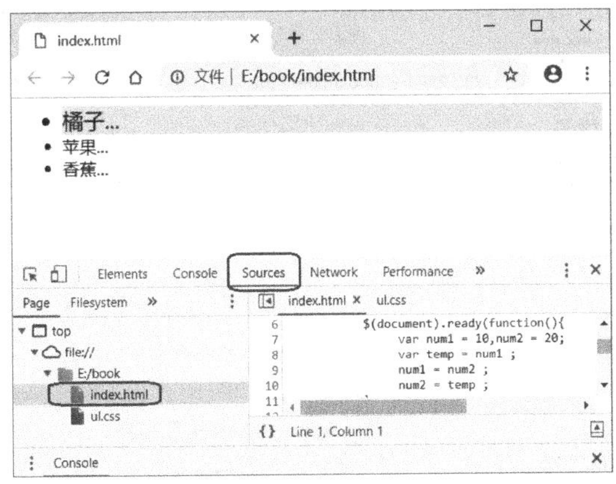

图 11.32　打开脚本

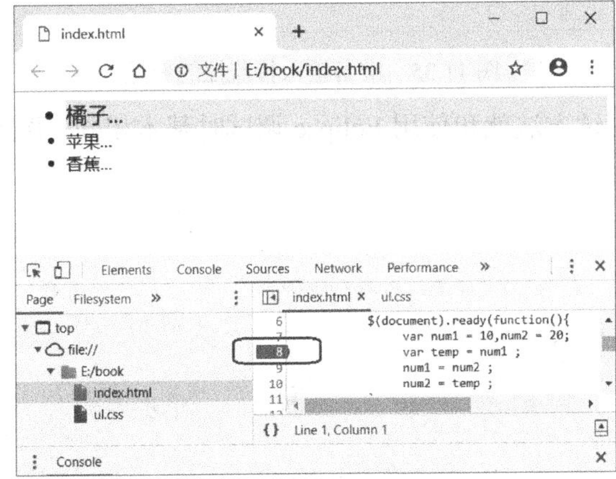

图 11.33　打断点

（3）监控变量或表达式。单击右下角箭头符号的监控开关（如图 11.34 所示），再选择“Watch”标签中的“+”（如图 11.35 所示），并输入需要观察的变量或表达式。

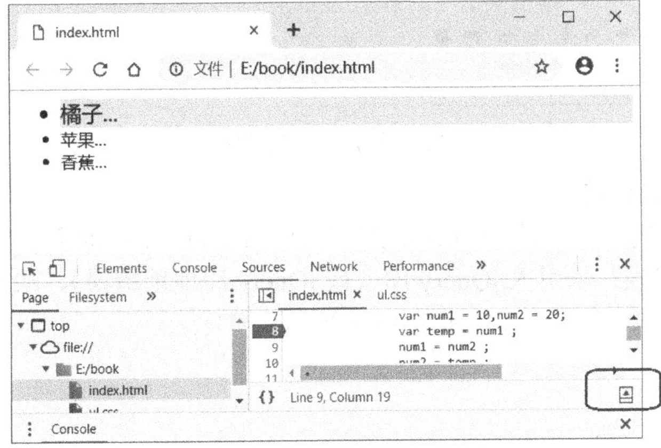

图 11.34　打开监控窗口

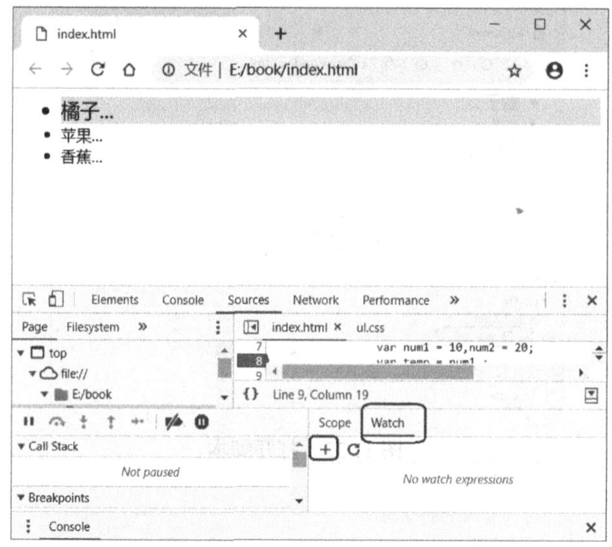

图 11.35　准备输入待监控的变量

（4）调试。之后的调试方法就和使用 Eclipse 调试时基本相同，调试的相关按键如图 11.36 所示。

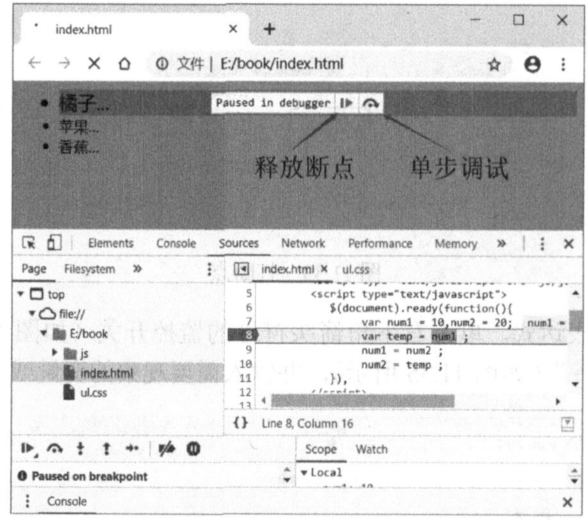

图 11.36　调试快捷键

3．JavaScript 错误提示

如果 JavaScript 代码有错误，Chrome 调试窗口的 Console 界面会给出错误提示。例如，以下代码存在 3 处错误：未引入 jQuery 库（或 jQuery 库地址错误）、缺少右括号“)”、单击“测试”按钮时触发了一个不存在的函数 showInfo()。

chromeBug.html：

```
<html>
<head>
    <!-- 未引入 jQuery 库 -->
```

```
    <script type="text/javascript">
        $(document).ready(function()
        {
            var num1 = 10,num2 = 20;
            var temp = num1 ;
            num1 = num2 ;
            num2 = temp ;
        }    <!-- 缺少右括号 “)” -->
    </script>
…
</head>
<body>
    <!--并不存在 showInfo()函数 -->
    <button onclick="showInfo();">测试</button>
</body>
</html>
```

用 Chrome 打开 chromeBug.html 后，因为错误的提示存在优先级，所以会先提示找不到右括号 “)”，如图 11.37 所示。

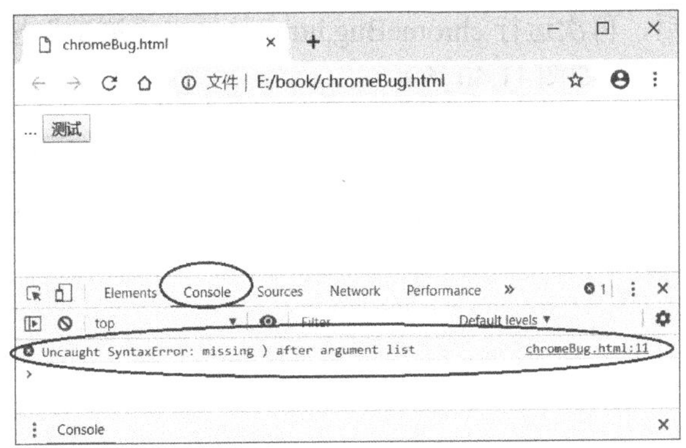

图 11.37　错误提示

此外，当发现错误时，Chrome 还会在图标旁显示此时发生的错误数量，以及错误的具体行号，如图 11.38 所示。

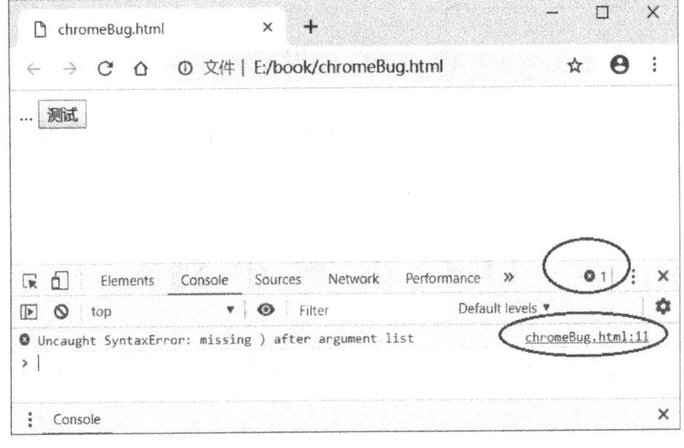

图 11.38　错误定位

修复此错误，即在源代码第 11 行中加入“)”后，再次运行 chromeBug.html 时，又会提示“$未定义”，如图 11.39 所示。

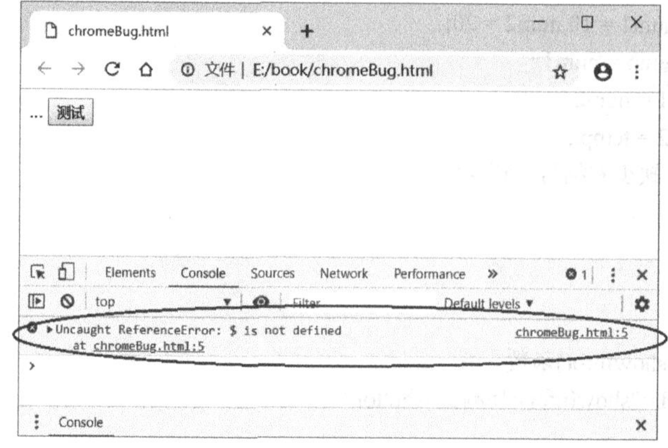

图 11.39　错误提示

分析可知，“$”是 jQuery 的标识，提示“$未定义”可能的原因就是 jQuery 库引入有误，检查后可以发现没有引入 jQuery 库。

将 jQuery 库引入后，再次运行 chromeBug.html 并单击“测试”按钮，又能发现 Chrome 提示“showInfo()未定义”，如图 11.40 所示。

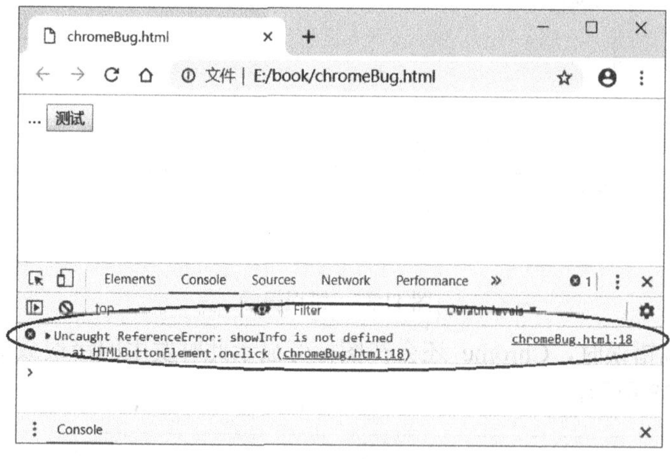

图 11.40　错误提示

根据提示可知，错误的原因是在 chromeBug.html 页面的第 18 行附近没有编写 showInfo() 方法，或者方法名字有误。

11.3　本章小结

本章介绍了如何使用 Eclipse 调试 Java 程序，以及如何使用 Chrome 调试前端代码，具体如下：

（1）使用 Eclipse 调试 Java 程序，需要经过“打断点”、单击“Debug As”进入调试状态

以及“执行调试”等步骤。

（2）使用 Eclipse 调试 Java 程序时，常用的功能键或组合键分别为：F6 是单行调试；F5 是进入该方法的内部；F7 是跳出方法；F8 会将程序释放到下一个断点所在处；Ctrl+F2 组合键是终止调试。

（3）普通 Java 程序通过单击 Debug As→Java Application 就可进入调试模式；而 Java Web 后台程序需要先以 Debug 模式启动 Tomcat 服务器，然后在程序执行到断点处时自动进入调试模式。

（4）使用 Eclipse 远程调试 Java Web 程序，需要在远程的 Tomcat 服务器上部署 Java Web 程序，在本机的环境变量中配置 CATALINA_HOME 和 JRE_HOME，之后在远程服务器上配置 Tomcat，并在本地 Eclipse 中关联源代码。

（5）Chrome 可以用于调试前端代码，开发者可以在 Chrome 中通过 F12 功能键打开调试窗口。如果要调试的是 CSS 代码，可以通过选择按钮单击页面元素后，查看调试窗口右侧的“Styles”界面，并在“Styles”界面中调试；如果要调试的是 JavaScript 文件，可以打开调试窗口中的“Sources”界面，找到待调试的 JavaScript 文件后，打断点并逐行调试。如果 JavaScript 文件存在语法错误，也可以通过 Chrome 调试窗口中的“Console”界面查看具体的出错原因。

11.4 本章练习

单选题

1．使用 Eclipse 调试 Java 程序时，单行调试的功能键是（　　）。

A．F5　　B．F6　　C．F7　　D．F8

2．以下关于在 Eclipse 中进行代码调试的说法中错误的是（　　）。

A．打了断点后，可以通过单步调试执行上一行代码或者下一行代码。

B．使用 Eclipse 可以调试本地程序或者远程程序。

C．调试可以快速定位代码逻辑出错的地方，便于开发者进行修复。

D．使用 Eclipse 调试 Java 程序，需要经过“打断点”、单击“Debug As”进入调试状态以及“执行调试”等步骤。

3．以下关于在 Chrome 中进行代码调试的说法中正确的是（　　）。

A．在 Chrome 中调试前，需要先安装 firebug 插件。

B．Chrome 只能调试 HTML、CSS，但不能调试 JavaScript 代码。

C．如果要观察 HTML 页面中某个 DIV 的高度，就可以使用 Chrome 调试窗口中的“选择”工具点击那个 DIV。

D．在 Chrome 调试窗口中修改的代码会保存在源代码中。

4．当 JavaScript 代码中存在错误时，Chrome 调试窗口中的哪个标签代表的界面会提示这些错误？（　　）

A．Elements　　B．Sources　　C．Network　　D．Console

第 12 章 集群服务器

本章简介

本章介绍“集群服务器”相关的概念。集群拥有失败迁移和负载均衡两大特性，可以提高系统的健壮性，并能够减轻每一台服务器节点的访问压力。本章使用目前流行的 Nginx 作为搭建集群的工具，从零开始讲解 Nginx 的概念，并通过一个完整的案例演示如何使用“Nginx+Tomcat”实现动静分离，以及如何使用 Nginx 搭建 Tomcat 集群的具体步骤。

12.1 集群简介

12.1.1 集群的概念和特点

1. 集群的概念

试想有一家餐厅，如果顾客人数较少，那么餐厅只需要一个服务员即可，如图 12.1 所示。

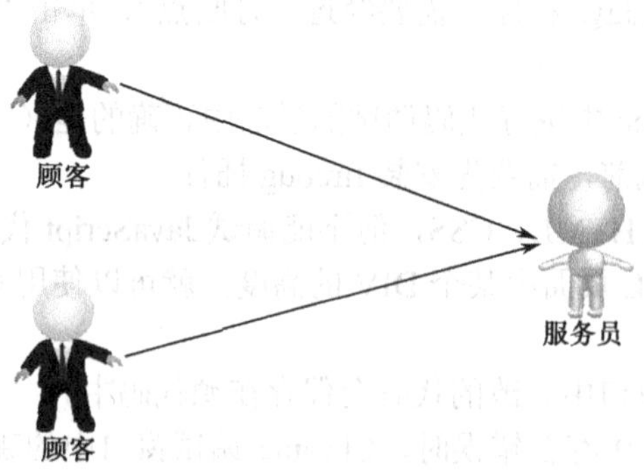

图 12.1 顾客与服务员

但是，当顾客人数非常多时，一个服务员是肯定不够的，如图 12.2 所示。

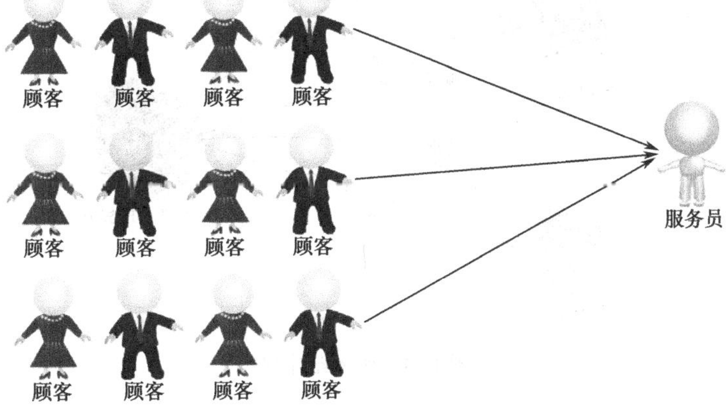

图 12.2　大量顾客与服务员

此时，餐厅需要雇用更多的服务员来解决大量顾客就餐的问题，如图 12.3 所示。

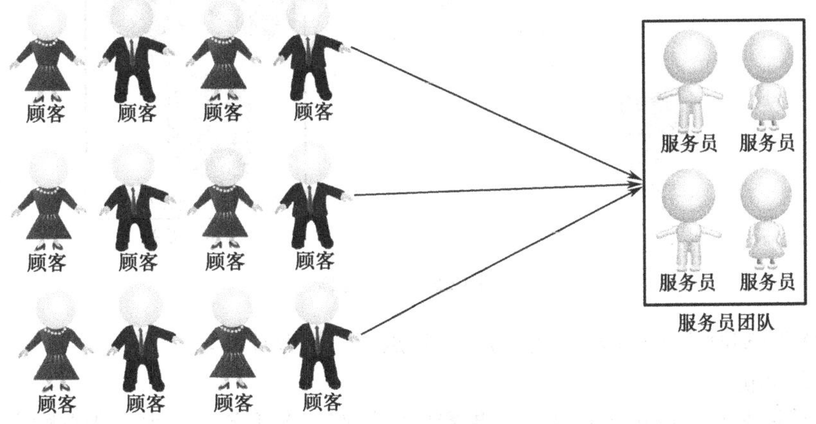

图 12.3　大量顾客与服务员团队

以上情景就是“集群”的产生原因及解决方案。将顾客比作客户端，服务员比作服务端，当少量客户端访问服务端时，一台服务器完全够用；但如果有大量的客户端来访问服务端，就需要在服务端搭建多台服务器，以缓解大量访问带来的压力。服务端搭建的多台服务器，就称为“集群服务器”。

2. 集群的特点

（1）失败迁移。

餐厅里，如果只有一个服务员，那么一旦服务员出现异常情况（如生病、事假等），顾客的所有就餐请求都将无法满足。同样地，如果只有一台服务器，那么一旦服务器出现异常（如宕机、断电、物理损坏等），所有的客户端请求也将无法得到响应，如图 12.4 所示。

多台服务器组成的“集群服务器”就可以避免这种单节点故障带来的灾难。如果某一台服务器发生了异常，集群服务器中的其他服务器也依然能够正常地处理客户端请求。例如，当客户端访问服务器 C 时，即使服务器 C 发生了异常，集群服务器也可以通过服务器 A 或服务器 B 对客户端做出响应，如图 12.5 所示。

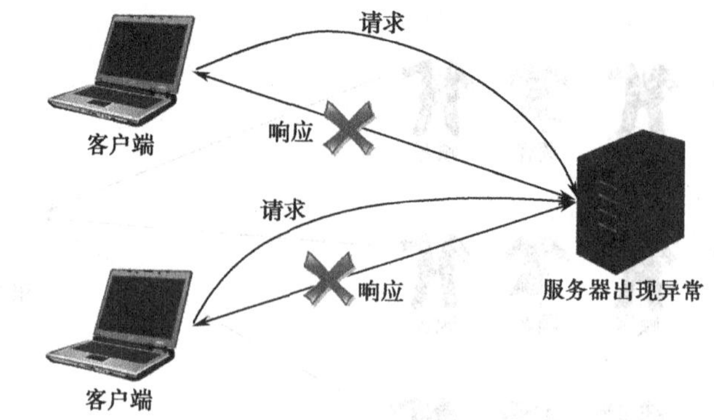

图 12.4　服务器异常

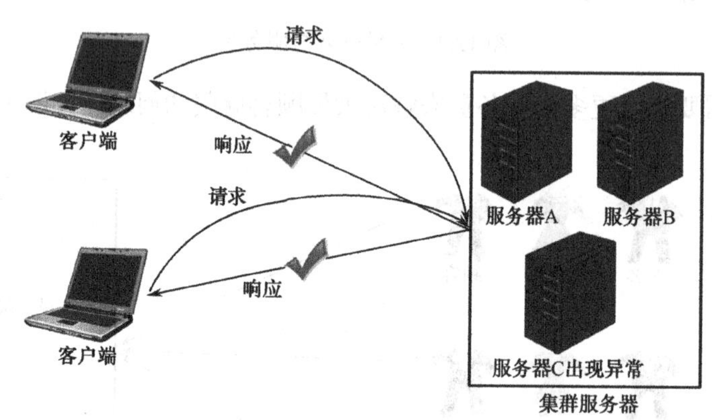

图 12.5　失败迁移

这种容错机制就是集群服务器的第一个特点——失败迁移。

（2）负载均衡。

正如前述顾客与服务员的例子，如果餐厅中仅有一个服务员，那么所有顾客的就餐请求都将由这一个服务员来处理；而如果有多个服务员，那么所有顾客的请求就可以分散给多个不同的服务员分别处理，因此，每个服务员的服务压力就会减少很多。同理，当有多台服务器的时候，客户端请求就可以分散给多个不同的服务器进行处理，这也就是软件开发中常说的“负载均衡”——集群中的各个服务器只需要负载一部分客户端请求，其余请求交给集群中的其他服务器处理。

3．扩展

集群、负载均衡和本章暂未介绍的分布式是三个容易混淆的概念。集群是指由多台服务器组成的服务端；负载均衡建立在集群的基础之上，核心是减轻每台服务器的压力；而分布式旨在将服务端上原本是一个整体的服务“拆分”后，再部署到多台服务器上，例如，某一台服务器上原本有功能 1、功能 2、功能 3 和功能 4 四个部分，分布式的核心就是让这四个部分部署在多台服务器上（比如，服务器 A 只部署功能 1，服务器 B 只部署功能 2 和功能 3，服务器 C 只部署功能 4）。

但要注意的是，集群、负载均衡和分布式虽然概念不同，但在实际开发中三者却经常结合在一起使用。例如，可以用分布式技术把某个项目的多个服务分散部署在集群中的不同服务器上，然后再用负载均衡技术缓解每台服务器的请求压力。例如，假设只有一台服务器，

并且在这台服务器中部署了 4 个功能，那么无论客户端请求哪一个功能，都需要这台服务器来处理，如图 12.6 所示。

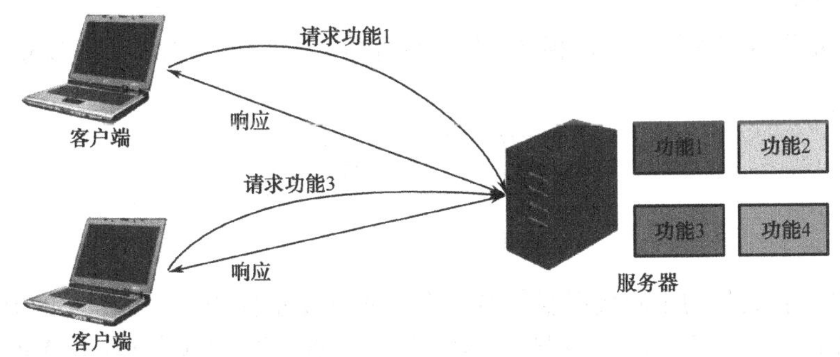

图 12.6　一台服务器

但如果采用的是“集群服务器+分布式+负载均衡”技术，就可以这么设计：先搭建服务器集群，然后只在某一台服务器上部署部分功能（例如，只部署 3 个功能），剩下的功能再部署在其他的服务器上，最后再用负载均衡技术将所有的客户端请求分散到不同的服务器上，如图 12.7 所示。

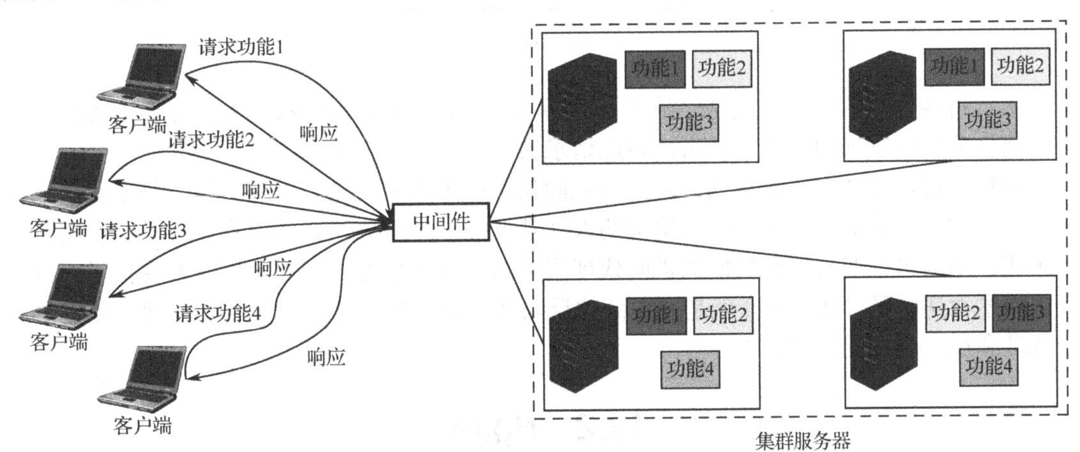

图 12.7　负载均衡

本章 12.2 节中介绍的 Nginx 就可以作为图 12.7 中的“中间件”。在如图 12.7 所示的集群服务器中，每个功能均被部署了 3 次，因此，服务器整体的并发能力也会得到提升。不难发现，此集群服务器可以将一台服务器的负载量分配到 4 台服务器上进行处理，因此，每台服务器的负载量就会减少。由此可见，负载均衡可以分流客户端请求，均衡每台服务器压力。

此外，集群服务器可以分为“水平集群”和“垂直集群”。水平集群是指在不同的计算机上各自安装一台服务器；垂直集群是指在同一台计算机上安装多台服务器。

12.1.2　正向代理和反向代理

客户端请求可以通过多种方式抵达服务端，最常用的是直接请求的方式，例如，客户端发起一个请求，该请求可以被服务端直接处理。但除此之外，还可以在客户端和服务端中间

增加一层代理，由代理层接收客户端请求，再将请求转发给服务端。其中，代理既可以是正向代理，也可以是反向代理。

1．正向代理

正向代理是为客户端做代理，相当于客户端中介，代理客户端去访问服务器，如图 12.8 所示。

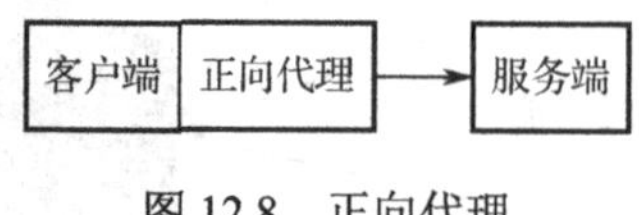

图 12.8　正向代理

VPN 就是一款典型的正向代理服务器。假设某个服务端屏蔽了用户 A 的 IP 地址，即用户 A 无法直接访问此服务端，那么用户 A 就可以将请求交给 VPN 代理，由 VPN 去访问此服务端。

2．反向代理

反向代理是为服务端做代理，相当于服务端中介，代理服务器接收客户端请求，如图 12.9 所示。

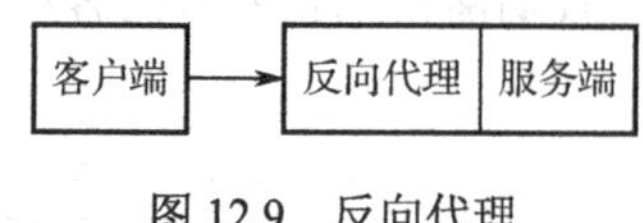

图 12.9　反向代理

本章将要介绍的 Nginx 就是一款 Tomcat 服务端的反向代理服务器。Nginx 会主动代替服务端接收客户端发来的请求，然后再将此请求转交给服务端去处理。

最后，再通过一个比喻帮助读者区分正向代理服务器和反向代理服务器。假设我们去买房，买房的人（我们）是客户端，卖房的人（开发商）是服务端。如果我们找了一个朋友帮忙去买，那么这个朋友就是我们的正向代理服务器。换个角度，如果卖房的人也找了一家中介去帮忙卖房，那么这个中介就是开发商的反向代理服务器。可见，“为谁做代理”是区分正向代理和反向代理的关键。

12.2　Nginx

Nginx 是一款轻量级的反向代理服务器，可以方便地存储服务端的静态资源，实现服务端资源的动静分离，以及快速搭建集群服务器。Nginx 支持“万”级别的高并发连接，用于反向代理时，非常稳定，并且能够在不间断服务的情况下进行维护（即热部署）。此外，Nginx 是一款开源软件，使用成本低廉。

12.2.1　使用 Nginx+Tomcat 实现动静分离

在服务器中，HTML、CSS、JavaScript、图片、音频和视频等资源属于静态资源；而由 Java 编写的后台代码（如 Servlet 等）属于动态资源。Tomcat 等服务器对静态资源和动态资源的处理效率通常是不同的。一般而言，Tomcat 等服务器擅长处理动态资源，而对静态资源的处理效率较差。因此，如果能将服务器中的静态资源和动态资源相分离，只把动态请求交给 Tomcat 等服务器处理，而把静态资源交给 Nginx 处理，就能大幅提高服务端的整体性能。

Nginx 可以根据客户端请求的 URL 后缀判断请求的是静态资源还是动态资源。例如，当

请求 URL 是“http://localhost:8888/demo/log.png”时，Nginx 就会解析 URL 后缀，发现此时请求的是一张图片（.png），因此就会判断客户端此次请求的是静态资源。

以下通过案例演示使用 Nginx+Tomcat 实现动静分离的具体步骤。

本次使用 Ngnix 作为 Tomcat 的反向服务器，并且使用 Nginx 对所有的客户端请求进行预处理：Nginx 如果发现客户端请求的是 HTML、PNG、MP3 或 MP4 等静态请求，就将请求交给自己处理；如果发现客户端请求的是 JSP 等动态请求，就将请求转交给 Tomcat 处理，如图 12.10 所示。

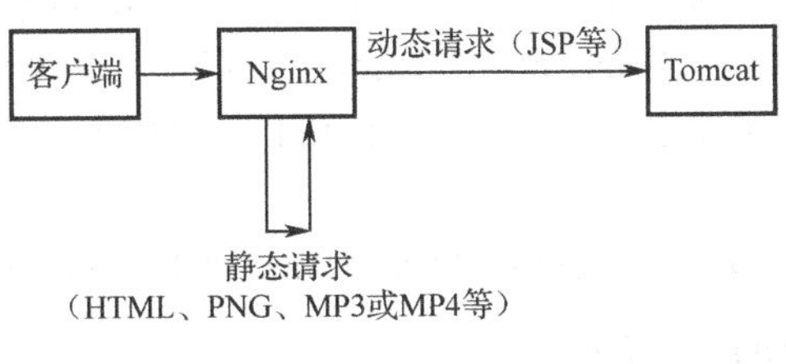

图 12.10 动静分离

1．环境资源

（1）下载 Nginx。

登录 http://nginx.org/en/download.html，下载 Windows 版的 Nginx（本书使用的版本是 Windows-1.19.6），如图 12.11 所示。

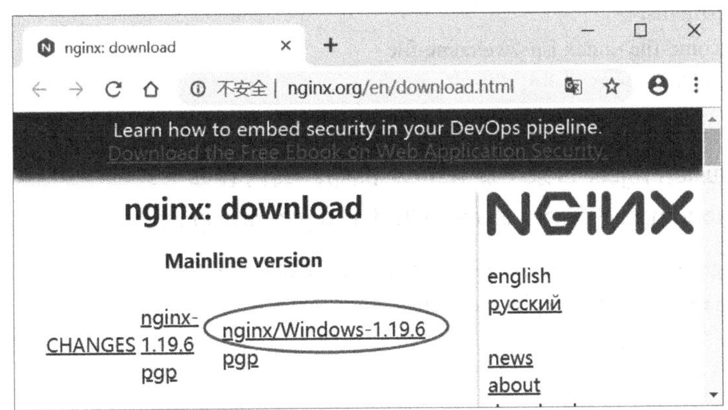

图 12.11 下载 Windows 版的 Nginx

下载完毕，解压到“D:\dev\nginx-1.19.6”。

（2）准备静态资源和动态资源。

①准备静态资源。

在 Ngnix 根目录下创建 static 目录（即“D:\dev\nginx-1.19.6\static”），用于部署项目中的静态资源。本次的演示项目是 ClusterProject，因此再在 static 目录中创建 ClusterProject 子目录，并在 ClusterProject 目录中创建一个 HTML 静态页面，其内容如下：

D:\dev\nginx-1.19.6\static\ClusterProject\myHtml.html：

```
<html>
    <head>
        <meta charset="UTF-8">
```

```
            <title>html page</title>
        </head>
        <body>
            this is a HTML page !
        </body>
    </html>
```

②准备动态资源。

在 Tomcat 的 webapps 目录中新建一个同名的 ClusterProject 目录（笔者使用的目录地址是“D:\dev\apache-tomcat-8.5.55\webapps\ClusterProject”）。根据 Tomcat 项目规范，在 ClusterProject 下新建 WEB-INF 目录，并在 WEB-INF 目录中创建基础的 web.xml 文件，其内容如下：

D:\dev\apache-tomcat-8.5.55\webapps\ClusterProject\WEB-INF\web.xml：

```
<?xml version="1.0" encoding="UTF-8"?>
<web-app  xmlns:xsi="http://www.w3.org/2001/XMLSchema-instance"
          xmlns="http://java.sun.com/xml/ns/javaee"
xsi:schemaLocation="http://java.sun.com/xml/ns/javaee
          http://java.sun.com/xml/ns/javaee/web-app_2_5.xsd"
          id= "WebApp_ID" version="2.5">
    <display-name>ClusterProject</display-name>
    <welcome-file-list>
        <welcome-file>index.jsp</welcome-file>
    </welcome-file-list>
</web-app>
```

之后再在 ClusterProject 目录下新建 myJsp.jsp，其内容如下：

D:\dev\apache-tomcat-8.5.55\webapps\ClusterProject\myJsp.jsp：

```
<%@ page language="java" import="java.util.*" pageEncoding="UTF-8"%>
<%@ page import="java.text.SimpleDateFormat"%>
<html>
    <head>
        <title>jsp Page</title>
    </head>
    <body>
        this is a JSP page ! <br/>
        服务器地址：
        <%
                out.println("<br>["+request.getLocalAddr()+":" +request.getLocalPort()+"]");
        %>
        <br/>
        Session ID:
        <%
                out.println("<br>[Session Info] Session ID:" + session.getId()+"<br>");
        %>
    </body>
</html>
```

2．在 Nginx 中配置动静分离

在 Nginx 目录下，打开 conf 子目录中的配置文件 nginx.conf，进行如下配置。注意：以下配置中粗体字部分是本次新增的配置，其余为默认配置。

```
...
http {
    ...
    keepalive_timeout   65;

    #gzip   on;
    # 配置 Tomcat 服务器，用于处理动态请求
    upstream mytomcat {
        server 127.0.0.1:8888 ;
    }
    server {
        listen          80;
        server_name   localhost;

        #charset koi8-r;

        #access_log   logs/host.access.log   main;
        # 直接处理静态请求（HTML、PNG、MP3 和 MP4）
        location ~ .*\.(html|png|mp3|mp4)$ {
            root static ;    # 让静态请求直接访问 Nginx 目录中的 static 子目录
        }
        # 将动态请求转交给 mytomcat 处理（mytomcat 就是上面配置的“upstream mytomcat”）
        location / {
            proxy_pass http://mytomcat;
        }
        ...
    }
}
```

3．测试

（1）启动服务。

①启动 Nginx 服务。双击 Nginx 目录下的 nginx.exe，启动 Nginx 服务。

②启动 Tomcat 服务。

（2）访问。

①通过浏览器访问 http://localhost/ClusterProject/myHtml.html，运行结果如图 12.12 所示。

图 12.12　访问静态资源

由于 myHtml.html 部署在 Nginx 中，因此，本次对静态资源的请求，是由 Nginx 做出的响应。

②通过浏览器访问 http://localhost/ClusterProject/myJsp.jsp，运行结果如图 12.13 所示。

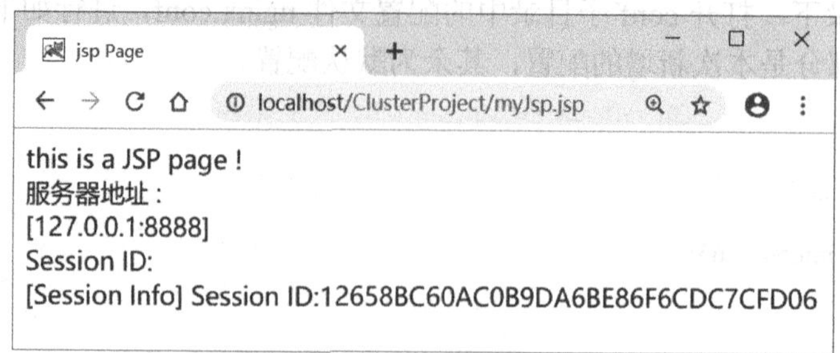

图 12.13 访问静态资源

由于 myJsp.jsp 部署在 Tomcat 中，因此，本次对动态资源的请求，是由 Tomcat 做出的响应。

12.2.2 使用 Nginx+Tomcat 搭建集群服务器

本章的开头已经介绍过集群服务器的概念，现在通过“Nginx+Tomcat”实现一个集群案例，本案例的流程如图 12.14 所示。

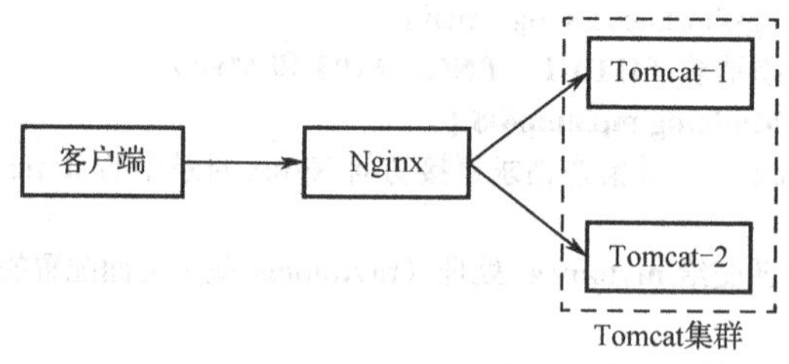

图 12.14 集群结构图

1．配置 Nginx

使用 Nginx 搭建集群是一件非常容易的事，只需要在 Nginx 的配置文件（nginx.conf）中进行如下配置：

```
http {
    ...
    # 配置 Tomcat 集群
    upstream mytomcat {
        # 配置第一台 Tomcat 服务器，端口号是 1080
        server 127.0.0.1:1080 ;
        # 配置第二台 Tomcat 服务器，端口号是 2080
        server 127.0.0.1:2080 ;
    }
    server {
        ...
        location / {
            proxy_pass http://mytomcat;
        }
```

```
        ...
}
```

2．规划 Tomcat 端口号

通过上述 Nginx 配置可知，本次使用了由两个 Tomcat 组成的集群，并且为了区分，第一个 Tomcat 使用的端口号是 1080，第二个 Tomcat 使用的端口号是 2080。

但要注意的是，在 Tomcat 服务器运行期间，会同时启动多个端口，上述设置的 1080（或 2080）只是其中的一个。笔者使用的 Tomcat 版本号是 apache-tomcat-8.5.55，为了防止在同一台计算机上启动多台 Tomcat 引起的端口冲突，需要同时修改“Server 端口号”和“HTTP 协议端口号”，二者都可以在 Tomcat 目录中 conf 子目录里的 server.xml 中进行配置，如下所示：

<Tomcat 根目录>\conf\server.xml：

```
<!-- 此处配置 Server 端口号-->
<Server port="端口号" shutdown="SHUTDOWN">
...
<!-- 此处配置 HTTP 协议端口号-->
<Connector port="端口号" protocol="HTTP/1.1" connectionTimeout="20000" redirectPort="8443" />
```

如果读者使用的是早期版本的 Tomcat，除了上述的“Server 端口号”和“HTTP 协议端口号”，还需要配置“AJP 协议端口号”，其在 Tomcat 中 server.xml 内的配置代码大致如下：

```
<!-- 此处配置 AJP 协议端口号-->
<Connector protocol="AJP/1.3" address="::1" port="端口号" redirectPort="8443" />
```

本次使用的两个 Tomcat 各自定义的端口号如表 12.1 所示。

表 12.1　两个 Tomcat 定义的端口号

Tomcat	Server 端口号	HTTP 协议端口号
Tomcat-1	1005	1080
Tomcat-2	2005	2080

3．部署 Tomcat 集群

在本地准备两个 Tomcat 服务，也就是将 Tomcat 目录复制两份，一份目录名为 Tomcat-1，另一份目录名为 Tomcat-2。然后根据表 12.1 的规划，分别设置 Tomcat-1 和 Tomcat-2 的端口号。

4．准备项目

在 12.2.1 小节中，我们已经在 Tomcat 的 webapps 中准备好了一个 ClusterProject 项目，因此，本次可以直接把该项目复制到 Tomcat-1 和 Tomcat-2 的 webapps 中备用。

5．测试

依次启动 Nginx、Tomcat-1 和 Tomcat-2，通过浏览器第一次访问 http://localhost/ClusterProject/myJsp.jsp，运行结果如图 12.15 所示。

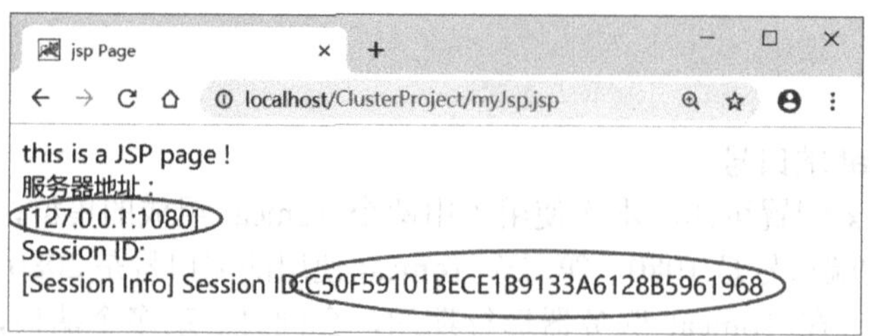

图 12.15　第一次访问

第二次访问，运行结果如图 12.16 所示。

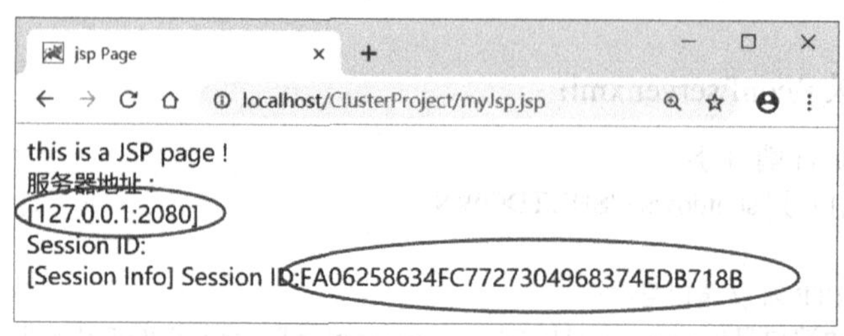

图 12.16　第二次访问

第三次访问，运行结果如图 12.17 所示。

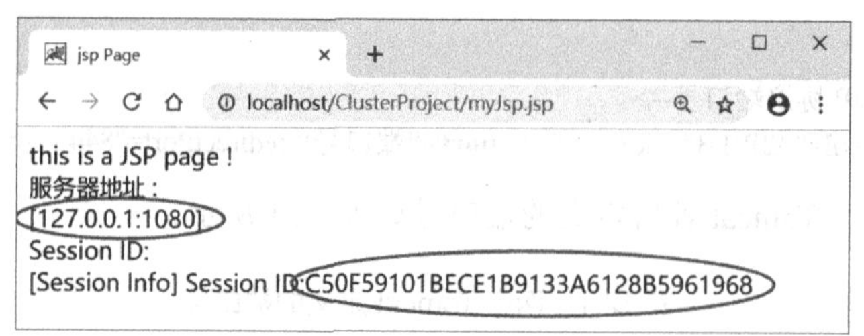

图 12.17　第三次访问

通过以上测试可知：

（1）目前已经通过 Nginx 成功搭建了由两台 Tomcat 服务器组成的集群，并且 Nginx 默认会在两台 Tomcat 之间轮询访问；

（2）两台 Tomcat 服务器之间的 Session 对象各自独立，没有共享。

我们知道，Session 对象是客户端在服务端中的重要标识，如果两个 Tomcat 之间无法共享 Session 对象，将在很大程度上影响用户体验以及网站的整体功能。例如，正常来讲，当某个用户（客户端）第一次访问 A 网站时，A 网站通常会让该用户登录，并且会在用户登录成功后，将“已登录”的标识存储在此用户的 Session 对象中。当用户第二次登录时，A 网站就能根据 Session 对象中的“已登录”标识避免让用户重复登录。不难发现，实现这种最基本的避免重复登录功能的前提，就是 A 网站对某个用户只有唯一一个 Session 对象。但目前我们配置的 Tomcat 集群中，各个 Tomcat 服务器中的 Session 对象是各自独立的，因此就会造成 Tomcat-1 和 Tomcat-2 对同一个用户创建了两个不同的 Session 对象，相当于在一个服务端保存了两个用户标识（Tomcat-1 和 Tomat-2 中各存在一个）。

如何避免这种不同的 Tomcat 服务器使用不同的 Session 对象呢？答案是可以使用 Nginx

提供的“IP_Hash 策略”解决方案。

IP_Hash 策略的原理是：Nginx 会计算每个用户请求时所在 IP 地址的 Hash 值，因为同一个用户的 IP 值相同，因此对同一个用户计算的 Hash 值也必然相同。之后，Nginx 再建立 Hash 值和 Tomcat 节点的一一对应关系，这样就保证每个用户只会访问集群中的同一个服务器节点，就不会造成 Session 混乱的情况。

在 Nginx 中实现“IP_Hash 策略”的方法也十分简单，只需要在 Nginx 的配置文件（nginx.conf）中加入“ip_hash；”这一句配置语句即可，如下所示：

```
# 配置 Tomcat 集群
upstream mytomcat {
        # 使用 IP_Hash 策略避免 Session 混乱
        ip_hash ;
        # 配置第一台 Tomcat 服务器
        server 127.0.0.1:1080 ;
        # 配置第二台 Tomcat 服务器
        server 127.0.0.1:2080 ;
}
```

现在，让 Nginx 重新加载配置文件：打开命令提示符窗口（CMD），在 Nginx 根目录中执行“nginx.exe -s reload”命令。之后，再次通过浏览器访问 http://localhost/ClusterProject/myJsp.jsp，运行结果如图 12.18 所示。

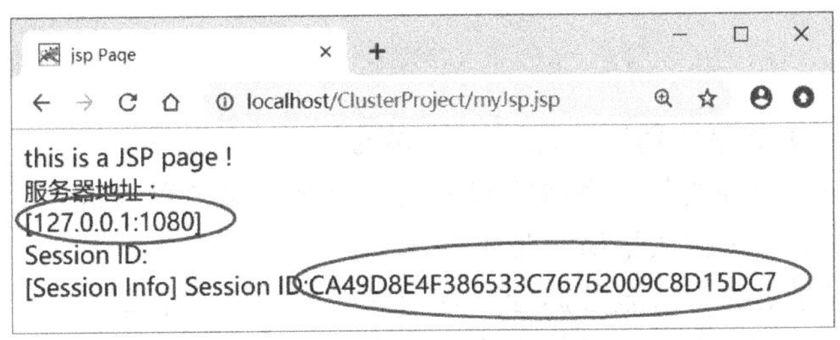

图 12.18　第一次访问

刷新页面，再次访问 http://localhost/ClusterProject/myJsp.jsp，运行结果如图 12.19 所示。

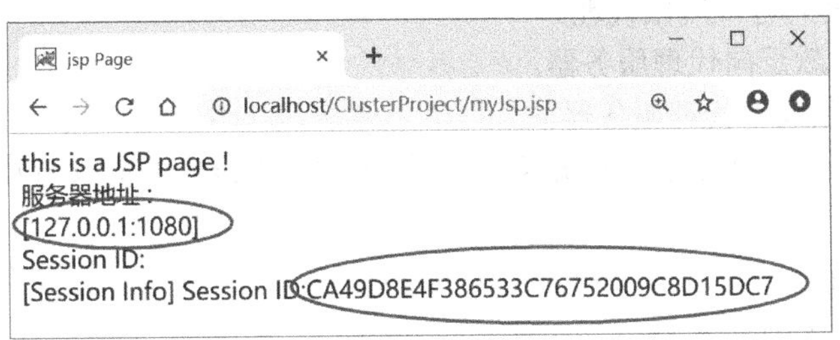

图 12.19　第二次访问

可见，在配置了 IP_Hash 之后，同一用户始终访问的就是集群中的同一个 Tomcat 节点，因此，每次访问时获取的 Session 对象就是相同的了。

除了 Nginx 提供的 IP_Hash 方法，还可以开发独立的 Session 服务器，或者使用 Session 广播等方式让多个 Tomcat 共享同一份 Session 对象，有兴趣的读者可以自行研究。

12.3 本章小结

（1）由多台相同的服务器共同搭建的服务端就称为服务器集群。服务器集群可以缓解大量访问带来的压力。

（2）集群有“失败迁移”和“负载均衡”两大特性。

（3）正向代理是为客户端做代理，相当于客户端中介，代理客户端去访问服务器；反向代理是为服务端做代理，相当于服务端中介，代理服务器接收客户端请求。

（4）Nginx 是一款轻量级的反向代理服务器，可以方便地存储服务端的静态资源，实现服务端资源的动静分离，以及快速搭建 Tomcat 服务器集群等。

（5）Nginx 可以根据客户端请求的 URL 后缀判断请求的是静态资源还是动态资源。

（6）Nginx 可以直接使用 IP_Hash 策略避免集群中不同节点对于同一个客户端产生不同的 Session 对象。

（7）IP_Hash 策略会计算每个用户请求时所在 IP 地址的 Hash 值，建立 Hash 值和 Tomcat 节点的一一对应关系，这样就保证每个用户只会访问集群中的同一个服务器节点，就不会造成 Session 混乱的情况。

12.4 本章练习

单选题

（1）以下关于“集群服务器”的说法中错误的是（　　）。

A．由多台相同的服务器共同搭建的服务端，就称为服务器集群。

B．服务器集群可以缓解大量访问带来的压力。

C．集群是指将原来的一份服务拆分后分别部署在不同的节点上。

D．集群有“失败迁移”和“负载均衡”两大特性。

（2）以下关于“正向代理”和“反向代理”的说法中正确的是（　　）。

A．正向代理是为服务端做代理。

B．反向代理是为客户端做代理。

C．Nginx 是一款反向代理服务器。

D．VPN 是一款反向代理服务器。

（3）要想在 Nginx 中实现 IP_Hash 策略，应该如何在 Nginx 配置文件中进行配置？（　　）

A．

```
upstream 集群名称{
    strategy : ip_hash ;
    ...
}
```

B．

```
upstream 集群名称{
    ip_hash ;
```

```
    ...
}
```

C.

```
upstream 集群名称{
    tomcat : ip_hash ;
    ...
}
```

D.

```
upstream 集群名称{
    ip_hash for tomcat
    ...
}
```

(4) 以下哪一项不是 Nginx 能够实现的功能？（　　）

A．作为 Tomcat 的反向代理服务器。

B．实现服务端资源的动静分离。

C．快速搭建集群服务器。

D．解析并执行 JSP 文件。

(5) Nginx 在实现动静分离时，如何识别用户请求的是静态资源？（　　）

A．根据客户端请求的 URL 后缀。

B．根据请求资源文件的大小。

C．根据请求资源文件的名称。

D．以上均正确。

第 13 章

Java Web 工程化项目指导

本章简介

本章将在本书前面已讲解内容的基础上，适当引入一些企业流行的解决方案。

本章将介绍电商平台中的一些核心设计。受限于目前所学的知识以及篇幅，本章将对本书已详细介绍过的内容进行适当省略，重点讲解如何使用 Java Web 相关技术设计一款较为成熟的 Web 项目，并将介绍 Maven、Docker 及 Git/GitHub 等工程化工具的使用。

13.1　项目设计指导

以下是一款优秀 Web 项目的部分设计思路：

（1）基于经典的三层架构，采用“前后端分离”的开发模式；

（2）使用过滤器统一项目的编码并控制访问者的操作权限；

（3）使用 Google Guava 组件对大量的访问请求限流；

（4）使用软引用实现缓存机制；

（5）合理使用在线 API 接口；

（6）项目优化。

以上设计思路的具体实现将在下一节中进行诠释。

13.2　解 决 方 案

1．基于经典的三层架构，采用“前后端分离”的开发模式

本书已经在第 4 章中对三层架构的相关知识做了详尽的介绍，这里不再赘述。

“前后端分离”是一种优秀的软件开发策略。顾名思义，“前后端分离”旨在让前端的开发者和后端的开发者可以相互独立，并行开发各自的代码，避免了前后端开发人员相互依赖的问题。具体来讲，在不使用“前后端分离”的项目中，后端代码需要为前端代码提供数据，例如，后端要提前编写好一个 Servlet，之后，前端人员才能去调用这个 Servlet 中的 doGet() 或 doPost()方法；反之，前端代码也需要为后端代码提供请求入口，例如，前端要提前编写

好一个 button 按钮，之后才能通过这个按钮将请求传递给后端代码。由此可见，在这种前后端相互依赖的项目中，前端代码和后端代码的开发时机是一个纠结的事情，这也往往造成项目进度缓慢、效率低下等问题。

“前后端分离”就可以解决上述问题。在采用“前后端分离”的项目中，前端人员和后端人员只需要遵循一份“约定”，然后就可以各自独立开发，不用再关心对方的代码。这里提到的“约定”是指一份普通的 API 文档，规定了前后端代码中的接口名、类名、方法名等规范信息。例如，表 13.1 就是“前后端分离”项目 API 文档的部分内容。

表 13.1 “前后端分离”项目 API 文档片段

请求地址	请求方式	请求参数	返回参数	功能
/api/goods	POST	{id,name,price,type}	{flag:xxx, counts,xxx, data,xxx}	添加商品
/api/goods	GET	无		查询全部商品

其中，为了统一前端后人员的开发习惯，文档对所有方法的返回参数做了一致性要求，即所有方法的返回值必须是 JSON 格式的。并且不难发现，“添加商品”和“查询全部商品”的请求地址完全相同，二者是通过请求方式进行区分的。

说明：

除了 Word、Excel 等类型的文档，API 文档也可以是用 Swagger 等工具生成的在线协作文档。

有了如表 13.1 所示形式的 API 文档之后，前端人员和后端人员就只需要根据文档要求，各自独立编写代码。但仍然存在一个问题，前后端人员如何测试自己编写的代码是否正确呢？我们知道，后端为前端提供了数据，前端为后端提供了请求入口。现在，当前端后人员独立开发时，前端代码从哪里获取后端提供的数据呢？同样，测试后端代码的请求数据从何而来？有两种可选的解决方案，分别介绍如下。

（1）编写简单的模拟代码。

①前端代码编写完毕后，可以模拟编写一个最小化的 Servelt 进行测试。例如，前端人员可以请后台人员编写以下的最小化 Servlet，用于测试“查询全部商品”（/api/goods）的前台代码，代码详见程序清单 13.1。

```
// 此 Servlet 对应的<url-parttern>为“/api/goods”
public class QueryGoods extends HttpServlet {
    protected void doGet(HttpServletRequest request, HttpServletResponse response)
                throws ServletException, IOException {
        PrintWriter out = response.getWriter();

        // 模拟到的“查询全部商品”
        Goods[] goods = new Goods[] { new Goods(1, "iphone", 5999, 1),
                                      new Goods(2, "vivo", 1999, 1),
                                      new Goods(3, "mac", 5999, 2) };

        // 模拟返回的结果参数值
        JSONObject result = new JSONObject();
```

```
            result.put("flag", true);
            result.put("counts", goods.length);
            result.put("data", goods);
            // 返回前台
            out.print(result);
            out.close();
        }
    }
```

程序清单 13.1

此处省略 web.xml 配置。

说明：

关于 JSONObject 的使用方法，可参阅本书 9.4.2 小节。

②后端代码编写完毕，可以模拟编写一个最小化的 AJAX 进行测试。例如，后端人员可以请前台人员编写以下的最小化 AJAX，用于测试“查询全部商品”（/api/goods）的后台代码，代码详见程序清单 13.2。

```
...
<script type="text/javascript">
    //请求后端数据
    function test() {
        $.getJSON('/api/goods',
            function(result){
                $("#flag").html(result.flag);
                $("#counts").html(result.counts);
                $("#data").html(result.data);
            });
    }
    ...
</head>
<body>
        是否查询成功：<font id="flag"></font>   <br/>
        查询到数据的个数：<font id="counts"></font>   <br/>
        查询到的数据内容：<font id="data"></font>   <br/>
        <input type="button" value="测试[查询全部商品]" onclick="test()" />
</body>
...
```

程序清单 13.2

（2）使用专业的调试工具。

①前端代码编写完毕后，可以通过 EasyMock 等在线测试工具生成模拟的后台数据。

②后端代码编写完毕后，可以通过 Postman 等测试工具模拟前台请求，向后台发送数据。

有兴趣的读者可以查阅 EasyMock 和 Postman 工具的使用方法。

最后，通过图 13.1 总结前后端分离的开发流程。

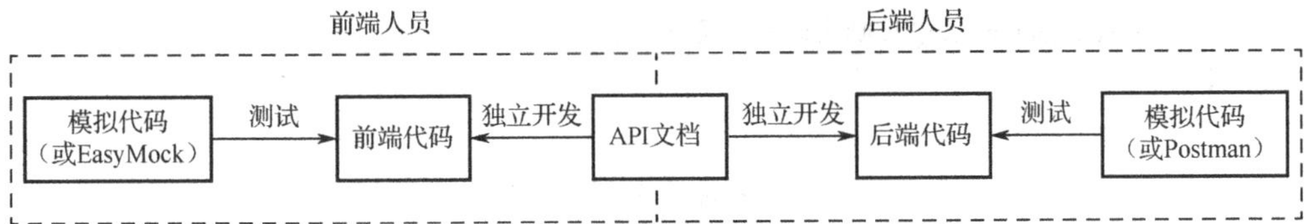

图 13.1 前后端分离开发流程

2. 使用过滤器统一项目的编码并控制访问者的操作权限

在实际的 Web 项目中，过滤器的使用非常广泛。例如，使用过滤器统一请求的编码类型几乎已是 Java Web 项目的标准做法，本书也已经在第 10 章详细介绍了使用过滤器统一编码的具体流程。此处介绍如何使用过滤器对项目的访问权限进行控制。

对于同一个 Web 项目，通常会有普通用户和管理员用户等多种访问角色。一般而言，只有管理员用户才能操作项目中的敏感数据，因此，为了防止普通用户的误操作，就可以使用过滤器对访问者的权限进行预处理。

以下使用过滤器 RolesFilter 拦截了所有对 authorities 目录的访问操作，authorities 目录下存放的是项目中对敏感数据的 CRUD 操作。如果 RolesFilter 判断当前用户是管理员，则放行；如果判断是普通用户，则不放行，并跳转到项目预设置的 404 页面。代码详见程序清单 13.3。

```
import java.io.IOException;
import javax.servlet.*;
import javax.servlet.http.*;
import org.lanqiao.entity.User;
public class RolesFilter implements Filter {

    public void init(FilterConfig fConfig) throws ServletException {
        System.out.println("控制访问权限【开始】");
    }

    public void doFilter(ServletRequest request, ServletResponse response, FilterChain chain) throws
IOException, ServletException {
        HttpServletRequest req = (HttpServletRequest)request;
        HttpServletResponse resp = (HttpServletResponse)response ;
        User user = (User)req.getSession().getAttribute("user");
        /*
         *  role 可选值：
         *       0：普通用户
         *       1：管理员
         */
        if(user.getRole() == 1){
            chain.doFilter(request, response);
        }else{
            resp.sendRedirect("404.jsp");
        }
    }

    public void destroy() {
```

```
            System.out.println("控制访问权限【结束】");
        }
}
```

程序清单 13.3

3. 使用 Google Guava 组件对大量的访问请求进行限流

在高并发环境下，海量的用户请求极易对后台服务器带来性能压力，甚至使服务器宕机。一种有效地避免并发访问压力的手段就是“限流”。顾名思义，限流就是限制并发访问的流量。在实际项目中，限流的手段多种多样，可以在前台、网关、后台、数据库等不同层次限制用户的访问流量，此处介绍的是如何使用“算法”进行限流。

最常用的限流算法是漏桶算法和令牌桶算法，相对而言，令牌桶算法的使用更加普遍。令牌桶算法采用了生产者-消费者的思想：有一个存放令牌的桶，令牌桶算法以恒定的速度生成令牌并放入桶中（生产者）；与此同时，客户端的请求会从该令牌桶中取出令牌（消费者），只有获取到令牌的消费者才能向服务器发起请求。显然，令牌桶算法生产令牌的速度决定了服务器处理用户请求的速度。如果令牌的生产速度太慢，用户请求获取令牌的速度就慢，因此请求抵达服务器的数量就少；反之，如果令牌的生产速度太快，用户请求获取令牌的速度就快，因此请求抵达服务器的数量就多。

令牌桶算法如何编写呢？可以直接使用 Google Guava 组件封装好的 API。以下是使用令牌桶算法限制每秒钟最多只能有 1000 个请求抵达电商平台的商品服务（goodsService()），代码详见程序清单 13.4。

```
import java.util.concurrent.TimeUnit;
import java.util.concurrent.atomic.AtomicInteger;
import com.google.common.util.concurrent.RateLimiter;

public class TokenRateLimiter {
    // 已经卖出的商品数量
    static AtomicInteger goods = new AtomicInteger(0);
    // 商品库存
    static final int MAX_NUM = 9999;
    // 生产令牌的速度：每秒生成 1000 个令牌
    static RateLimiter tokenRateLimiter = RateLimiter.create(10.0);

    public static void currentLimite() {
        // 每个用户请求会持续 1 秒
        if (tokenRateLimiter.tryAcquire(1, TimeUnit.SECONDS)) {
            if (goods.get() < MAX_NUM) {
                // 卖出的商品数量+1
                int goodNo = goods.getAndIncrement();
                // 购买商品服务
                goodsService();
                System.out.println("第" + goodNo + "件商品购买成功");
            }else{
                System.out.println("售罄！");
            }
```

```
            }

        }
    }
```

程序清单 13.4

说明：

（1）在使用 Google Guava 之前，需要提前在项目中引入“guava-版本号.jar”。

（2）本程序仅仅是一个教学模拟案例，在运用到实际的项目时，还需要根据项目成本、测试结果等因素进行调整或扩展。

例如，程序中 MAX_NUM 的变量值、RateLimiter.create()的参数值等，通常需要根据性能测试的结果进行调整；在流量抵达限流类 TokenRateLimiter 之前，必须先在上游进行限流、缓存等操作，保证大流量不会把 TokenRateLimiter 类的所在服务器“冲垮”。“限流”是软件项目的一个全局性策略，不要想着通过一个类、一个算法就能彻底解决。

4. 使用软引用实现缓存机制

“读多写少”是大部分项目的一个特点，如“购物”，总是看的人多（读）、买的人少（写）。因此，如果能减少“读”请求的次数，就能减少服务端的压力。最直接的减少“读”请求次数的方法就是使用缓存。如图 13.2 所示，对于同一个读请求，只需要在第一次访问时从数据库中查询数据，并将查询到的数据保存到缓存中，之后的查询请求就可以直接在缓存中获取，从而减少对数据库的访问次数。

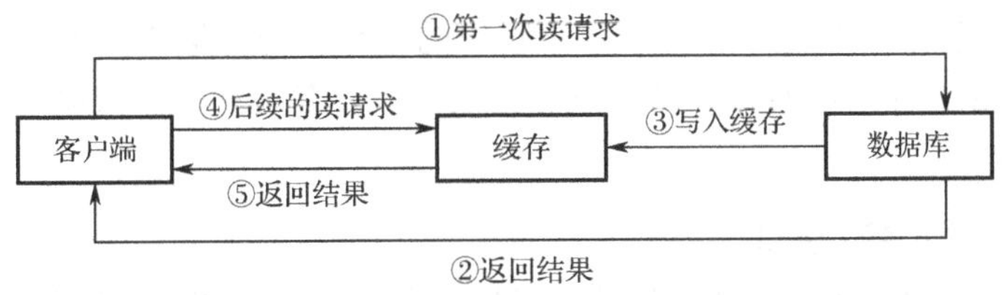

图 13.2　缓存的使用

根据目前所学知识，我们可以使用 HashMap 在内存级别实现缓存功能。例如，可以使用一个 HashMap 对象保存客户端第一次请求的结果，之后，当客户端再次发起读请求时，就从 HashMap 对象中遍历查询，如果 HashMap 中已经保存过客户要查询的数据，就直接返回，否则再向数据库发起查询请求，并将查询结果保存到 HashMap 中。这种缓存的设计思路十分简单，但也存在一个问题：HashMap 中缓存的数据何时被清空？我们知道，内存容量是有限制的，如果永无止尽地向 HashMap 缓存数据，显然会对内存容量带来压力。一种解决方案就是使用 JVM 提供的软引用，实现对 HashMap 中缓存数据的淘汰策略。

开发中最常使用的是强引用，例如，“Goods goods = new Goods()”就创建了一个强引用对象“goods”。只要强引用的作用域没有结束，或者没有被开发者手工设置为 null，那么强引用对象会始终存在于 JVM 内存中。而 JVM 提供的软引用就比较灵活：当 JVM 的内存足够时，GC 对待软引用和强引用的方式是一样的；但当 JVM 的内存不足时，GC 就会去主动回收软引用对象。由此可见，非常适合将缓存的对象存放在软引用中。软引用需要借助 JDK 提供的 java.lang.ref.SoftReference<T>类来实现。以下就是使用 HashMap 在内存中缓存商品数据，并将缓存对象存放在软引用的具体代码，代码详见程序清单 13.5。

```
import java.lang.ref.SoftReference;
import java.util.*;
import org.lanqiao.entity.Goods;

public class GoodsCache {
    // 将缓存对象存储在软引用中
    private Map<String, SoftReference<Goods>> caches = new HashMap<>();

    // 根据 id 存储缓存 Goods 对象
    public void setCache(String id, Goods goods) {
        caches.put(id, new SoftReference<Goods>(goods));
    }

    // 根据 id 从缓存中获取对象
    public Goods getCache(String id) {
        // 根据 id，获取缓存对象的软引用
        SoftReference<Goods> softRef = caches.get(id);
        return softRef == null ? null : softRef.get();
    }
}
```

程序清单 13.5

说明：

> 与“限流”类似，“缓存”也是软件项目中的一个全局性策略，不是一个类就能完全解决的。在实际项目中，缓存还要考虑缓存雪崩、缓存穿透和缓存击穿等问题，有兴趣的读者可以自行研究。

5. 合理使用在线 API 接口

一提到第三方 API，很多人都会想到“JAR”文件：到某个网站下载一个 JAR 文件，然后引入工程，之后就可以使用该 JAR 文件中的 API。实际上，还有一些第三方 API 需要开发者通过网络连接到第三方平台后才能使用。

以下通过演示百度智能云提供的人脸识别功能，介绍如何使用第三方平台提供的在线 API 接口。

在电商平台中，用户购买商品后可以对其进行评价。现在打算实现这么一个有趣的功能：用户在购买服装类商品时，系统会根据用户的头像计算用户的颜值，并根据颜值的高低向用户推荐不同的服装。如何根据用户的头像计算颜值呢？可以使用百度云提供的人脸识别功能中的相关 API，具体实现步骤如下：

（1）登录百度智能云提供的人脸识别网站（https://cloud.baidu.com/product/face），单击“立即使用”按钮，如图 13.3 所示。

提示：详细的帮助文档，可以查阅上述网站中的技术文档。

（2）根据页面提示，在百度智能云中注册账户并登录。

（3）在“概览”界面中，单击“创建应用”按钮，根据提示编写应用信息，如图 13.4 所示。

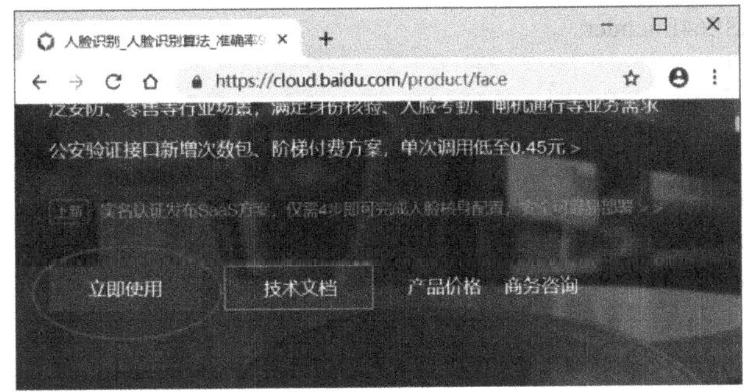

图 13.3　使用百度云提供的人脸识别功能

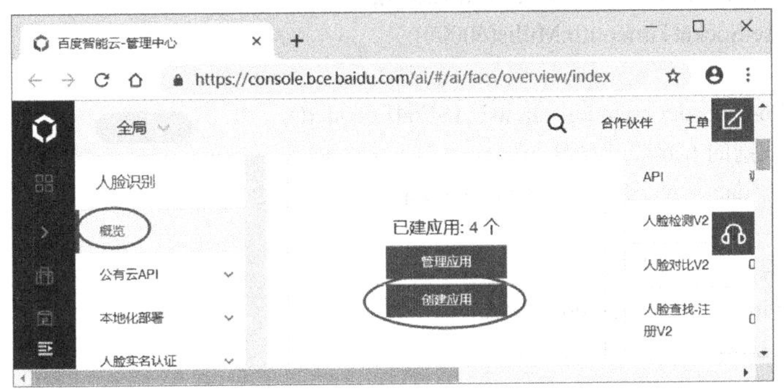

图 13.4　在百度云中创建应用

（4）应用创建完毕后，再在“应用列表”界面中查看当前应用的 AppID、API Key 和 Secret Key 等信息，如图 13.5 所示。

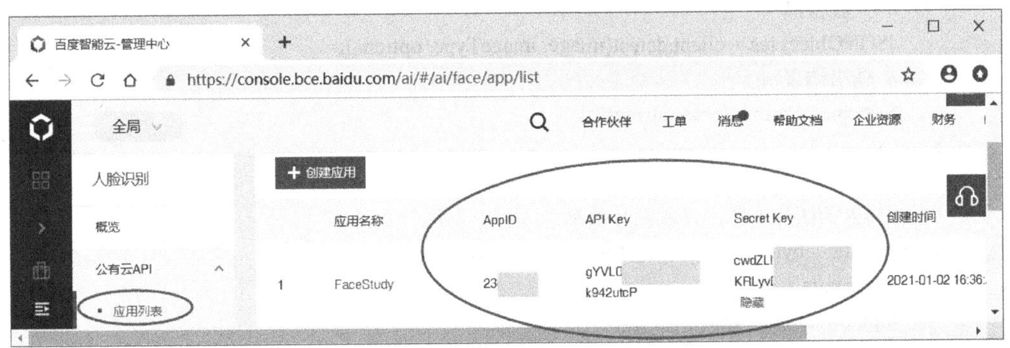

图 13.5　应用的 API 信息

（5）接下来可以根据百度云提供的技术文档下载人脸识别需要的 4 个 JAR 文件（具体是 aip-java-sdk-4.15.1.jar、json-20160810.jar、slf4j-api-1.7.25.jar 和 slf4j-simple-1.7.25.jar），并编写如程序清单 13.6 所示代码。

```
import java.io.*;
import java.util.HashMap;
import org.json.JSONObject;
import com.baidu.aip.face.AipFace;
```

```
import sun.misc.BASE64Encoder;
public class Sample {
    // APP_ID、API_KEY 和 SECRET_KEY 使用的是图 13.5 中的数据
    public static final String APP_ID = "234******";
    public static final String API_KEY = "gY******";
    public static final String SECRET_KEY = "cw******";
    public static void main(String[] args) {
        // 初始化一个 AipFace
        AipFace client = new AipFace(APP_ID, API_KEY, SECRET_KEY);

        // 可选：设置网络连接参数
        client.setConnectionTimeoutInMillis(2000);
        client.setSocketTimeoutInMillis(60000);

        BASE64Encoder encoder = new BASE64Encoder();
        // 待识别的人脸照片地址
        byte[]   data = readImage("D:/zhangsan.png");

        // 调用百度 API 接口
        String image = encoder.encode(data);
        String imageType = "BASE64";

        HashMap<String, String> options = new HashMap<String, String>();
        // 查询照片中人物的"颜值"
        options.put("face_field", "beauty");

        // 人脸检测
        JSONObject res = client.detect(image, imageType, options);
        // 输出结果
        System.out.println(res.toString(2));
    }

    //根据传入的图片地址，读取图片信息
    private static   byte[] readImage(String imagePath){
        byte[] data = null;
        InputStream in = null ;
        try {
          in = new FileInputStream(imagePath);
            data = new byte[in.available()];
            in.read(data);
        } catch (Exception e) {
            e.printStackTrace();
        }finally{
          try {
                in.close();
            } catch (Exception e) {
                e.printStackTrace();
```

```
        }
    }
    return data ;
  }
}
```

程序清单 13.6

执行程序，运行结果如下：


```
{
  "result": {
    "face_num": 1,
    "face_list": [{
      "beauty": 56.36,
      "angle": {
        "roll": -4.71,
        "pitch": 2.59,
        "yaw": -15.06
      },
      "face_token": "e011cd0ac3b4d8020c602402fc20a4b1",
      "location": {
        "top": 1266.95,
        "left": 667.83,
        "rotation": -2,
        "width": 519,
        "height": 469
      },
      "face_probability": 1
    }]
  },
  "log_id": 7945057994899,
  "error_msg": "SUCCESS",
  "cached": 0,
  "error_code": 0,
  "timestamp": 1609580660
}
```


从运行结果可知，照片中有一个人物头像（"face_num": 1）；该人物的颜值是 56.36（"beauty": 56.36），根据 API 技术文档的描述，颜值分数范围是 0～100，数字越大颜值越高；根据人物头像计算得到的登录 id 是 7945057994899（"log_id": 7945057994899）。

通过本案例可知，很多看似复杂的功能，都可以在各大技术平台中找到已封装好的 API，只需要在项目中调用即可实现相应功能。但要注意的是，有些技术平台的 API 需要付费使用，有些也对使用版权进行了限制，因此，在使用前务必仔细地查阅网站对相关 API 的使用说明。

6．项目优化

在实际项目中，除了要实现“功能”，还要考虑项目的性能问题。前面介绍的限流、缓

存等内容就是提高系统性能的一些手段。除此以外，还可以使用本书介绍的数据库连接池技术减少对数据库的访问次数，使用事务机制提高系统的健壮性，使用分页技术提高查询性能等。并且，除了在编码层面提高系统性能，还可以搭建集群服务器，或者对数据库的 SQL 语句进行优化，对 JVM 参数进行调优……性能优化一直是软件开发的一大重点，但也是一大难点，这就要求每位开发者在日常的学习和工作中不断精进，逐步积累一套完整的性能优化策略。

13.3 工程化问题

上一节主要介绍如何编写一款优秀的 Java Web 项目，本节将要讲解的是如何使用 Maven、Docker 和 Git/GitHub 等企业级开发工具，提高开发、部署及团队协作的效率。

13.2.1 Maven

Maven 是由 Apache 维护的一个项目管理综合工具，可以用 Maven 构建一个完整的生命周期框架。对于开发人员来讲，Maven 可以帮助其获取并管理第三方 JAR 文件，并将项目拆分成多个工程模块。本节介绍 Maven 的基本使用。

1. Maven 的安装

登录 http://maven.apache.org/download.cgi，下载 Maven 资源包，如图 13.6 所示。

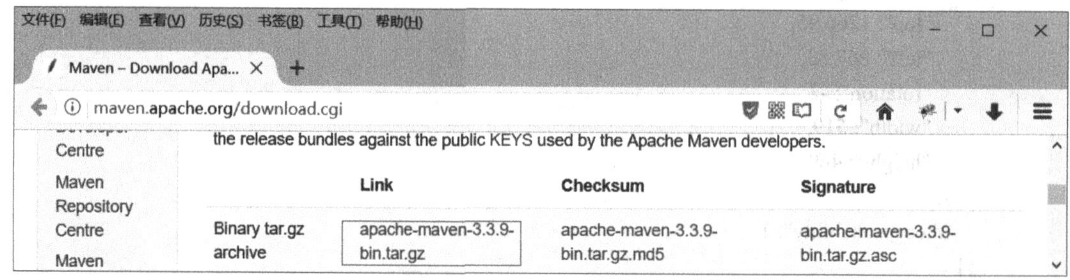

图 13.6 下载 Maven 资源包

将下载后的文件进行解压（例如，解压到“D:\apache-maven-3.3.9 目录”），之后进行以下配置：

（1）配置 JAVA_HOME 环境变量。

（2）配置 Maven 环境变量（见表 13.2）。

表 13.2 配置 Maven 环境变量

变 量 名	变 量 值
M2_HOME	Maven 的解压目录，如“D:\apache-maven-3.3.9”
PATH	%M2_HOME%\bin

（3）验证配置是否正确：查看 Maven 版本信息。以管理员身份打开命令提示符窗口，并执行“mvn-v”命令，如果能得到 Maven 版本信息，就说明 Maven 配置成功，如图 13.7 所示。

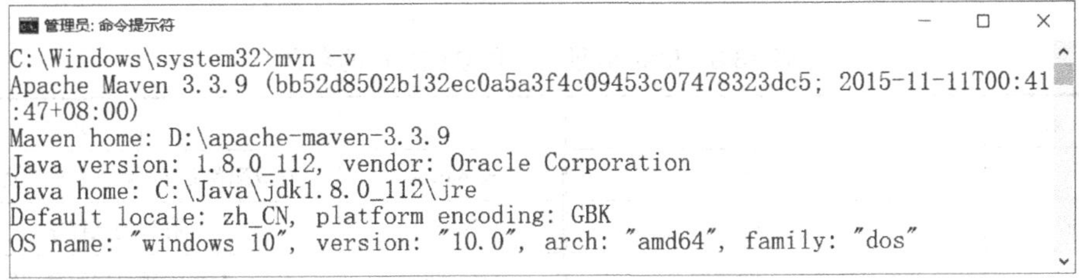

图 13.7 查看 Maven 版本信息

（4）修改本地仓库。Maven 可以统一管理 JAR 文件，并将这些 JAR 文件放在“本地仓库”中，而“本地仓库”的默认目录是“C:\Users\用户名\.m2”。通常，需要修改“本地仓库”的目录，步骤如下：

①新建一个目录，作为本地仓库，如“D:\repository”。

②修改 Maven 配置文件，更改本地仓库的路径：打开<Maven 根目录>/conf/settings.xml 文件，在<settings>根元素下新增<localRepository>子元素，用于指定新的本地仓库目录，如图 13.8 所示。

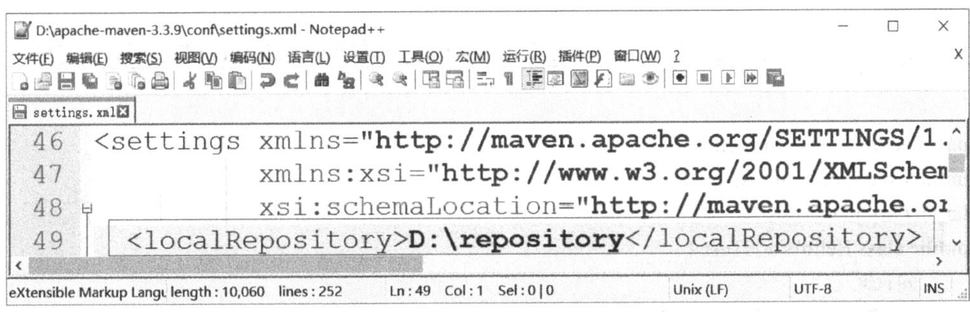

图 13.8 配置 Maven 本地仓库

2. 开发第一个 Maven 项目

作为第一个 Maven 项目，先不使用 Eclipse 等开发工具，而是直接在硬盘上新建并编写源文件，并用命令行的方式运行。

一个 Maven 项目必须符合以下目录结构：

```
项目名
|---src
|---|---main
|---|---|---java
|---|---|---resources
|---|---test
|---|---|---java
|---|---|---resources
|---pom.xml
```

其中，各个目录或文件的含义如表 13.3 所示。

表 13.3 Maven 项目的目录或文件的含义

目　录	简　介	目　录	简　介
src	存放源码	resources	存放配置文件、属性文件等资源文件
main	存放主程序	test	存放测试程序
java	存放 Java 源文件	pom.xml	Maven 项目的配置文件

可以发现，Maven 将主程序和测试程序分别放在了 main 和 test 目录中，以此来区分管理。现在就按照 Maven 的要求，建立以下目录及文件（项目位于"D:\MyFirstMavenProject"）：

（1）在 src/main/java 目录下新建 org.lanqiao.maven 包及 HelloWorld.java 文件，代码如下：

```
package org.lanqiao.maven;
public class HelloWorld {
    public String sayHello(String name){
        return "Hello"+name ;
    }
}
```

（2）在 src/test/java 目录下，新建 org.lanqiao.maven 包及 HelloWorldTest.java 文件，代码如下：

```
package org.lanqiao.maven;
import static org.junit.Assert.*;
import org.junit.Test;
public class HelloWorldTest {
    @Test
    public void testHelloWorld()
    {
        HelloWorld hello = new HelloWorld();
        String content = hello.sayHello("张三");
        assertEquals("Hello 张三",content);
    }
}
```

（3）在项目根目录下，新建并编写 Maven 配置文件 pom.xml，代码如下：

```
<?xml version="1.0" ?>
<project xmlns="http://maven.apache.org/POM/4.0.0"
        xmlns:xsi="http://www.w3.org/2001/XMLSchema-instance"
        xsi:schemaLocation="http://maven.apache.org/POM/4.0.0
                        http://maven.apache.org/xsd/maven-4.0.0.xsd">
    <modelVersion>4.0.0</modelVersion>
    <groupId>org.lanqiao.maven</groupId>
    <artifactId>MyFirstMavenProject</artifactId>
    <version>0.0.1-SNAPSHOT</version>
    <name>Hello</name>
    <dependencies>
        <dependency>
```

```
            <groupId>junit</groupId>
            <artifactId>junit</artifactId>
            <version>4.0</version>
            <scope>test</scope>
        </dependency>
    </dependencies>
</project>
```

pom.xml 是 Maven 项目的配置文件。可以通过 pom.xml 中如表 13.4 所示的 3 个元素定位一个 Maven 项目。

表 13.4　可定位 Maven 项目的 3 个元素

元　素	简　介
groupId	域名的翻转+项目名，如 org.lanqiao.maven
artifactId	项目的模块名，如 MyFirstMavenProject
version	版本号，如 0.0.1-SNAPSHOT

pom.xml 中的<dependencies>元素表示"依赖"，并且每个"依赖"都用<dependency>进行配置。例如，本例表示当前项目依赖于 JUNIT 4.0。

（4）编译及运行 Maven 项目。在正式运行 Maven 项目前，先学习一下 Maven 的基本命令，如表 13.5 所示。

表 13.5　Maven 的基本命令

命　令	简　介	命　令	简　介
mvn compile	编译 Java 程序	mvn package	打包
mvn test-compile	编译测试程序	mvn clean	删除由 mvn compile 或 mvn test-compile 创建的 target 目录
mvn test	执行测试程序		

通过命令提示符窗口执行 Maven 命令时，必须先进入 Maven 根目录，然后执行编译命令"mvn compile"，如图 13.9 所示。

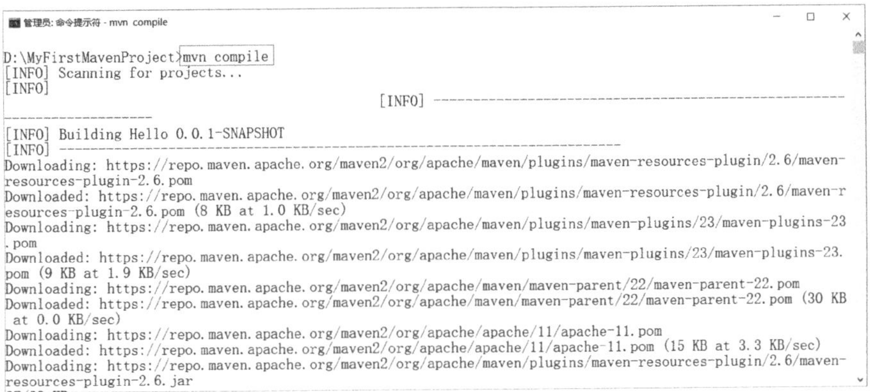

```
管理员: 命令提示符 - mvn compile

D:\MyFirstMavenProject>mvn compile
[INFO] Scanning for projects...
[INFO]
                                        [INFO] ------------------------------------------------------------
--------------------
[INFO] Building Hello 0.0.1-SNAPSHOT
[INFO] ----------------------------------------------------------------------
Downloading: https://repo.maven.apache.org/maven2/org/apache/maven/plugins/maven-resources-plugin/2.6/maven-
resources-plugin-2.6.pom
Downloaded: https://repo.maven.apache.org/maven2/org/apache/maven/plugins/maven-resources-plugin/2.6/maven-r
esources-plugin-2.6.pom (8 KB at 1.0 KB/sec)
Downloading: https://repo.maven.apache.org/maven2/org/apache/maven/plugins/maven-plugins/23/maven-plugins-23
.pom
Downloaded: https://repo.maven.apache.org/maven2/org/apache/maven/plugins/maven-plugins/23/maven-plugins-23.
pom (9 KB at 1.9 KB/sec)
Downloading: https://repo.maven.apache.org/maven2/org/apache/maven/maven-parent/22/maven-parent-22.pom
Downloaded: https://repo.maven.apache.org/maven2/org/apache/maven/maven-parent/22/maven-parent-22.pom (30 KB
 at 0.0 KB/sec)
Downloading: https://repo.maven.apache.org/maven2/org/apache/apache/11/apache-11.pom
Downloaded: https://repo.maven.apache.org/maven2/org/apache/apache/11/apache-11.pom (15 KB at 3.3 KB/sec)
Downloading: https://repo.maven.apache.org/maven2/org/apache/maven/plugins/maven-resources-plugin/2.6/maven-
resources-plugin-2.6.jar
```

图 13.9　Maven 编译命令

可以发现，执行编译命令时，Maven 会自动进行一些 Downloading 操作。这是因为，当 Maven 命令需要使用某些插件时，Maven 会先到“本地仓库”中查找，如果找不到就会自动从互联网中下载。因此，编译命令执行完毕后，就可以在“本地仓库”中观察到已经下载好的插件，如图 13.10 所示。

图 13.10　本地仓库

“mvn compile”命令执行完毕，就会将项目中主程序的 Java 文件编译成 class 文件，并自动放入 target 目录中（target 目录会在执行“mvn compile”命令时自动创建），如图 13.11 所示。

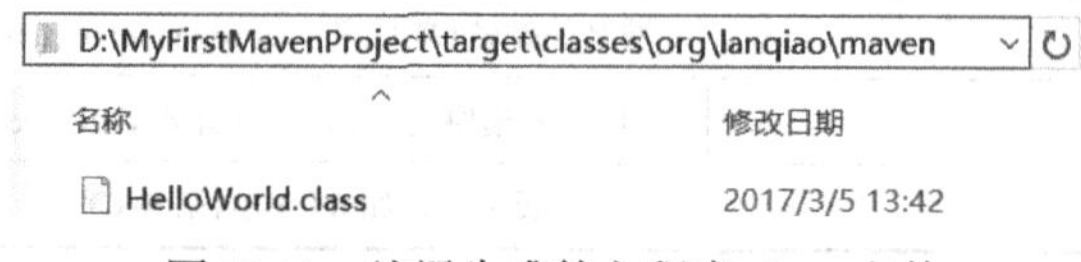

图 13.11　编译生成的主程序 class 文件

同样地，“mvn test-compile”命令也可以将测试程序的 Java 文件编译成 class 文件，并自动放入 target 目录中，如图 13.12 所示。

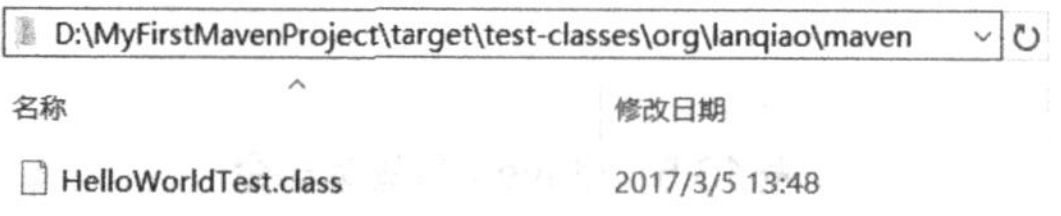

图 13.12　编译生成的测试程序 class 文件

“mvn test”命令可以执行 Maven 项目中的测试程序（如 HelloWorldTest.java 中的 testHelloWorld()方法），如图 13.13 所示为通过测试的程序。

```
C:\Windows\system32\cmd.exe

D:\MyFirstMavenProject>mvn test
[INFO] Scanning for projects...
[INFO]
[INFO] ------------------------------------------------------------------------
[INFO] Building Hello 0.0.1-SNAPSHOT
[INFO] ------------------------------------------------------------------------
[INFO]
[INFO] --- maven-resources-plugin:2.6:resources (default-resources) @ MyFirstMavenProject ---
[WARNING] Using platform encoding (GBK actually) to copy filtered resources, i.e. build is platform dependent!
[INFO] Copying 0 resource
[INFO]
[INFO] --- maven-compiler-plugin:2.5.1:compile (default-compile) @ MyFirstMavenProject ---
[INFO] Nothing to compile - all classes are up to date
[INFO]
[INFO] --- maven-resources-plugin:2.6:testResources (default-testResources) @ MyFirstMavenProject ---
[WARNING] Using platform encoding (GBK actually) to copy filtered resources, i.e. build is platform dependent!
[INFO] Copying 0 resource
[INFO]
[INFO] --- maven-compiler-plugin:2.5.1:testCompile (default-testCompile) @ MyFirstMavenProject ---
[INFO] Nothing to compile - all classes are up to date
[INFO]
[INFO] --- maven-surefire-plugin:2.12.4:test (default-test) @ MyFirstMavenProject ---
[INFO] Surefire report directory: D:\MyFirstMavenProject\target\surefire-reports

-------------------------------------------------------
 T E S T S
-------------------------------------------------------
Running org.lanqiao.maven.HelloWorldTest
Tests run: 1, Failures: 0, Errors: 0, Skipped: 0, Time elapsed: 0.042 sec

Results :

Tests run: 1, Failures: 0, Errors: 0, Skipped: 0

[INFO] ------------------------------------------------------------------------
[INFO] BUILD SUCCESS
[INFO] ------------------------------------------------------------------------
[INFO] Total time: 1.228 s
[INFO] Finished at: 2017-03-05T14:03:19+08:00
```

图 13.13　Maven 测试命令

此外,“mvn package”命令可以将 Maven 项目打包成一个 JAR 文件,如图 13.14 和图 13.15 所示。

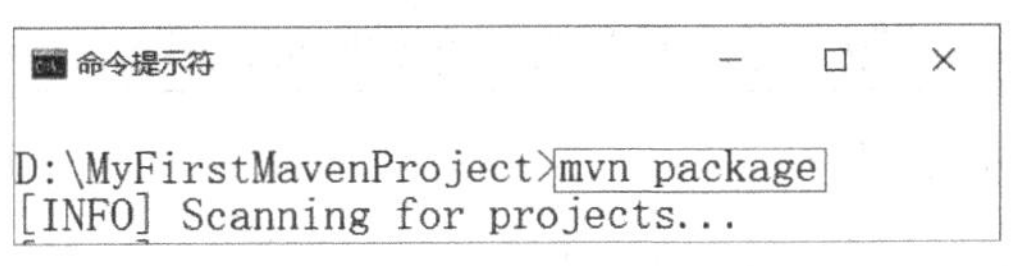

图 13.14　Maven 打包命令

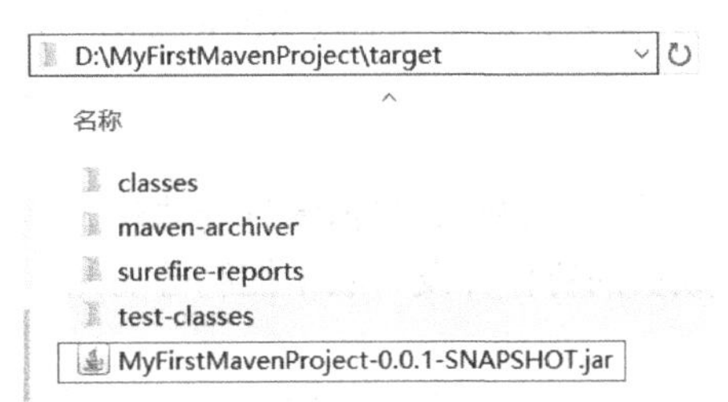

图 13.15　打包后的 JAR 文件

说明:

受篇幅所限,本节重点介绍了 Maven 的作用及其基本的使用方式。但 Maven 的功能远不止这些,例如,可以使用 Maven 和 Eclipse 等 IDE 整合进行 Web 开发,将一个项目拆分成多个模块,搭建基于父子工程的软件项目等。读者可以根据自己的需求进行更深一步的研究。

13.2.2　Docker

一款成熟的 Web 项目通常需要依赖很多服务,如 Tomcat 服务、数据库服务等。随着后续学习的深入,还会接触到 MQ 等服务。目前,每位开发者在开发项目时,都需要下载、安装、配置各个服务。能否简化这种无意义的烦琐操作呢?使用容器化技术 Docker 就能做到。Docker 官方提供了一个服务仓库,其中包含了十分丰富的服务镜像,如 Tomcat 镜像、MySQL 镜像、MQ 镜像等。这些镜像既有原始版的,也有配置好的,并且开发者也可以将自己配置好的服务或已经开发完毕的项目打包成一个 Docker 镜像,之后再上传到 Docker 私服中。这样一来,项目团队中的其他成员就不用重新下载、安装、配置各个服务,只需要从 Docker 服务中下载前面同事已上传的服务镜像即可。除此以外,Docker 还支持脚本化编程,即可以通过脚本来操作 Docker 服务。例如,一个 Tomcat 的并发连接数在 300 左右,如果有大量的用户同时访问,就可以通过 Docker 脚本快速生成多个 Tomcat 服务,从而以集群的形式应对海量请求。

作为入门,此处仅演示如何使用 Docker 安装基本的服务。本次演示的环境是 CentOS-7 操作系统。

(1)通过以下命令,在 CentOS-7 上安装 Docker:

```
yum install docker
```

(2)通过 Docker 下载并安装 MySQL 容器:

```
docker pull mysql:tag
```

说明：

其中，tag 是 MySQL 的版本号，可以在 https://hub.docker.com/中进行查询。

（3）配置并启动 MySQL 服务：

```
docker run -di --name=mysql 服务名  -p 3306:3306
-e MYSQL_ROOT_PASSWORD=ROOT 用户的密码    mysql:tag
```

可见，使用 Docker 下载、安装、配置并启动 MySQL 服务，要比传统方式简洁很多。

13.2.3 Git/GitHub

团队成员之间如何协作地编写代码呢？目前流行的协作工具是 Git。Git 是一款分布式版本控制工具，可以实现团队成员的协作开发、版本控制等功能。作为 Git 快速入门，此处仅介绍 Git 的核心用法。

团队成员之间要想协作开发，就必须有一个服务端作为不同成员之间交互数据的媒介，这个媒介就可以是 GitHub，如图 13.16 所示。

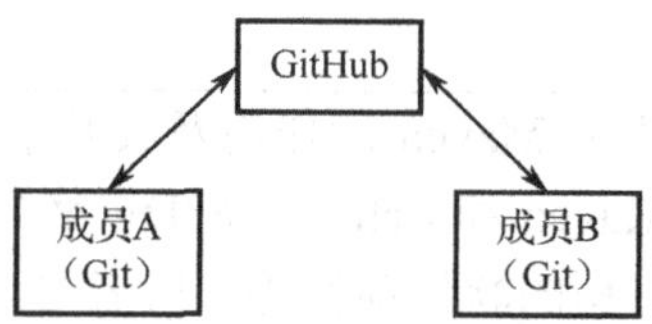

图 13.16　Git/GitHub 工作结构

具体地讲，在 Git 内部的工作流程又可以细分为本地工作目录、暂存区和本地版本库三个阶段。本地的数据要先后在这三个阶段中操作后，才能被提交到 GitHub，如图 13.17 所示。

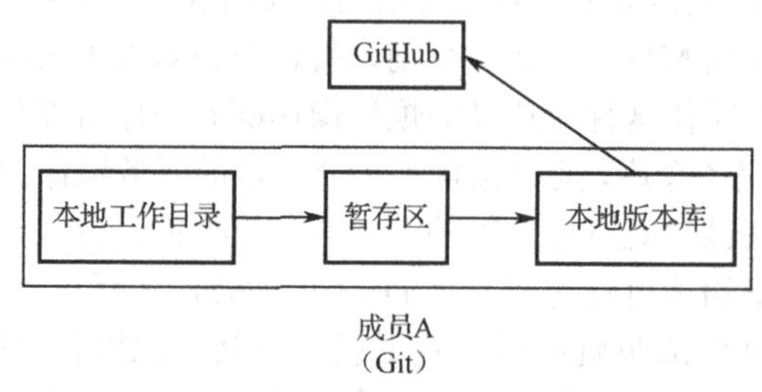

图 13.17　Git 工作流程

接下来介绍 Git/GitHub 的具体使用，以及如何在 Git 和 GitHub 之间交互数据，从而实现团队协作。以下是关于 Git/GitHub 安装及配置的相关步骤：

（1）访问 msysgit.github.io，下载并安装 Git 客户端工具。

（2）安装完毕后，将 Git 根目录下的 bin 目录配置到环境变量 PATH 中。

（3）在任意目录中单击鼠标右键，然后在弹出的快捷菜单中选择“Git Bash Here”。

（4）通过以下命令，配置使用 Git 时的用户名和邮箱：

```
# 用户名是 yq
git config --global user.name "yq"
```

```
# 邮箱是 157468995@qq.com，该邮箱就是下一步中注册或登录时使用的账号
git config --global user.email "157468995@qq.com"
```

（5）登录 GitHub 官网（https://github.com/），注册账号并登录。

（6）通过以下命令，在本地配置 SSH，使得本地 Git 可以和远程的 GitHub 通信：

```
ssh-keygen -t rsa -C 157468995@qq.com
```

以上命令输入完毕后，一直按回车键，然后再执行以下命令：

```
ssh -T git@github.com
```

之后就能在本地的“C:\Users\YANQUN\.ssh”目录中看到 id_rsa.pub 文件。

（7）在 GitHub 网站中，依次单击“Settings”→“SSH and GPG keys”→“New SSH key”按钮，如图 13.18 和图 13.19 所示。

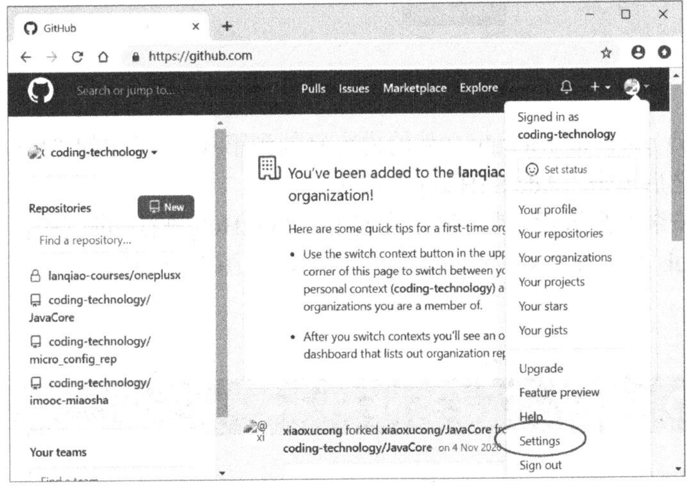

图 13.18　Settings

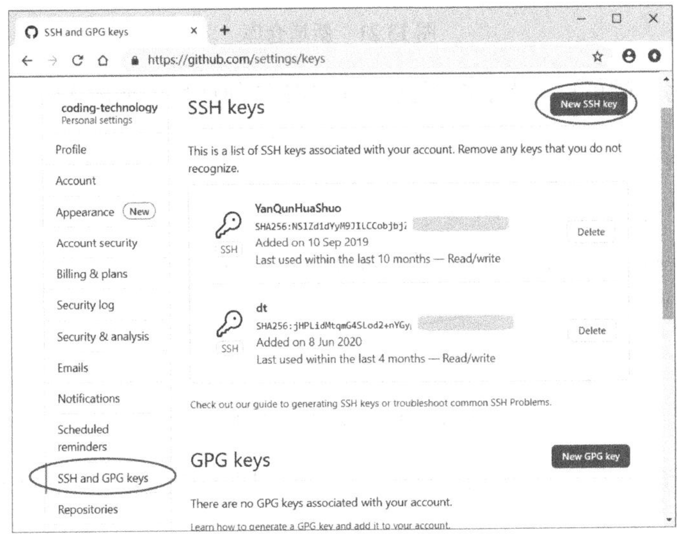

图 13.19　“New SSH key”按钮

（8）单击“New SSH key”按钮之后的界面如图 13.20 所示。

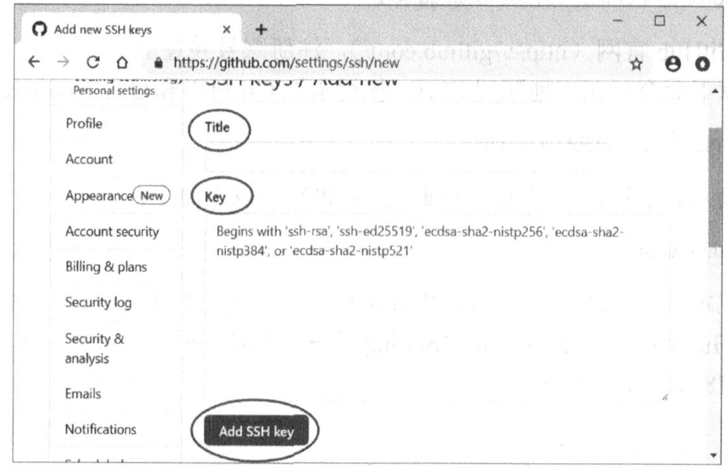

图 13.20　增加 SSH key

（9）将第（6）步中 id_rsa.pub 文件的内容复制到第（8）步中的“Key”中，“Title”值可以任意填写，之后单击“Add SSH key”按钮。

经过了上述安装及配置后，就可以正式使用 Git/GitHub 进行团队协作了，具体步骤如下：

（1）在 GitHub 上单击“New repository”命令，如图 13.21 所示。

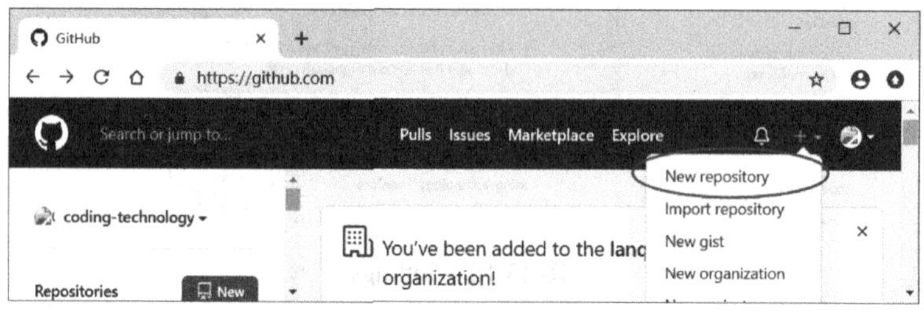

图 13.21　新增仓库

根据提示填写基础信息，之后会得到一串 SSH 访问地址，如图 13.22 所示。

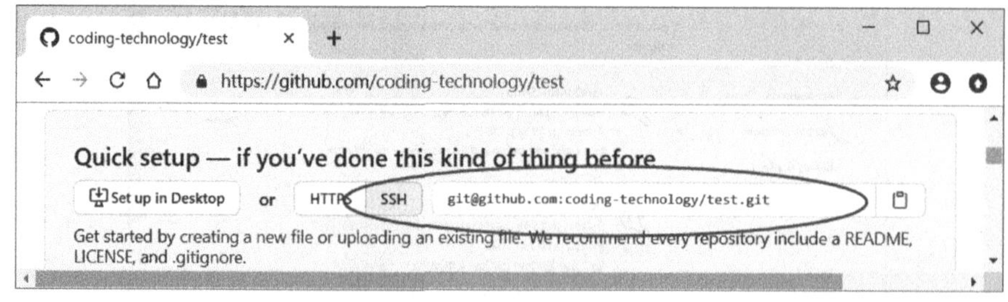

图 13.22　GitHub 仓库地址

（2）在本地新建一个目录，作为本地的 Git 目录，然后依次执行以下命令，用于将 GitHub 上的项目下载到本地：

```
# 初始化本地 Git 目录
```

```
git init
# 将本地的 Git 目录和远程 GitHub 上的项目进行关联
git remote add origin git@github.com:coding-technology/test.git
```

（3）将远程 GitHub 上的项目下载到本地：

```
git clone git@github.com:coding-technology/test.git
```

（4）在本地修改文件后，通过以下命令同步到 GitHub：

```
git add.
git commit -m "这里是注释内容"
git push origin master
```

（5）如果其他人在 GitHub 上做了更新，就可以通过以下命令将 GitHub 上最新的内容更新到本地：

```
git pull
```

说明：

此处 Git/GitHub 也同样是一个简介的介绍，有兴趣的读者可以自行深入自学。

13.4 本 章 小 结

（1）在采用“前后端分离”的项目中，前端人员和后端人员只需要遵循一份共同的“API 文档”就可以各自独立开发，从而避免前后端开发者之间相互依赖的问题。

（2）在采用“前后端分离”的项目中，前后端人员既可以编写简单的模拟代码，对自己完成的模块进行测试，也可以使用 EasyMock 测试前端代码，使用 Postman 测试后端代码。

（3）过滤器可用于统一项目的编码类型（最常见的是统一 POST 类型的请求编码），以及对项目的访问权限进行控制。

（4）令牌桶算法采用了生产者-消费者的思想：有一个存放令牌的桶，令牌桶算法以恒定的速度生成令牌，并放入桶中（生产者）；与此同时，客户端的请求会从该令牌桶中取出令牌（消费者），只有获取到令牌的消费者才能向服务器发起请求。

（5）生产令牌的速度决定了服务器处理用户请求的速度。如果令牌的生产速度太慢，用户请求获取令牌的速度就慢，因此抵达服务器的请求数量就少；反之，如果令牌的生产速度太快，用户请求获取令牌的速度就快，因此抵达服务器的请求数量就多。

（6）对于同一个读请求，只需要在第一次访问时从数据库中查询数据，并将查询到的数据保存到缓存中。之后，如果数据没有发生改变，那么新的查询请求就可以直接在缓存中获取，从而减少对数据库的访问次数；如果数据发生了改变，那么新的查询请求仍然需要从数据库中查询，并将缓存中的数据更新为最新的查询结果。

（7）当 JVM 的内存足够时，GC 对待软引用和强引用的方式是一样的；但当 JVM 的内存不足时，GC 就会去主动回收软引用对象。

（8）Maven 可以用于获取并管理第三方 JAR 文件，并将项目拆分成多个工程模块。

（9）Docker 官方提供了一个镜像仓库，包含了十分丰富的服务镜像，如 Tomcat 镜像、MySQL 镜像、MQ 镜像等。

（10）开发者也可以将自己配置好的服务或已经开发完毕的项目打包成一个 Docker 镜像，之后再上传到 Docker 私服中。之后，项目团队中的其他成员就不用重新下载、安装、配置各个服务，只需要从 Docker 私服中下载前面同事已上传好的镜像，再将镜像启动为服务即可。

（11）Git 是一款分布式版本控制工具，可以实现团队成员的协作开发、版本控制等功能。

（12）在 Git 内部的工作流程又可以细分为本地工作目录、暂存区和本地版本库三个阶段，本地的数据要先后经历这三个阶段，才能被提交到 GitHub 上。

13.5 本 章 练 习

单选题

（1）以下关于“前后端分离”的说法中错误的是（　　）。

A．在采用“前后端分离”的项目中，前端人员和后端人员就可以完全独立，不需要依赖任何文件或规范。

B．前端人员可以使用 EasyMock 测试前端代码。

C．后端人员可以使用 Postman 测试后端代码。

D．在“前后端分离”的 API 文档中，定义了接口名、类名、方法名等规范信息。

（2）以下哪一项描述的功能，不建议使用过滤器实现？（　　）

A．统一项目的编码　　B．对项目的访问权限进行控制

C．持久化操作　　D．以上均不建议使用过滤器实现

（3）以下关于“引用”的说法中错误的是（　　）。

A．强引用指向了通过 new 产生的对象。

B．当 JVM 的内存足够时，GC 就会去主动回收软引用对象。

C．当 JVM 的内存不足时，GC 就会去主动回收软引用对象。

D．当 JVM 的内存足够时，GC 对待软引用和强引用的方式是一样的。

（4）在将 Maven 安装完毕后，可以通过 settings.xml 中的哪个元素更改本地仓库的路径？（　　）

A．<local>　　B．<Repository>

C．<localRepository>　　D．localReps

（5）以下哪一项是在 CentOS-7 上安装 Docker 容器的命令？（　　）

A．

```
yum install docker
```

B．

```
yum pull docker
```

C．

```
yum push docker
```

D．

```
yum setup docker
```

（6）本地 Git 的操作流程可以细分为哪三个阶段？（　　）

A．本地查询目录、暂存区和本地版本库

B．本地工作目录、编辑区和本地版本库

C．本地工作目录、暂存区和远程版本库

D．本地工作目录、暂存区和本地版本库

附录A

部分练习参考答案及解析

第1章　动态网页基础（JSP）

单选题

1.【答案】　D

【解析】　localhost 是本次 URL 的访问地址，用于在网络中定位资源，不能省略。

2.【答案】　D

【解析】　URL 中的第三部分可以省略，第一部分和第二部分不可缺少。

3.【答案】　C

【解析】　B/S 架构是 C/S 架构的升级和改善，而不是 C/S 架构的替代品。C/S 架构也有很多自己独有的优势，如采用 C/S 架构的软件系统有着本地响应快、界面更美观友好、减轻服务器负荷等优势。C/S 指客户端/服务器，B/S 是指浏览器/服务器。

4.【答案】　B

【解析】　略。

5.【答案】　A

【解析】　HTTP 协议是超文本传输协议。

6.【答案】　A

【解析】　URL 结构如下：

```
网络协议://主机地址:端口号/资源文件名
```

7.【答案】　C

【解析】　本题中，协议是 HTTP，IP 地址是 localhost，端口号是 8080，资源路径是 JspProject/index.jsp。

8.【答案】　B

【解析】　8080 是 Tomcat 默认的端口号，80 是 HTTP 协议默认的端口号。

9.【答案】　C

【解析】　一般而言，C/S 架构的软件系统本地响应更快。

第 2 章　JSP 基础语法

一、单选题

1.【答案】　C

【解析】　RequestDispatcher 提供了 forward(request,response)方法，用于对接收到的请求进行转发。

2.【答案】　C

【解析】　在 JSP 中导入类使用的是“java.import”语句；pageEncoding 用于指定 JSP 文件本身的编码方式；contentType 用于指定服务器发送给客户端的内容的编码方式。

3.【答案】　A

【解析】　略。

4.【答案】　B

【解析】　“<%@ page contentType="text/html; charset=UTF-8"%>”用于设置 JSP 页面的文件类型、编码等头信息。

5.【答案】　A

【解析】　println()在控制台中打印数据时会换行，但在 JSP 中不会；JSP 中需要使用
进行换行。

6.【答案】　D

【解析】　<% … %>用于在 JSP 中编写指令脚本。

7.【答案】　C

【解析】　request 是请求对象；response 中的 sendRedirect("地址")方法可用于将请求重定向到另一个页面。

二、多选题

1.【答案】　BC

【解析】　page 指令包含了 import、pageEncoding 和 contentType 等属性。

2.【答案】　ABC

【解析】　隐藏域可以将一些实际传输的数据在前端进行隐藏。

3.【答案】　ABD

【解析】　JSP 提供了 9 大内置对象，分别是 pageContext、request、response、session、application、config、out、page 和 exception。

4.【答案】　AB

【解析】　session 对象中的内容“在同一个浏览器一段时间内有效或者说一次会话内有效”，而不同浏览器中的数据属于不同的会话，因此不能共享；application 对象中的内容“在整个服务期内有效”，但 application 对象中的数据是保存在服务器的内存中的，因此，application 保存的数据会在 Tomcat 服务器重启后失效。

5.【答案】　ACD

【解析】　JavaBean 组件实际上就是一个遵循以下规范的 Java 类：

（1）必须是 public 修饰的公有类，并提供 public 修饰的无参构造方法。

（2）JavaBean 中的属性，必须都是 private 类型的私有属性，并且有相应 public 修饰的 getter、setter 方法。特殊情况：如果属性是 boolean 类型，那么取值的方法既可以是 getter，也可以是 isXxx()。

6.【答案】 AC

【解析】 当客户端向 Web 应用第一次发送请求时，服务器会创建一个 session 对象并分配给该用户。服务端 session 的 id 值与客户端 Cookie 的 JSESSIONID 值一一对应，服务器不会自动更新它们。

第 3 章 Servlet 与 MVC 设计模式

单选题

1.【答案】 B

【解析】 ServletContext 对象可以被 Servlet 容器中的所有 Servlet 共享，一个应用程序中仅有一个 ServletContext 对象。

2.【答案】 B

【解析】 GenericServlet 是一个抽象类，实现了 ServletConfig 接口、Servlet 接口和 Serializable 接口

3.【答案】 D

【解析】 Servlet 生命周期包括加载、初始化、服务、销毁、卸载 5 个阶段；Servlet 对象会在 Servlet 容器关闭或调用 destroy()时销毁。

4.【答案】 C

【解析】 Servlet 接口中提供了 init()、service()、destroy()、getServletConfig()和 getServletInfo()等方法。

5.【答案】 A

【解析】 自定义 Servlet 需要继承 javax.servlet.http.HttpServlet 类。

6.【答案】 C

【解析】 HTML 负责界面的展示，因此属于 MVC 设计模式中的视图组件。

7.【答案】 B

【解析】 Servlet 的初始化方法 init()默认在客户端第一次调用 Servlet 服务时被调用，但也可以通过配置（Servlet 2.5 通过 web.xml 配置；Servlet 3.0 通过注解配置），让初始化 init()方法在 Tomcat 容器启动时自动执行。

第 4 章 三层架构

单选题

1.【答案】 D

【解析】 三层架构是一种软件设计架构，与程序的执行效率无关。程序的执行效率通

常与算法、编码方式以及是否进行了优化等方面有关。

2.【答案】 D

【解析】 根据三层架构的知识，请求转发和重定向应该写在 Servlet 中，属于 USL。

3.【答案】 D

【解析】 三层架构自上而下分别为表示层（USL）、业务逻辑层（BLL）和数据访问层（DAL）。

4.【答案】 B

【解析】 表示层只负责数据的展示和界面的美化。分层不会增加程序的复杂程度，反而会使项目的结构更加清晰。

5.【答案】 B

【解析】 三层架构与第 3 章学习的 MVC 设计模式的关系如附图 A.1 所示。

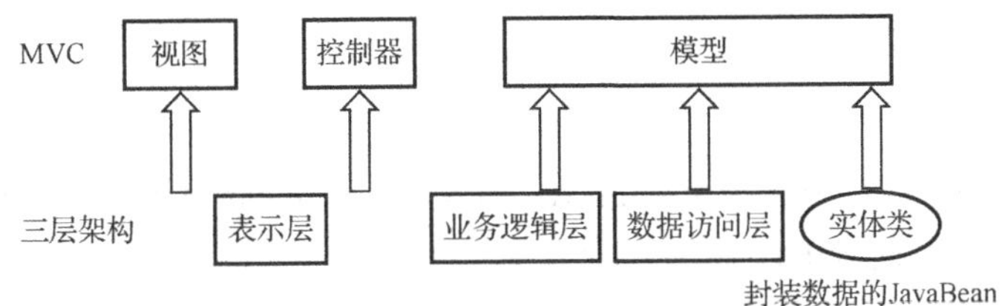

附图 A.1 三层架构与 MVC 设计模式的关系

MVC 模式和三层架构是分别从两个不同的角度设计的，但目的都是“解耦、分层、代码复用等”。

三层架构除了三层的代码，还包含实体类、工具类等其他代码。

6.【答案】 A

【解析】 代码中存在“持久化”操作，因此可能是 BLL 或 DAL 的代码。代码中又存在逻辑判断，因此最适合写在 BLL 中。

7.【答案】 C

【解析】 USL 调用 BLL 中的方法，BLL 调用 DAL 中的方法。

第 5 章 分页与上传、下载

单选题

1.【答案】 C

【解析】 Web 项目有固定的目录结构，其中 lib 目录用于存放第三方 JAR。

2.【答案】 C

【解析】 总页数可以由“数据总数”和“页面大小”计算得出，其公式是“总页数=（数据总数%页面大小==0）?（数据总数/页面大小）:（数据总数/页面大小+1）”。

3.【答案】 D

【解析】 略。

4.【答案】 A

【解析】 文件上传的前台是通过表单实现的，但包含文件上传的表单与一般元素的表

单的编码类型不同。若表单中包含了文件上传元素，就需要在表单中增加“enctype="multipart/form-data"属性，用于将表单设置为文件上传所对应的编码类型。此外，还必须将method 设置为 POST 方式，并且通过 input 标签的 type="file"来加入上传控件。

5.【答案】 B

【解析】 略。

6.【答案】 D

【解析】 如果正在上传的文件超过了 setSizeMax()设置的最大值，就会抛出一个FileUploadBase.SizeLimitExceededException 类型的异常。

第 6 章　连接池与 DbUtils 类库

单选题

1.【答案】 C

【解析】 Servers 项目中有一个 context.xml 文件（Tomcat 目录中的 context.xml 文件），此文件中的信息用于配置 JNDI，具体如下：

```
<Context>
        <Environment name="jndiName" value="hello JNDI" type="java.lang.String" />
</Context>
```

2.【答案】 D

【解析】 数据库连接池的工作原理是：在初始化时连接池会创建一定数量的数据库连接，并将这些连接放在数据库连接池中。连接的数量不会小于用户设置的最小值；而如果应用程序的连接请求数量大于用户设置的最大值时，大于最大值的那些请求会被加入等待队列之中，只有当某些应用程序将正在使用的连接使用完毕并归还给连接池时，等待队列中的请求才会获取到连接。

3.【答案】 C

【解析】 略。

4.【答案】 B

【解析】 BeanHandler<T>类可以将结果集中的第一行数据封装成 JavaBean。

5.【答案】 C

【解析】 ThreadLocal<T>可以在每个线程中对该变量创建一个副本；用 ThreadLocal 创建的副本，在线程内部任何地方都可以共享使用。

6.【答案】 A

【解析】 Oracle 在处理 Number 类型时比较特殊：如果发现存储的是整数（如数字 15），则会默认映射为 BigDecimal 类型，而不是 Integer。

第 7 章 EL 和 JSTL

单选题

1.【答案】 A

【解析】 按照使用的途径不同，EL 隐式对象分为作用域访问对象、参数访问对象和 JSP 隐式对象，如附图 A.2 所示。

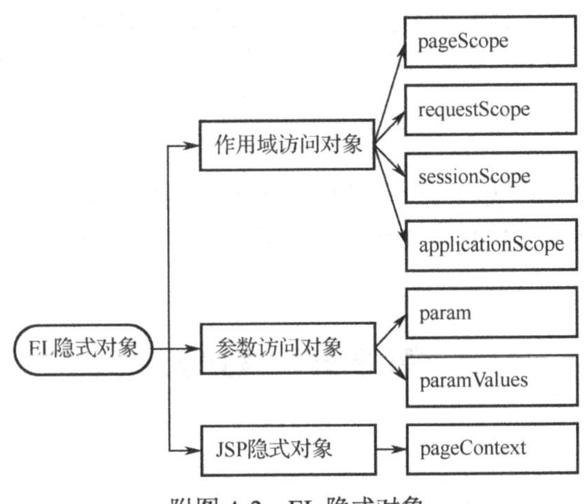

附图 A.2 EL 隐式对象

2.【答案】 A

【解析】 Empty 操作符用来判断一个值是否为 null(结果为 true)或不存在(结果为 false)。

3.【答案】 C

【解析】 EL 表达式从四种范围对象中取值，本题并没有将 user 放置到范围对象中。

4.【答案】 A

【解析】 request 是 JSP 内置对象，不是 EL 内置对象。

5.【答案】 A

【解析】 相等在 EL 中使用“==”或“eq”表示。

6.【答案】 C

【解析】 EL 表达式的内容需要用“${...}”括起来，因此 A、B、D 选项都是错误的。

7.【答案】 B

【解析】 略。

8.【答案】 D

【解析】 略。

第 8 章 自定义标签

单选题

1.【答案】 D

【解析】 一个 TLD 文件中可以注册多个标签处理类。

2.【答案】 B

【解析】 SKIP_PAGE 表示标签后面的 JSP 页面内容不被执行。

3.【答案】 B

【解析】 传统方式需要实现 javax.servlet.jsp.tagext.Tag 接口。doStartTag()、doEndTag()和 doAfterBody()定义在 Tag 接口中。doTag()定义于 SimpleTag 接口中，doTag()会在 JSP 容器执行自定义标签时被调用，并且只会被调用一次。

4.【答案】 C

【解析】 简单标签需要使用 doTag()方法结合 SkipPageException 异常来判断标签体是否会被执行。简单标签是从 JSP 2.0 就有的标签。简单标签不会对标签处理类对象进行缓存，并且是线程安全的。

5.【答案】 A

【解析】 B 选项中，doTag()应该定义在简单标签 SimpleTag 接口中；C 选项中，应该是遇到“JSP 标签”，而不是“HTML”标签；D 选项中，应该是“创建标签处理类的实例对象”，而不是“创建 Servlet 实例对象”。

第 9 章　AJAX

单选题

1.【答案】 A

【解析】 使用 JavaScript 实现 AJAX，主要是借助 XMLHttpRequest 对象向服务器发送请求，并获取返回结果。XMLHttpRequest 的常用方法包括 open、send、setRequestHeader 等，XMLHttpRequest 的常用属性包括 readystate、status、onreadystatechange、responseText、responseXML。

2.【答案】 C

【解析】 略。

3.【答案】 D

【解析】 HTTP 响应中的各状态码的含义如附表 A.1 所示。

附表 A.1　HTTP 响应状态码及其含义

状 态 码	含　义
200	服务器正常响应
400	无法找到请求的资源
403	没有访问权限
404	访问的资源不存在
500	服务器内部错误，很可能是服务器代码有错

4.【答案】 C

【解析】 略。

5.【答案】 D

【解析】　$.get(…)方法指定以 GET 方式发送请求，需要注意以下几点：

（1）参数值必须按照一定的顺序书写；

（2）$.get(…)方法省略了参数名、type 参数及 error()函数；

（3）$.ajax({…})的各个参数是用大括号{}括起来的，而$.get(…)没有大括号。

6.【答案】　B

【解析】　在 JavaScript 中，JSON 对象是用大括号括起来的，包含了多组属性。每个属性名和属性值之间用冒号隔开，多个属性之间用逗号隔开，并且属性名必须是字符串，如下所示：

```
var JSON 对象名 = {key:value , key:value , … , key:value};
```

第 10 章　过滤器与监听器

单选题

1.【答案】　B

【解析】　程序中的过滤器，实际上就是一个实现了 javax.servlet.Filter 接口的类。

2.【答案】　C

【解析】　Servlet API 提供了 ServletContextListener、HttpSessionListener、ServletRequestListener 三个监听器接口，用来分别监听 ServletContext、HttpSession、ServletRequest 三个域对象。

3.【答案】　C

【解析】　常见拦截方式的值有 4 个，如附表 A.2 所示。

附表 A.2　常见拦截方式的值

拦截方式的值	简　介
REQUEST	只会拦截通过地址栏直接访问方式发出的请求
INCLUDE	只会拦截通过 RequestDispatcher 的 include()方式发出的请求
FORWARD	只会拦截通过 RequestDispatcher 的 forward()方式发出的请求（请求转发方式）
ERROR	只会拦截通过<error-page>方式发出的请求，此方式使用较少

4.【答案】　C

【解析】　略。

5.【答案】　A

【解析】　如果 Web 应用程序有多个监听器，就会按照<listener>在 web.xml 中的配置顺序依次触发。如果 Web 应用程序有多个过滤器，这些过滤器执行的顺序是过滤器的<filter-mapping>在 web.xml 中的配置顺序。

6.【答案】　D

【解析】　HttpSessionListener 接口定义的事件监听方法如附表 A.3 所示。

附表 A.3　HttpSessionListener 接口定义的事件监听方法

方　法	简　介
public void sessionCreated(HttpSessionEvent se)	当 HttpSession 对象被创建时，Web 容器会自动触发此方法，并且可以通过参数 HttpSessionEvent 来获取创建的 HttpSession 对象
public void sessionDestroyed(HttpSessionEvent se)	当 HttpSession 对象被销毁时，Web 容器会自动触发此方法，并且会将之前的 HttpSessionEvent 对象传递到此方法的参数中

7.【答案】　B

【解析】　在配置过滤器时，“/”代表项目的根目录，“*”代表所有请求，因此“/*.do”表示所有以“.do”结尾的请求。

第 11 章　调　　试

单选题

1.【答案】　B

【解析】　使用 Eclipse 调试 Java 程序时，常用的快捷键或组合键分别是：F6 是单行调试；F5 是进入该方法的内部；F7 是跳出方法；F8 会将程序释放到下一个断点所在处；Ctrl+F2 是终止调试。

2.【答案】　A

【解析】　单步调试只会执行“下一行”代码，而不会执行“上一行”代码。在调试时，如果想后退执行上一行代码，只能重新再执行一次调试。

3.【答案】　C

【解析】　Chrome 浏览器自带调试组件，不必再安装其他插件；Chrome 可以调试前端中的 HTML、CSS、JavaScript、网络、Cookies 等代码或组件；在 Chrome 调试窗口中增、删、改的样式，会立刻反映到当前的网页中，但这些修改只是“临时”的，一旦刷新页面就会恢复到原来的样式。因此，如果在 Chrome 调试窗口中修改完样式，一定要将修改后的代码复制到真实的源代码文件中。这实际也正是“调试”的作用。

4.【答案】　D

【解析】　在 Chrome 调试窗口中，Console 标签会给出错误提示；Elements 界面显示的是 HTML 源码；Sources 中展现的是资源文件的目录结构及源码；Network 界面显示的是与网络有关的信息。

第 12 章　集群服务器

单选题

（1）【答案】　C

【解析】　“将原来的一份服务，拆分后分别部署在不同的节点上”是分布式的概念，不是集群。

（2）【答案】 C

【解析】 正向代理是为客户端做代理，反向代理是为服务端做代理。Nginx 是一款反向代理服务器，VPN 则是一款正向代理服务器。

（3）【答案】 B

【解析】 略。

（4）【答案】 D

【解析】 Nginx 可以作为 Tomcat 的反向代理服务器、作为静态资源的服务器，实现服务端资源的动静分离以及快速搭建集群服务器，但不能解析或执行 JSP 文件。

（5）【答案】 A

【解析】 略。

第 13 章 Java Web 工程化项目指导

单选题

（1）【答案】 A

【解析】 在采用“前后端分离”的项目中，前端人员和后端人员需要共同维护一份 API 文档。

（2）【答案】 C

【解析】 不同对象的持久化操作存在着很大的差异，因为无法使用过滤器对所有的对象进行统一的持久化操作。

（3）【答案】 B

【解析】 当 JVM 的内存足够时，GC 对待软引用和强引用的方式是一样的；但当 JVM 的内存不足时，GC 就会去主动回收软引用对象。

（4）【答案】 C

【解析】 打开<Maven 根目录>/conf/settings.xml 文件，可以在<settings>根元素下新增<localRepository>子元素，指定新的本地仓库目录。

（5）【答案】 A

【解析】 略。

（6）【答案】 D

【解析】 略。

参 考 文 献

[1]〔美〕Marty Hall，Larry Brown．Servlet 与 JSP 核心编程[M]．赵学良译．2 版．北京：清华大学出版社，2004．

[2] 明日科技．Java Web 从入门到精通[M]．3 版．北京：清华大学出版社，2019．

[3] 孙卫琴．Tomcat 与 Java Web 开发技术详解[M]．2 版．北京：电子工业出版社，2009．